Teil A / Grundlagen

Merke: Ordentliche Zeichengeräte sind Voraussetzung für fachgerechte

Grundausstattung

Zeichenplatte
mit Parallel-Lineal

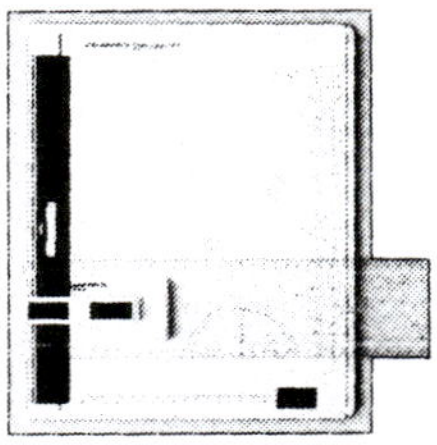

Zeichendreiecke
mit mm-Teilung und Tuschkante

45°, 20 cm

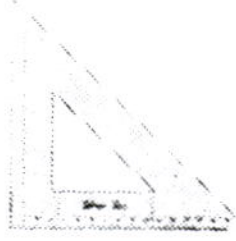

60°, 20 cm

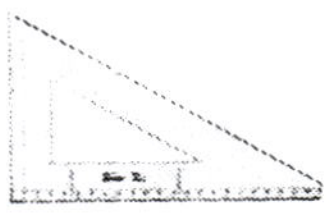

Zeichenmaßstab
mit Griffleiste,
Millimeter- und ½-Millimeterteilung

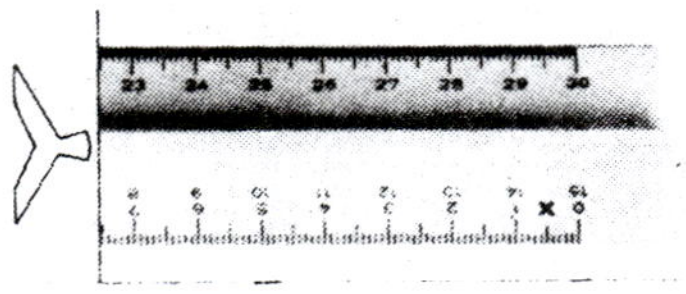

Winkelmesser

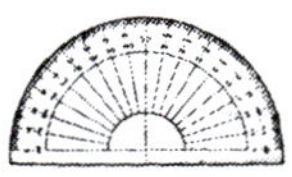

Schnellverstell-Zirkel
mit Mittelbetriebspindel für Feineinstellung

Zeichenstifte
Normal-, Zeichen- u. Schreibstift (Holzgefasst)
Fallminenstift
fine-Zeichenstift
(0,3 / 0,5 / 0,7 mm Linienbreite)

Härtegrad 2 H (zum Vorzeichnen)
F, HB (zum Nachzeichnen)

Ersatzminen

Farb-Zeichenstifte
gelb, rot, blau, grün

Radierer – weich
für Blei- und Farbstiftlinien

Spitzer
Je nach Zeichenstift

evtl. Ergänzungen

Reduktionsmaßstab (Verkleinerungsmaßstab)
nach DIN 1:2 / 1:5 / 1:10 / 1:20 / 1:50 / 1:100

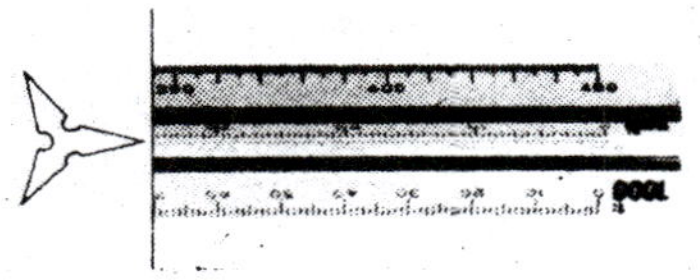

Tuschezeichner
Arbeitskassette: 0,18 / 0,25 / 0,35 / 0,5 / 0,7 Zirkelansatz

Schriftschablonen
mit Randleiste
Vertikale Normschrift
nach ISO 3098/1 (DIN 6776)
Schriftform B (1/10 h)
Schrifthöhe 2,5 – 3,5 – 5 mm

Radierer
für Tusche und Bleistiftlinien

Kurvenlineale

Zeichenschablonen

Kreis-Schablone

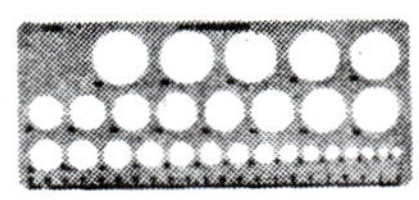

Architekt-Möbel-Schablone

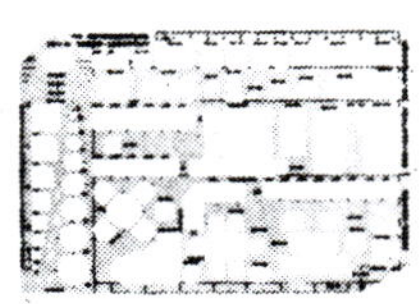

Normen für Bauzeichnungen

Die Planung und Herstellung von Bauwerken ist ohne Bauzeichnungen nicht denkbar. Es wäre unmöglich, ein Bauwerk nur mit Worten so zu beschreiben, dass jeder am Bau Beteiligte eine genaue Vorstellung über dieses Bauwerk bis in alle Einzelheiten gewinnen könnte. Die Bauzeichnung ist deshalb ein unentbehrliches Verständigungsmittel für die technische Planung und Ausführung. Die fachliche Verständigung durch die technische Zeichnung kann aber nur gelingen, wenn einheitliche (genormte) Darstellungsregeln zugrunde liegen, d. h. wenn die Bedeutung jeder zeichnerischen Darstellung für alle am Bau Beteiligten einheitliche und unmissverständlich festgelgt ist.

Diese Aufgabe haben die vom Deutschen Institut für Normung (**DIN**) festgelgten Zeichnungsnormen.
Neben den Zeichnungsgrundnormen (sie enthalten allgemein-grundlegende Regeln für das technische Zeichnen), ist die Fachnorm „Bauzeichnungen DIN 1356-1" für die zeichnerische Darstellung von Bauwerken von besonderer Bedeutung.

Werden internationale Normen in deutsche Normen übernommen, so tragen Sie die Kennzeichnung **DIN ISO** (ISO = Internationale Normungsorganisation) oder **DIN EN** (EN = Europäische Normung).

Arten und Inhalte der Bauzeichnungen (nach DIN 1356-1)

Für die verschiedenen Abschnitte und Zwecke der Bauplanung und Bauausführung werden unterschiedliche Bauzeichnungen sowohl hinsichtlich des Maßstabes als auch der Inhalte und Ausführlichkeit der zeichnerischen Angaben benötigt. Der Baufachmann muss in der Lage sein,

- die verschiedenen Arten von Bauzeichnungen nach Zweck, Inhalten und Verwendung zu unterscheiden und sie
- normgerecht zu benennen.

Die nachfolgend verkürzt wiedergegebenen Normbestimmungen sollen Ihnen ermöglichen

- sich selbständig über die entsprechenden Regeln der DIN 1356-1 (Bauzeichnungen) zu informieren und
- die in den folgenden Arbeitsblättern gestellten Aufgaben selbständig zu lösen.

Weitere Normbestimmungen werden Sie in den späteren Abschnitten noch kennenlernen.

DIN 1356-1 bestimmt verschiedene Arten von Bauzeichnungen, z. B.

Bauzeichnungen für die Objektplanung

- **Vorentwurfszeichnungen**, M 1:200, 1:500
  Zeichnerische Darstellung des Planungskonzeptes unter Angabe der Hauptabmessungen. Sie dienen der Vorplanung eines Bauvorhabens.
- **Entwurfszeichnungen**, im allg. M 1:100
  Bis in Einzelheiten durchgearbeitetes Planungskonzept. Grundlage für spätere Bauvorlage.
- **Bauvorlagezeichnungen**
  sind Entwurfszeichnungen mit den für das Genehmigungsverfahren bei der Baubehörde vorgeschriebenen Ergänzungen.
- **Ausführungszeichnungen**
  enthalten alle für die Ausführung des geplanten Bauwerkes notwendigen Angaben. Man unterscheidet:
  - Werkzeichnungen („Werkpläne"), M 1:50
  - Detail- und/oder Teilzeichnungen, M 1:20, 1:10, 1:5, 1:1 (für bestimmte Bauteile oder Ausschnitte des Bauwerkes)
- **Bauaufnahmezeichnungen**
  sind Maßaufnahmen bestehender Bauwerke im erforderlichen Umfang und Maßstab.

Bauzeichnungen für die Tragwerksplanung

- **Schalpläne**, im allg. M 1:50
  dienen der Herstellung von Schalungen im Beton- und Stahlbetonbau. Sie enthalten Form und Abmessungen der einzuschalenden Bauteile.
- **Rohbauzeichnungen**, im allg. M 1:50
  dienen der Herstellung des Tragwerkes. Sie enthalten Angaben über Form, Abmessungen und Lage von Aussparungen, Durchbrüchen und dgl.
- **Bewehrungszeichnungen**, im allg. M 1:25, 1:20
  enthalten alle Angaben, die zum Biegen und Verlegen der Bewehrung erforderlich sind.
- **Verlegezeichnungen**
  enthalten alle Angaben, die für den Einbau von Fertigteilen erforderlich sind.

Aufgabe:
Nachfolgend sind verschiedene Arten von Bauzeichnungen abgebildet. Versuchen Sie mit Hilfe der vorgegebenen Normbestimmungen aus DIN 1356-1 herauszufinden:

a) Art der Zeichnung (genaue Benennung nach DIN 1356-1)
b) Üblicher Maßstab
c) Zweck bzw. Verwendung und Inhalte der Zeichnung

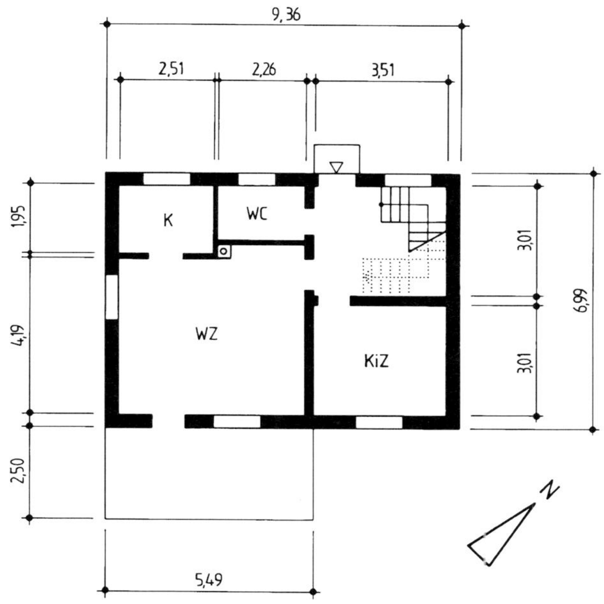

a) **Art der Zeichnung**

____

b) **Übliche Maßstäbe:**

____

c) **Zweck, Verwendung, Inhalte:**

____

____

____

d) **Inhalte:** (in nebenstehendem Beispiel)

____

____

____

____

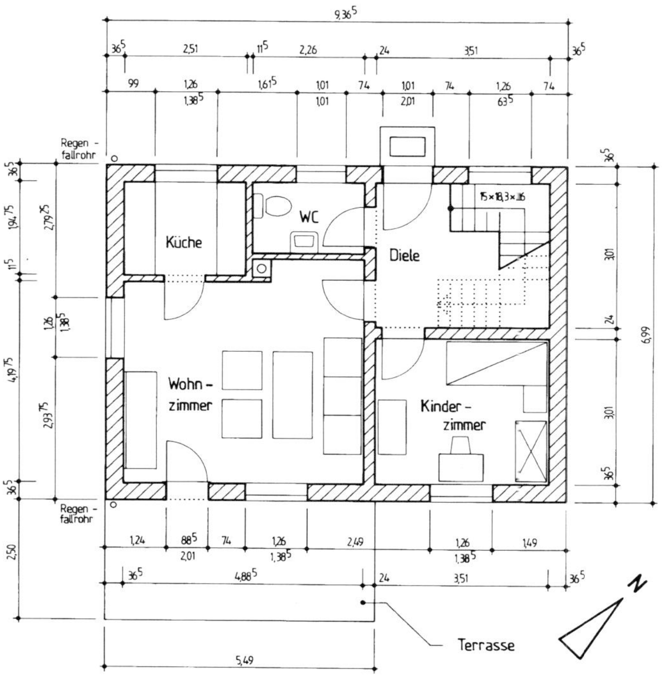

a) **Art der Zeichnung**

____

b) **Üblicher Maßstab:**

____

c) **Zweck, Verwendung, Inhalte:**

____

____

____

Inhalte: (zusätzlich zum Vorentwurf)

____

____

____

____

Zeichnungen im Druck verkleinert

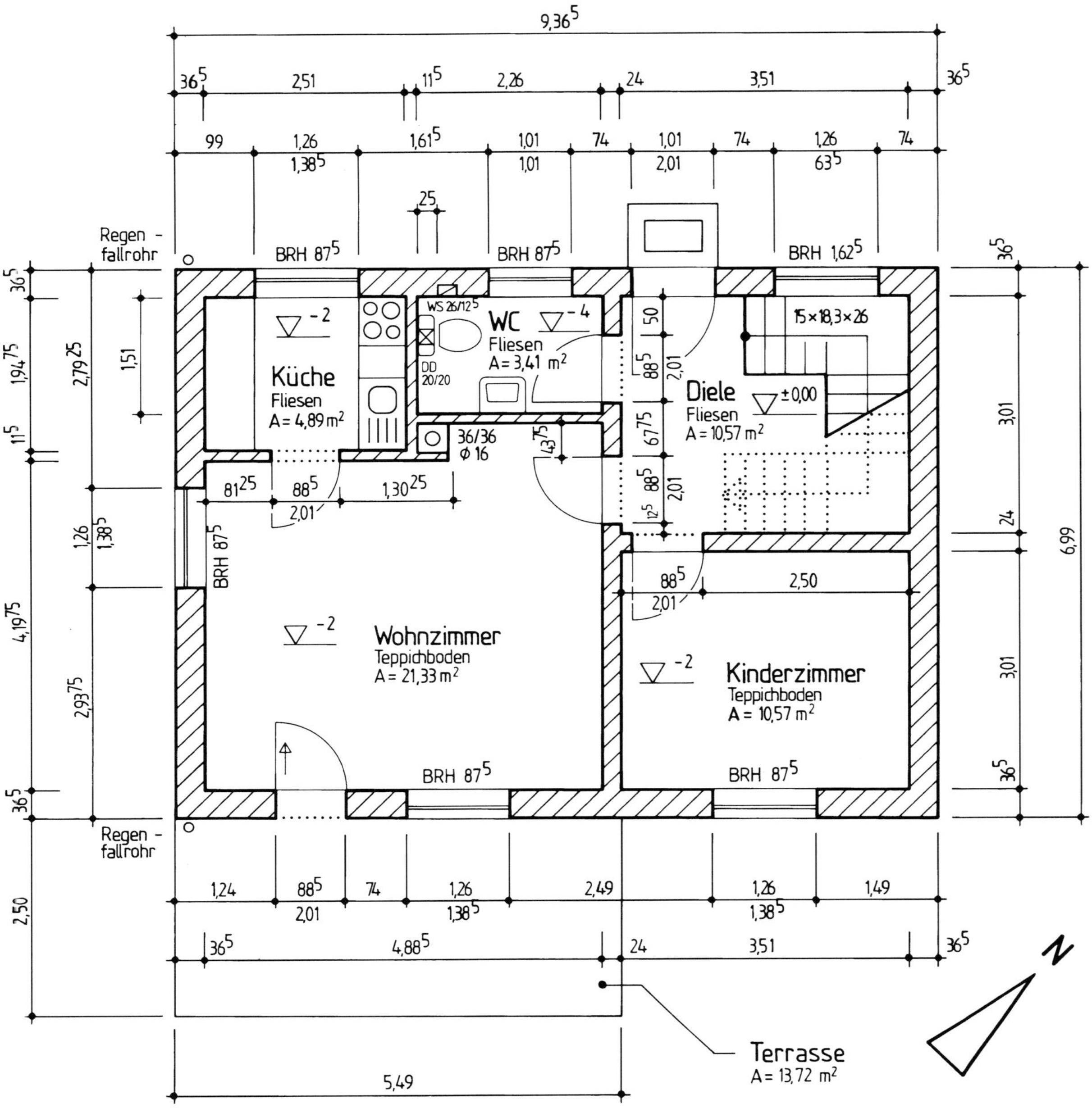

a) **Art der Zeichnung**

____

b) **Üblicher Maßstab:**

____

c) **Zweck, Verwendung:**

____

____

d) **Inhalte:** (zusätzlich zur Entwurfszeichnung)

____

____

____

____

Zeichnung im Druck verkleinert

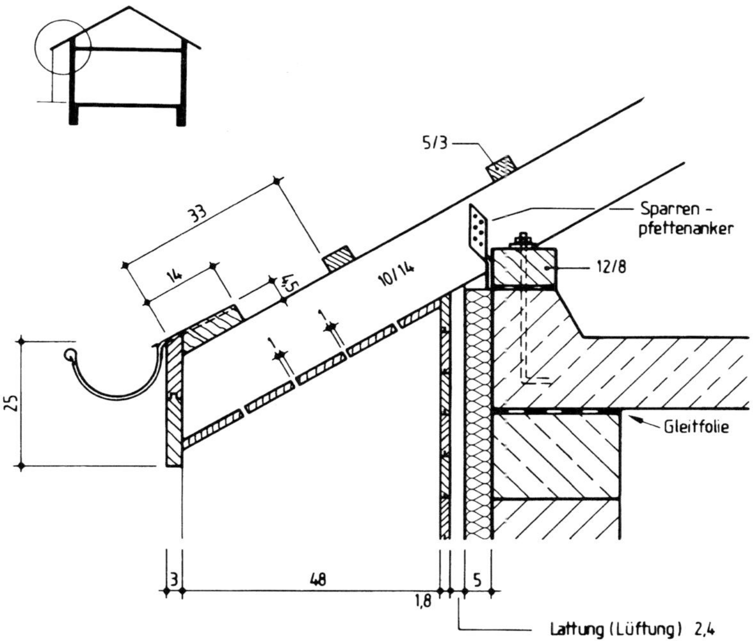

a) **Art der Zeichnung**

b) **Übliche Maßstäbe:**

c) **Zweck, Verwendung:**

d) **Inhalt:** (Beispiel)

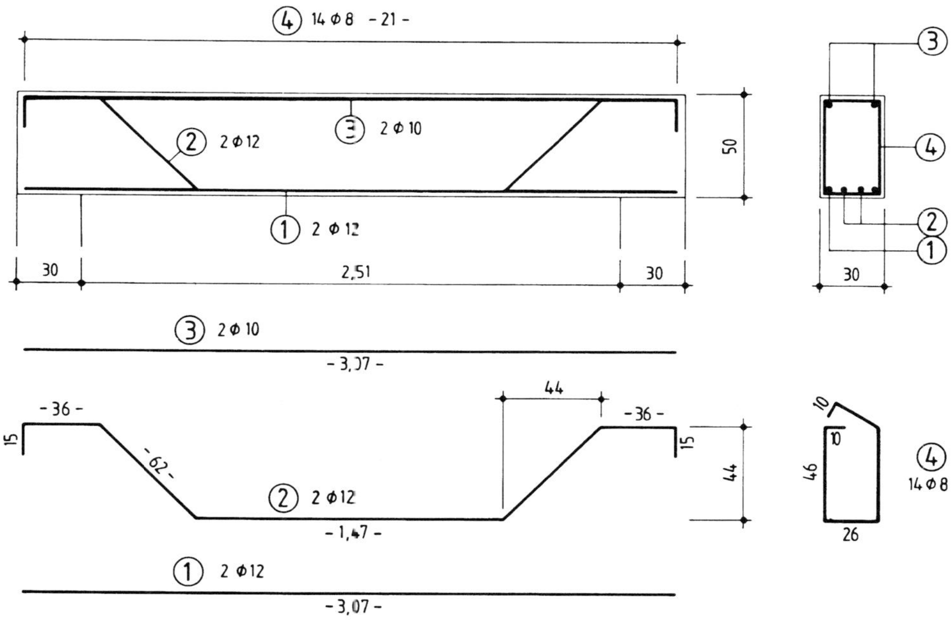

a) **Art der Zeichnung**

b) **Übliche Maßstäbe:**

c) **Zweck, Verwendung:**

d) **Inhalt:**

Zeichnungen im Druck verkleinert

Darstellung von Bauwerken (nach DIN 1356-1)

Die Darstellungsarten nach DIN 1356-1 ergeben sich aus den senkrechten oder waagrechten Abbildungen (Projektionen) geschnittener oder nicht geschnittener Bauwerke. Der Baufachmann muss

- die verschiedenen Darstellungsarten unterscheiden und richtig benennen
- und wissen, aus welcher zeichnerischen Darstellung (Grundriss, Ansicht, Schnitt) bestimmte technische Angaben entnommen werden können.

Entstehung der Darstellungsarten (Projektionen) nach DIN 1356-1

Draufsicht

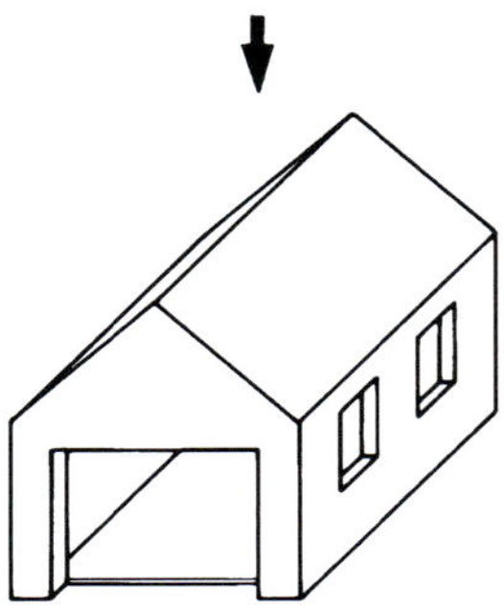

Eine Draufsicht Typ A entsteht, wenn ein Bauwerk senkrecht von oben abgebildet (projiziert) wird.

Ansicht

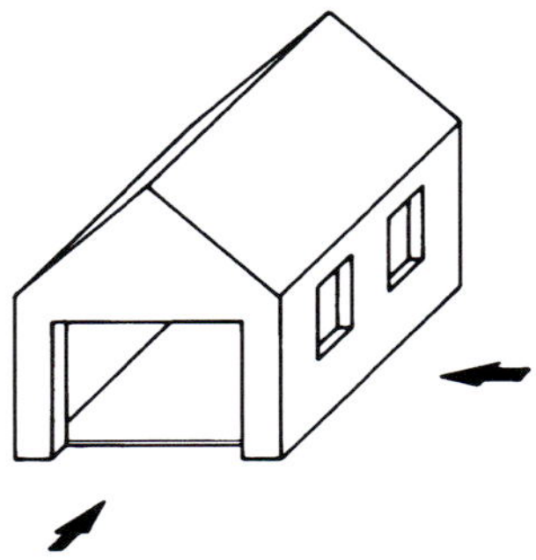

Eine Ansicht entsteht, wenn ein Bauwerk waagrecht abgebildet (projiziert) wird.

Schnitt

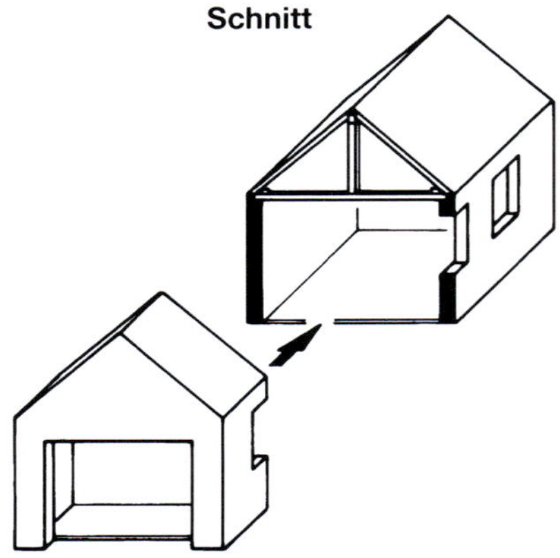

Ein Schnitt entsteht, wenn ein Bauwerk senkrecht geschnitten und der hintere Teil in der Ansicht dargestellt wird.
Vor der Schnittebene liegende Kanten können durch Punktlinien dargestellt werden.

Grundriss (Typ A)

Ein Grundriss Typ A entsteht, wenn ein Bauwerk waagrecht geschnitten und der **untere** Teil in der Draufsicht abgebildet wird.

Kanten, die oberhalb der Schnittebene liegen (Unterzüge, Deckenöffnungen ...), können durch Punktlinien dargestellt werden.

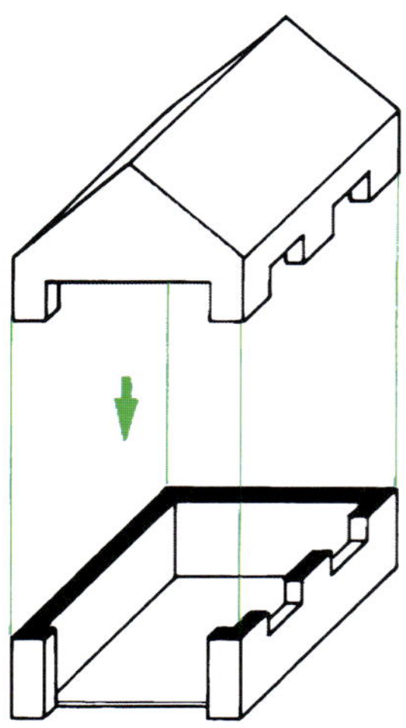

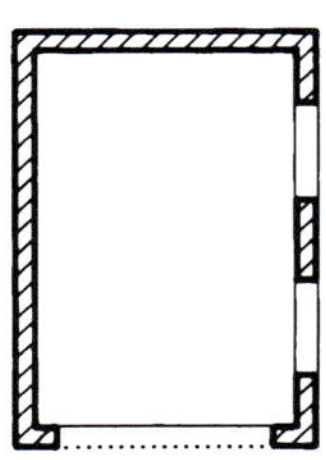

Grundriss (Typ B)

Ein Grundriss Typ B ist die **gespiegelte Untersicht** unter den **oberen** Teil eines waagrecht geschnittenen Bauwerkes (besonders geeignet für die Tragwerksplanung).

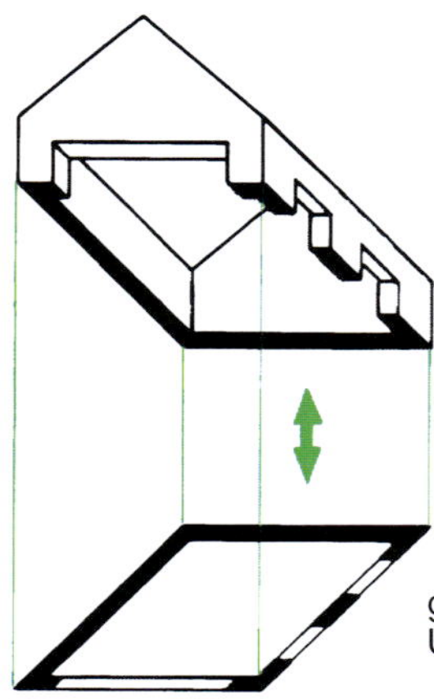

gespiegelte Untersicht

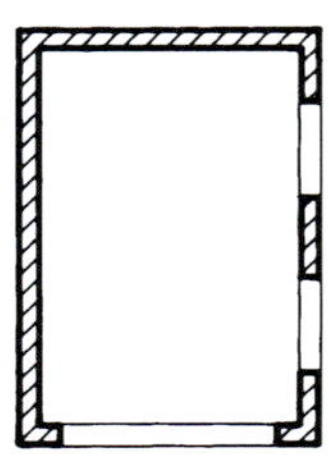

An einem einfachen Beispiel (Wochenendhaus) soll gezeigt werden, dass ein Bauwerk in Grundriss, Schnitt und Ansichten dargestellt werden muss, um die für die Herstellung notwendigen Angaben aus der Zeichnung entnehmen zu können

Aufgabe:

a) Benennen Sie die Darstellungen (Eintrag in umrandetes Feld).

b) Aus welcher Darstellung kann man folgende Angaben bzw. Bauteile ersehen?

① Dachform ② Raumhöhen ③ Fassadenflächen ④ Mauerdicken ⑤ Dachkonstruktion ⑥ Anordnung der Räume ⑦ Decken ⑧ Fundamente ⑨ Anordnung der Fenster

Tragen Sie jede dieser Angaben bei der zutreffenden Darstellung ein.

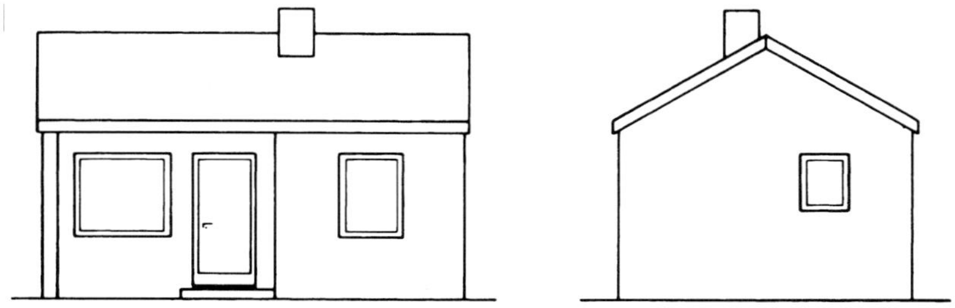

○ ______

○ ______

○ ______

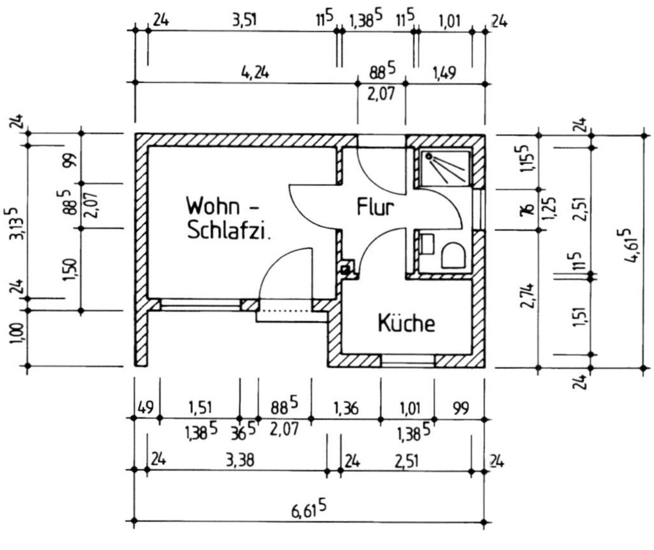

○ ______

○ ______

○ ______

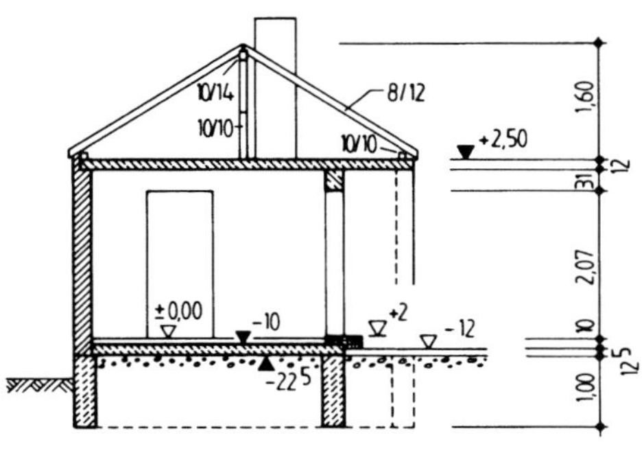

○ ______

○ ______

○ ______

○ ______

(Anmerk.: Zur Vereinfachung u. wegen des verkleinerten Maßstabes wurden in die Darstellungen nicht alle für die Herstellung notwendigen Angaben aufgenommen.)

Linienarten und Linienbreiten (nach DIN 1356-1)

Linienarten und Linienbreiten

Es ist nicht gleichgültig, welche Linien für die zeichnerische Darstellung von Baukörpern verwendet werden, weil sowohl die Art als auch die Breite einer gezeichneten Linie eine ganz bestimmte Bedeutung für das Verständnis der Zeichnung haben. Um Bauzeichnungen richtig lesen (d.h. verstehen) und normgerecht anfertigen zu können, ist es wichtig

- die Linienarten und Linienbreiten nach Darstellung und Bedeutung zu unterscheiden und
- sie in Bauzeichnungen sinngemäß anzuwenden.

Informieren Sie sich mit Hilfe der Tabelle über Linienarten und Linienbreiten in Bauzeichnungen.

Spalte	1	2	3	4	5	6
Zeile	Linienart	Anwendungsbereich	Liniengruppe			
			I	II	III[1])	IV[2])
			Zuordnung zu Maßstab			
			≤ 1:100		≥ 1:50	
			Linienbreite (mm)			
1	Volllinie	Begrenzung von Schnittflächen	0,5	0,5	1,0	1,0
2	Volllinie	Sichtbare Kanten und sichtbare Umrisse von Bauteilen, Begrenzungen von Schnittflächen von schmalen oder kleinen Bauteilen	0,25	0,35	0,5	0,7
3	Volllinie	Maßlinien, Maßhilfslinien, Hinweislinien Lauflinien, Begrenzung von Ausschnittdarstellungen, vereinfachte Darstellungen	0,18	0,25	0,35	0,5
4	Strichlinie	Verdeckte Kanten und verdeckte Umrisse von Bauteilen	0,25	0,35	0,5	0,7
5	Strichpunktlinie	Kennzeichnung der Lage der Schnittebenen	0,5	0,5	1,0	1,0
6	Strichpunktlinie	Achsen	0,18	0,25	0,35	0,5
7	Punktlinie	Bauteile vor bzw. über der Schnittebene	0,25	0,35	0,5	0,7
8	Maßzahlen	Schriftgröße	2,5	3,5	5,0	7,0

[1]) Die Liniengruppe I ist nur dann anzuwenden, wenn eine Zeichnung mit der Liniengruppe III angefertigt, im Verhältnis 2:1 verkleinert wurde und die Verkleinerung weiterbearbeitet werden soll. In der Zeichnung mit der Liniengruppe III ist dann die Schriftgröße 5,0 mm zu wählen. Die Liniengruppe I erfüllt nicht die Anforderungen der Mikroverfilmung.

[2]) Die Liniengruppe IV ist für Aufführungszeichnungen anzuwenden, wenn eine Verkleinerung z.B. vom Maßstab 1:50 in den Maßstab 1:100 vorgesehen ist und die Verkleinerung den Anforderungen der Mikroverfilmung zu entsprechen hat. Die Verkleierung kann dann gegebenenfalls mit den Breiten der Liniengruppe II weiterbearbeitet werden.

Anmerkung: Für Bleistiftzeichnungen empfiehlt es sich, die Minenstiftdurchmesser 0,7 (breit), 0,5 (mittelbreit) und 0,3 (schmal) analog zu DIN 1356-1 anzuwenden.

Durch die Aufgaben auf der folgenden Seite sollen Sie selbst prüfen, ob Sie

- die verschiedenen Linienarten benennen können,
- wissen, wozu die verschiedenen Linienarten verwendet werden,
- die Linienarten auf der Zeichnung richtig erkennen können,
- die normgerechten Linienbreiten unter Berücksichtigung des Zeichenmaßstabes und der Anwendung aus der Tabelle entnehmen können.

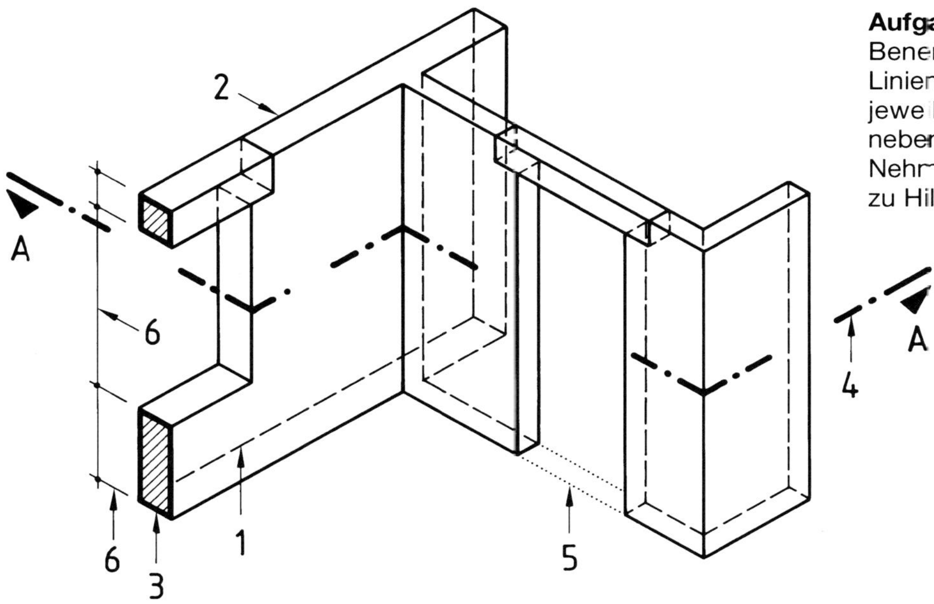

Aufgabe:
Benennen Sie die bezifferten Linienarten und geben Sie die jeweilige Anwendung in der nebenstehenden Zeichnung an. Nehmen Sie die Tabelle Seite 8 zu Hilfe.

	Linienart	Anwendung im Beispiel
1	Strichlinie	verdeckte Kante
2		
3		
4		
5		
6		

Aufgabe:
Ergänzen Sie die fehlenden Einträge in der folgenden Übersicht.
Nehmen Sie die Tabelle Seite 10 zu Hilfe (Liniengruppen II und III).

Darstellung	Linien-breite mm	Maßstab	Anwendung
▬▬▬▬▬	1,0	≥ 1:50	
— — — — —	0,35		
···························		≥ 1:50	
—————		1:20	Sichtbare Kanten und sichtbare Umrisse
— · — · —	0,5		
—————	0,35		Maßlinien, Maßhilfslinien, Hinweislinien Lauflinien, Begrenzung von Ausschnittdarstellungen, vereinfachte Darstellung
— — — — —		1:10	
▬ • ▬ • ▬		≥ 1:50	Lage der Schnittebenen
···························	0,35		

Aufgabe: Vervollständigen Sie die angedeuteten Zeichnungen in den vorgegebenen Linienbreiten und Linienarten.

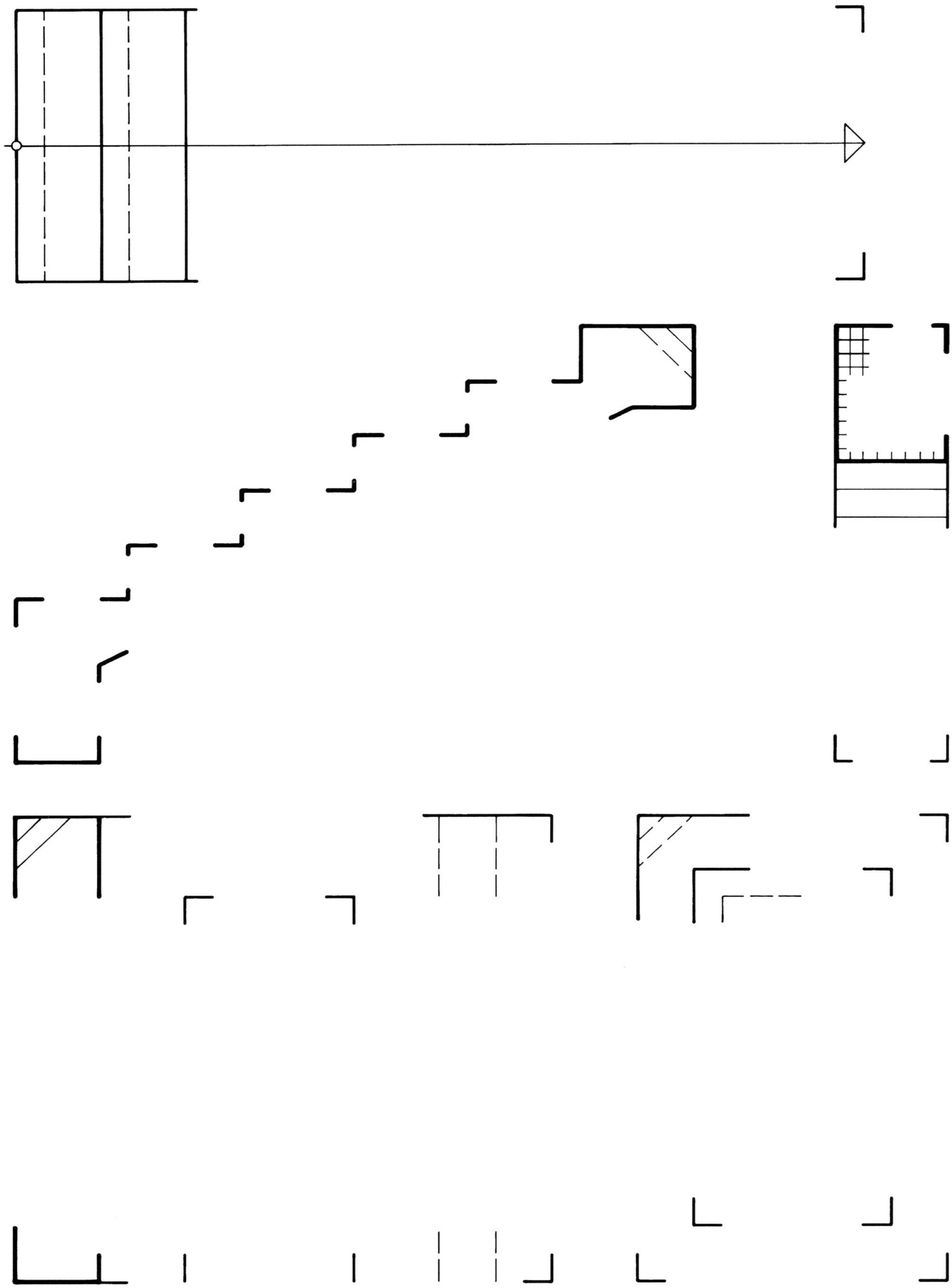

Name	Klasse	Blatt-Nr.		Geprüft	Note

Zeichenblattgrößen
Falten von Bauzeichnungen

Blattgrößen

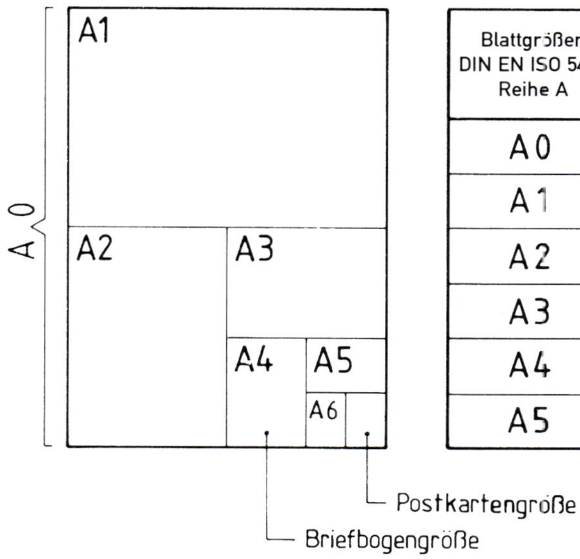

Blattgrößen DIN EN ISO 5457 Reihe A	Fertigblatt (Beschnittene Zeichnung und beschn. Lichtpause)
A 0	841 x 1189
A 1	594 x 841
A 2	420 x 594
A 3	297 x 420
A 4	210 x 297
A 5	148 x 210

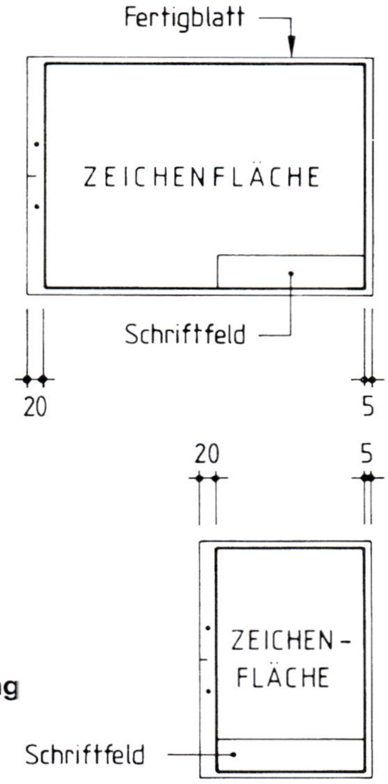

Merke: Das nächst größere Format erhält man jeweils durch **Verdoppelung** (der kurzen Seite)!

Falten von Zeichenblättern:
Vervielfältigte Zeichnungen werden zur Ablage in Ordner auf die Größe DIN A 4 gefaltet.

DIN A 3

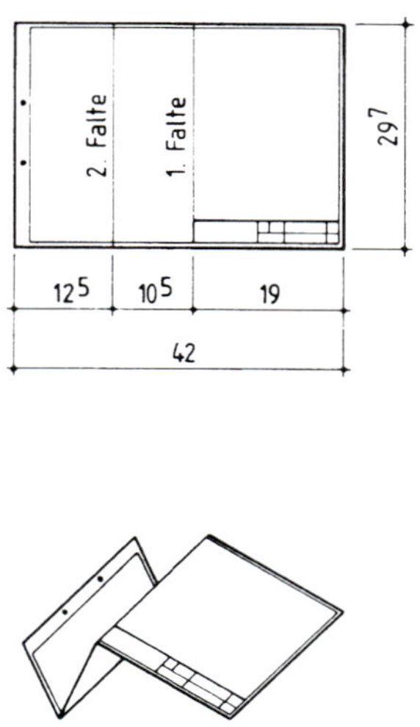

Längsfaltung

DIN A 2

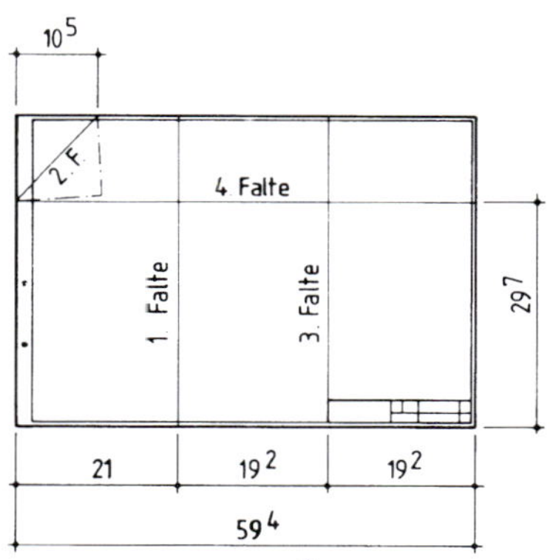

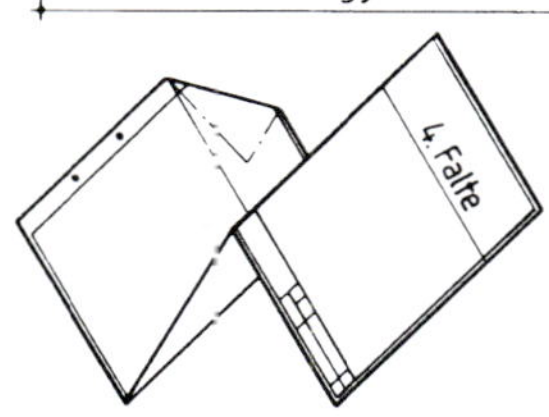

Längsfaltung

Teilschritte

1. Linken 21 cm breiten Teil nach vorne falten
2. Obere linke Ecke umlegen.
3. Rechten 19 cm breiten Teil nach hinten falten
4. Oberen Teil des Blattes nach hinten umlegen.

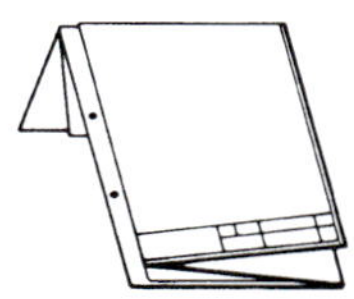

Querfaltung

Merke: Eine Zeichnung ist richtig gefaltet, wenn
1. die zusammengefaltete Zeichnung der Größe DIN A 4 entspricht
2. die Zeichnung vollständig aufgefaltet werden kann, ohne sie aus dem Ordner herauszunehmen.
3. das Schriftfeld bei geschlossener Faltung lesbar ist.

Prüfen Sie sich selbst! Können Sie eine Zeichnung richtig falten?

Aufgabe: Falten Sie je ein Zeichenblatt der Formate DIN A 3 und DIN A 2 nach den angegebenen Teilschritten auf die Größe DIN A 4.
Kontrollieren Sie mit Hilfe der Merksätze, ob Sie die Zeichnung richtig gefaltet haben.

Schriftzeichen

(Schriftform B, vertikal)

Auszug
DIN 6776
(ISO 3098)

1 Zweck und Anwendungsbereich

Diese Norm legt die Merkmale der auf technischen Zeichnungen und ähnlichen Unterlagen zu verwendenden Schrift fest.

2 Allgemeines

2.1 Die wichtigsten Anforderungen an eine Beschriftung technischer Zeichnungen sind:
- Lesbarkeit
- Einheitlichkeit
- Eignung für Mikroverfilmung und sonstige photographische Reproduktionsverfahren.

2.2.2 Für die Mikroverfilmung und sonstige photographische Reproduktionsverfahren ist es erforderlich, dass der Abstand zwischen zwei benachbarten Linien oder der Zwischenraum zwischen Buchstaben bzw. Ziffern mindestens dem Zweifachen der Linienbreite entspricht.

2.2.3 Um die Beschriftung zu erleichtern, ist die gleiche Linienbreite für Klein- und Großbuchstaben anzuwenden.

3 Maße

Nachfolgende Festlegungen gelten für die Maße der Buchstaben und Ziffern.

3.1 Die Bemessungsgrundlage für die Nenngröße ist die Höhe *h* der Großbuchstaben.

3.2 Es wird folgende Nenngrößenreihe festgelegt:
2,5 – 3,5 – 5 – 7 – 10 – 14 und 20 mm

3.3 Die Höhen *h* und *c* sollen mindestens 2,5 mm betragen.
Anmerkung: Bei gleichzeitiger Verwendung von Groß- und Kleinbuchstaben bedeutet dies: c = 2,5 mm bei h = 3,5 mm.

3.4 Die Schrift darf vertikal oder unter einem Winkel von 15° nach rechts geneigt kursiv sein.

4 Schriftmuster

Die folgenden Schriftmuster gelten nur als Beispiele für die Anwendung der in den Abschnitten 2 und 3 festgelegten Grundsätze.

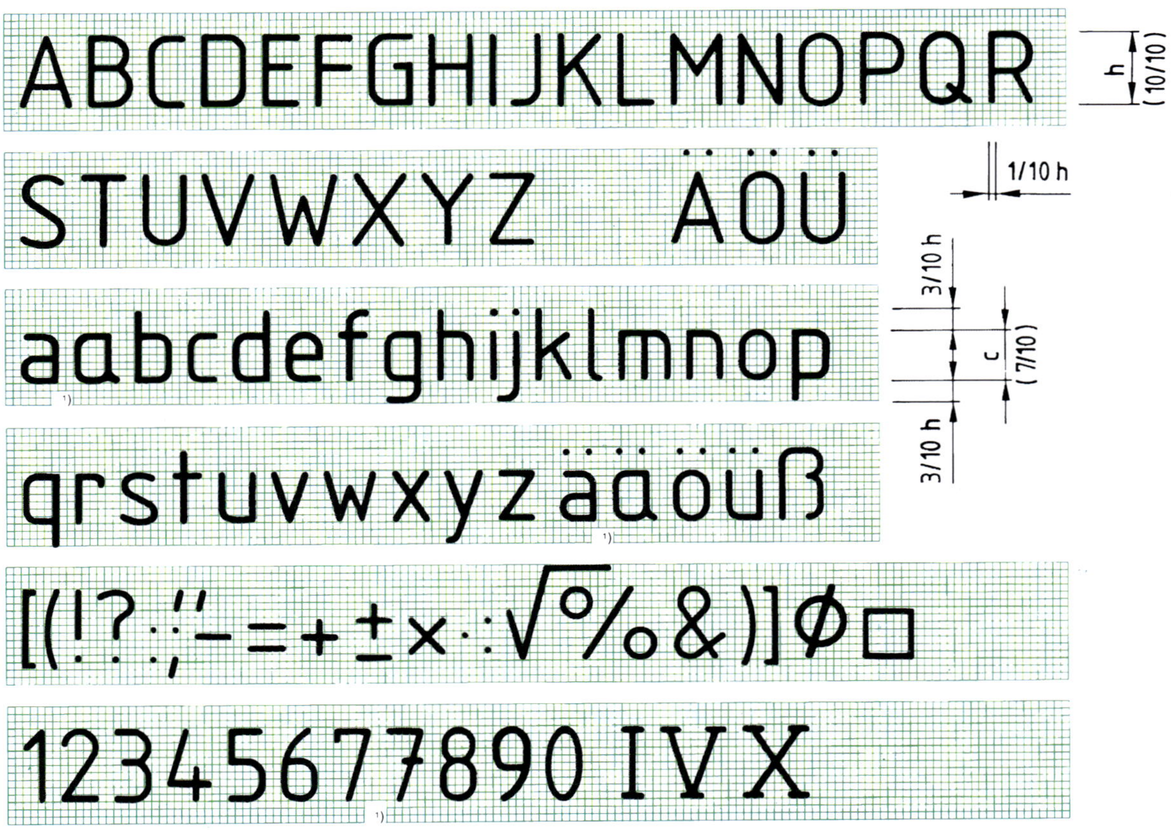

Hinweise zu Fußnote 1): In Deutschland sind die Zeichen a und 7 zu bevorzugen.

Mindestabstand zwischen Grundlinien ohne Ober- oder Unterlänge b = 14/10 h; mit Ober- oder Unterlänge b = 16/10.

- Die Normschrift soll Sie anleiten, eine Normschrift mit oder ohne Schablone gut lesbar zu schreiben

IL
TF
EH
NM
ZX
KA
VW
YJ
UO
QC
GS
PR
BD
12
34
56
778
90
IV
X
il
tf
hn
mr
ua
kv
wx
z
jy
cd
qg
ae
o
bp
sß

IL
TF
EH
NM
ZX
KA
VW
YJ
UO
QC
GS
PR
BD
12
34
56
778
90
IV
X
il
tf
hn
mr
ua
kv
wx
z
jy
cd
qg
ae
o
bp
sß

Name	Klasse	Blatt-Nr.		Geprüft	Note

Bemaßen von Bauzeichnungen (DIN 1356-1)

Bauteile müssen ohne das zeitraubende Berechnen der wirklichen Maße aus Zeichnung und Maßstab hergestellt werden können. Herstellungsfehler lassen sich nur vermeiden, wenn die notwendigen Maße eindeutig und übersichtlich in der Bauzeichnung angegeben sind.
Die genaue Kenntnis der wichtigsten Bemaßungsregeln ermöglicht Ihnen:

- Bemaßungen in Bauzeichnungen fehlerfrei zu lesen
- Bemaßungen zu überprüfen, Unstimmigkeiten in der Bemaßung zu erkennen und evtl. zu berichtigen
- Bauzeichnungen normgerecht zu bemaßen

Als Hilfsmittel für die genaue und unmissverständliche Bemaßung dienen Maßlinien, Maßhilfslinien, Maßlinienbegrenzungen und Maßzahlen

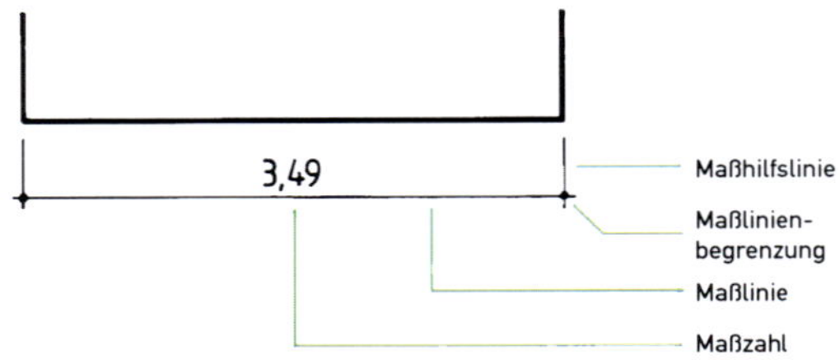

Aufgabe: Begründen Sie die Notwendigkeit von Maßhilfslinien, Maßlinienbegrenzungen und Maßlinien.

Maßhilfslinien : ______________________________

____

Maßlinienbegrenzungen : ______________________________

Maßlinien : ______________________________

	RICHTIG !	FALSCH !
Maßlinien: – Volllinien (schmal) – parallel zur Maßstrecke (Körperkante)	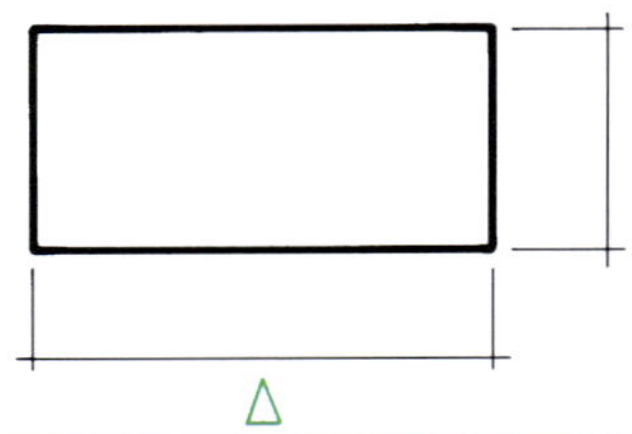	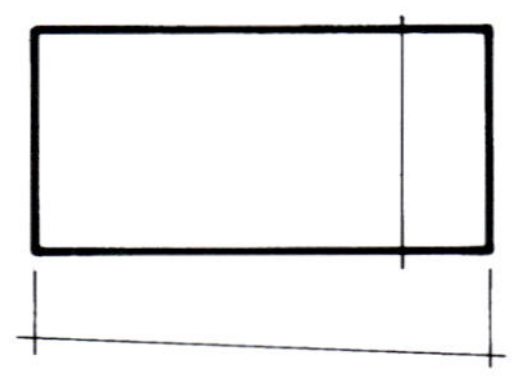
Maßhilfslinien: – Volllinien (schmal) – im allg. rechtwinklig zur Maßlinie – mit Maßlinie leicht überkreuzt		
Maßlinienbegrenzung: im Schnittpunkt von Maßlinie und Maßhilfslinie – als Punkt oder – als kurzer Schrägstrich unter 45° von links unten nach rechts oben	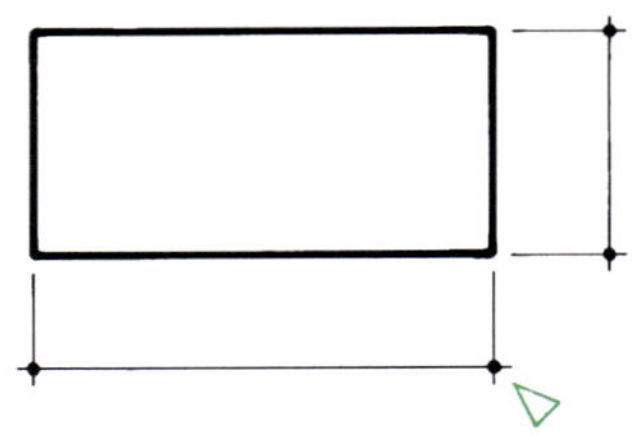 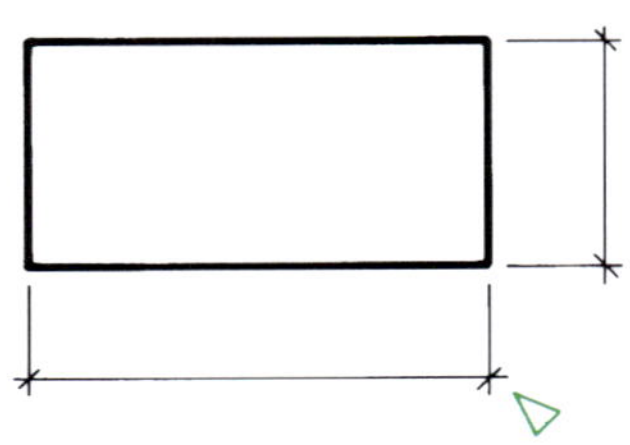	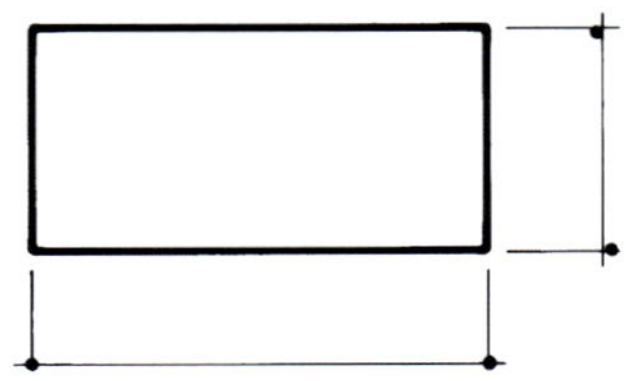 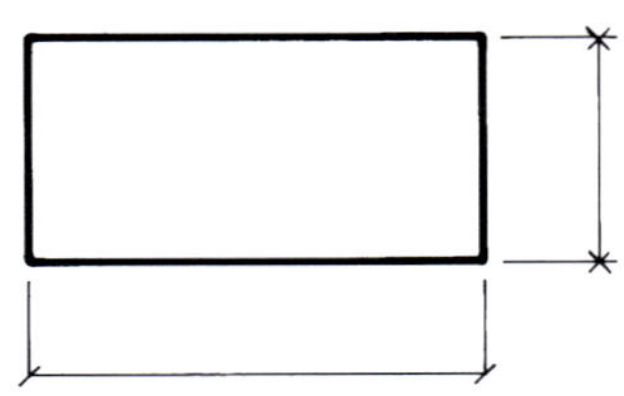

Name	Klasse	Blatt-Nr.		Geprüft	Note

	RICHTIG!	FALSCH!

Maßanordnung:

- im Allgemeinen rechts und unter der Darstellung
- bei parallelen Maßketten kleinere Maße (unter Einhaltung des Mindestabstandes) der Darstellung näher als größere Maße
- Maßketten bilden (Maßlinien nicht abtreppen!)

RICHTIG!

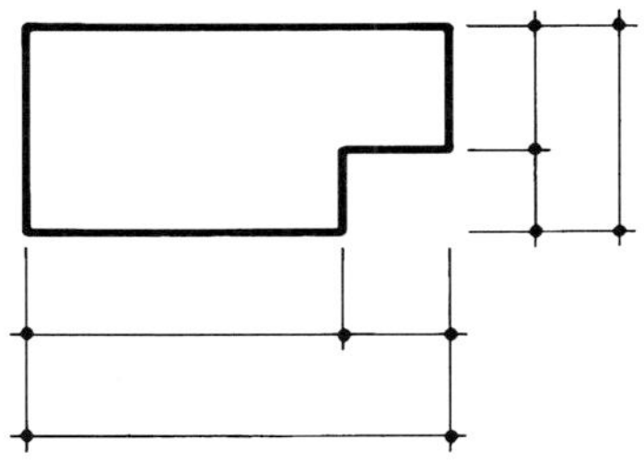

FALSCH!

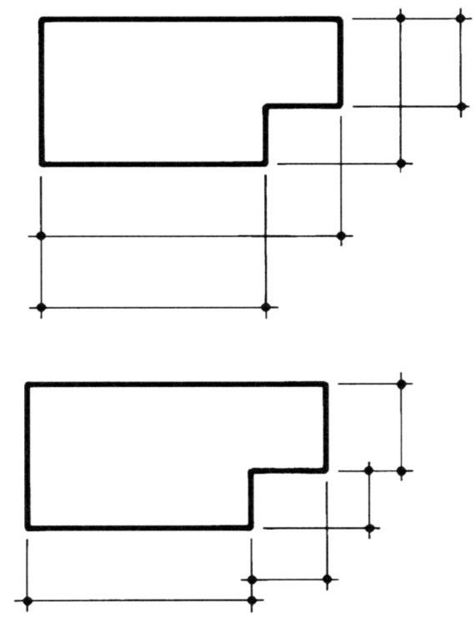

Maßzahlen:

- von unten oder von rechts lesbar
- über der Maßlinie
- parallel zur Maßlinie
- ohne Maßeinheit
- Maßzahlen dürfen nicht von Linien gekreuzt oder berührt werden

RICHTIG!

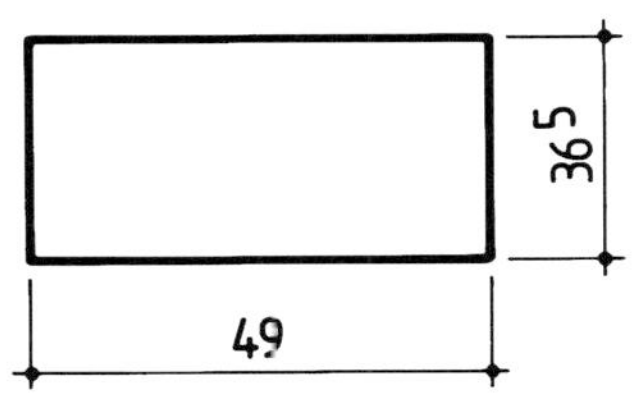

FALSCH!

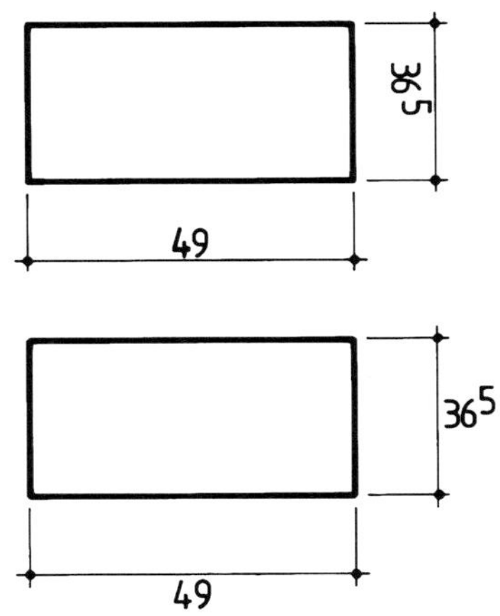

- bei Platzmangel (z. B. bei Mauerdicken) Maßzahlen unmittelbar rechts oder links daneben anordnen (△)

  Bei Platzmangel dürfen auch Hinweislinien verwendet werden. (siehe unten!)

RICHTIG!

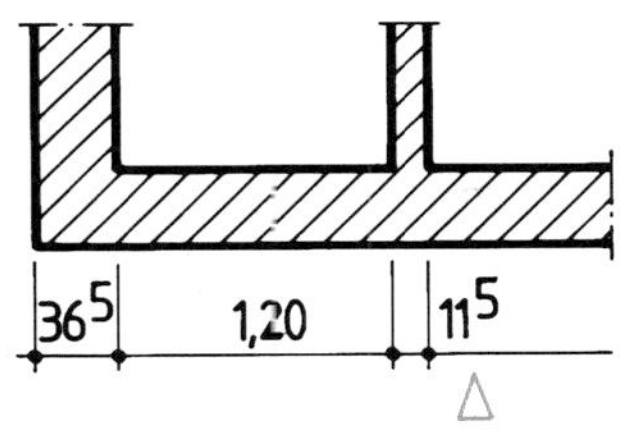

FALSCH!

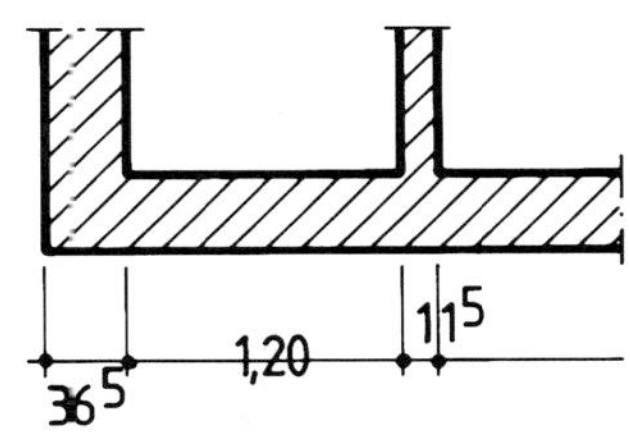

Maßeinheiten:

Die Wahl der Maßeinheiten richtet sich nach der Art des Bauwerkes oder Bauteiles.

Am zweckmäßigsten werden die verwendeten Maßeinheiten in Verbindung mit dem Zeichenmaßstab angegeben, z. B. M 1:50 – m, cm.

Maßeinheit, Bemaßung in	Maße unter 1 m z. B.		Maße über 1 m z. B.
cm	24	88.5[1])	388.5[1])
m und cm	24	88^5	3.88^5[1])
mm	240	885	3 885

[1]) Anstelle des Punktes darf auch ein Komma gesetzt werden.

Heinweise, Hinweislinien:

Mit oder ohne Pfeil, möglichst im Block und rechtwinklig anordnen.
Hinweislinien dürfen bei Platzmangel auch für Maße angewendet werden.

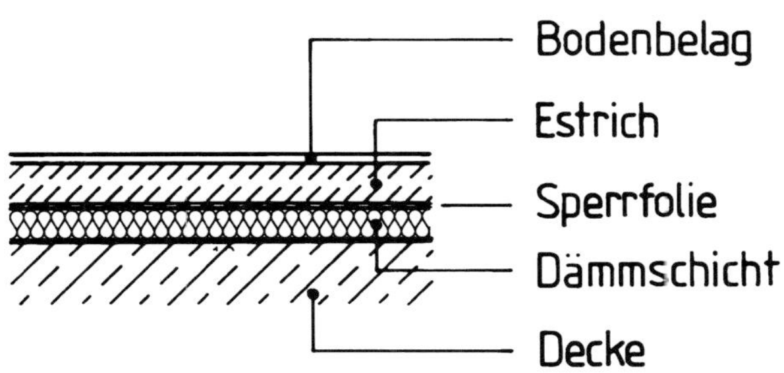

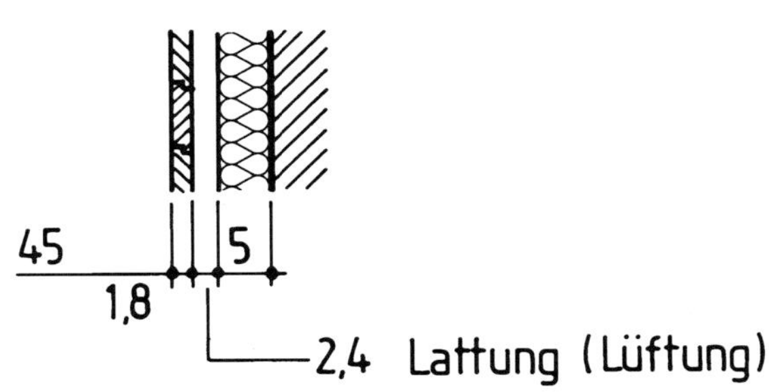

Wandöffnungen Ⓐ
(z. B. Fenster, Türen)

Die Breite der Öffnung wird stets **über**, die Höhe **unter** der Maßlinie bzw. Achslinie eingetragen.

Stoffachsen Ⓑ
Ist die besondere Heraushebung notwendig, so können als Maßbegrenzungen liegende Kreuze verwendet werden.

Rechteckquerschnitte Ⓑ
werden in Bruchform Breite/Höhe angegeben

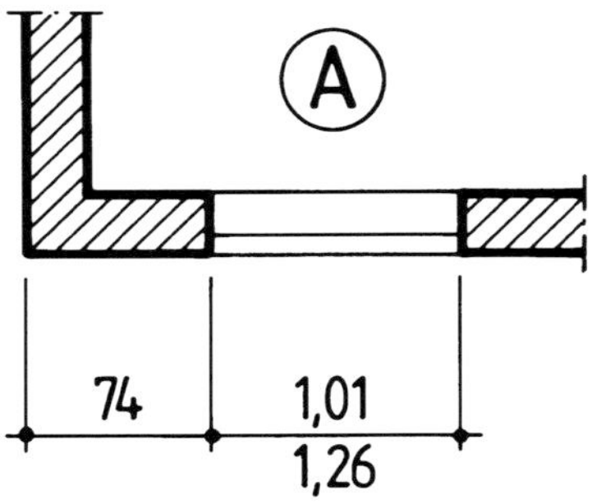

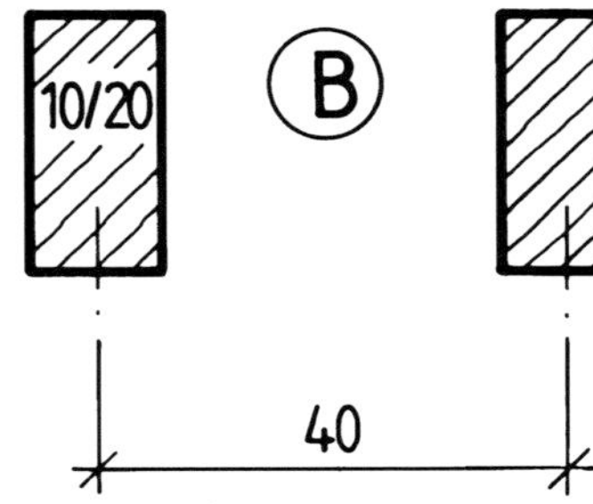

Kreisrundungen Ⓒ
Die Radien erhalten vor der Maßzahl den Großbuchstaben R.

Quadratische Querschnitte Ⓓ
erhalten vor der Maßzahl das Quadratzeichen □

Runde Querschnitte Ⓓ
erhalten vor der Maßzahl das Zeichen ∅

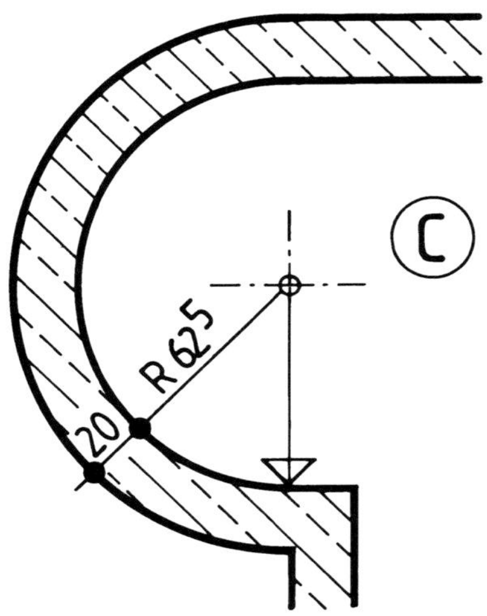

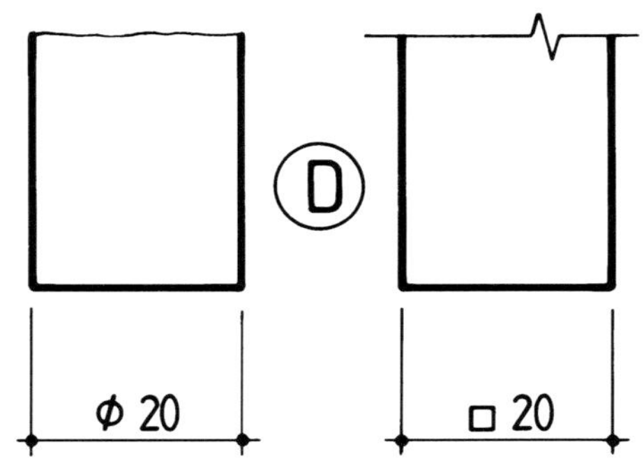

Höhenlagen
▽ Fertighöhen
▼ Rohbauhöhen

In Grundrissen

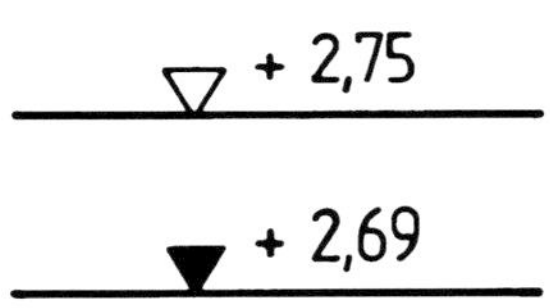

In Schnitten und Ansichten

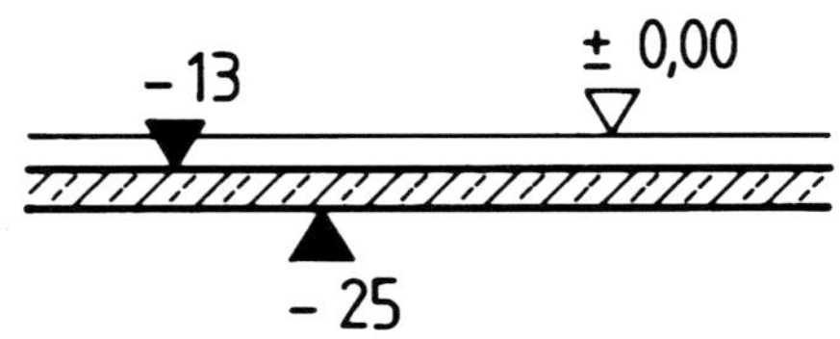

Brüstungshöhen

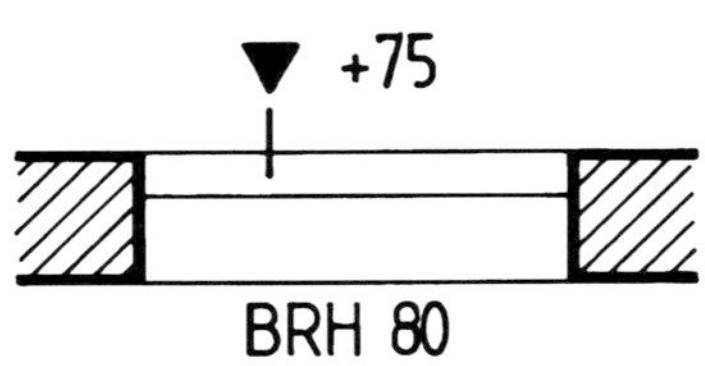

Bei Brüstungshöhen darf zusätzlich die Rohbauhöhe über Oberfläche Rohfußboden angegeben werden.

Angabe der Schnittführung
durch Blickrichtungspfeile

bei horizontaler Schnittführung für den Grundriß Typ B

Weitere Sinnbilder für Baustoffe und Bauteile siehe S. 64 – 67

Aufgabe: Bemaßen Sie die gegebenen Bauteile. Die Maße sind der Zeichnung zu entnehmen.
M 1:10 – m, cm

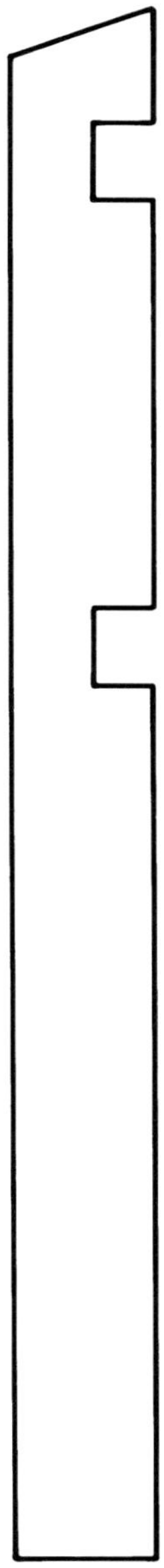

Betonfertigteil

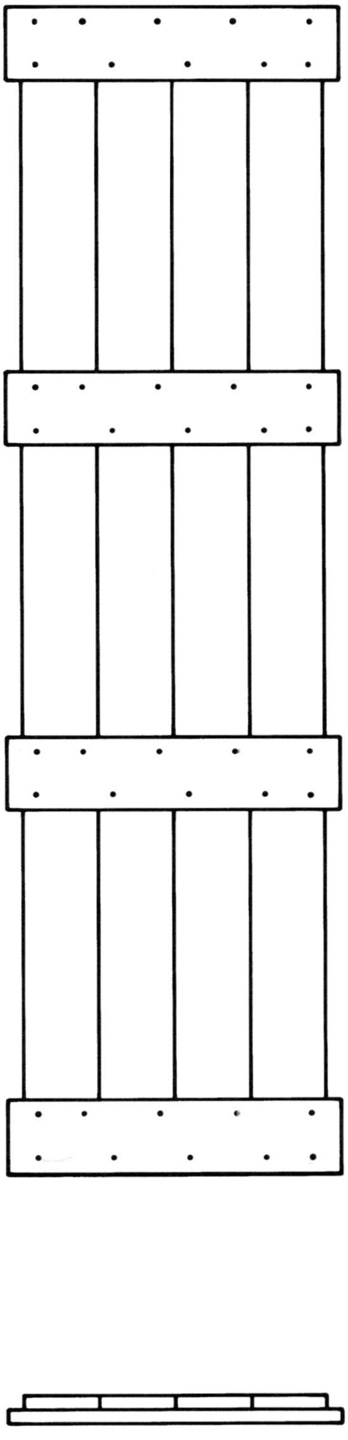

Schalungsteil

Name	Klasse	Blatt-Nr.		Geprüft	Note

Aufgabe:
Bemaßen Sie die gegebenen Mauerstücke.
Steinformat:
2 DF (1 ½ NF)

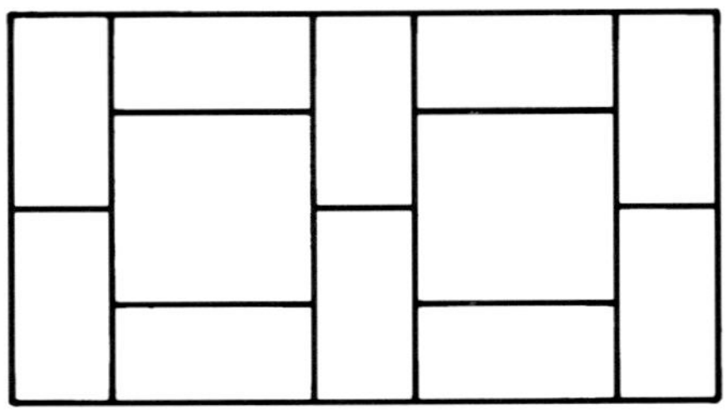

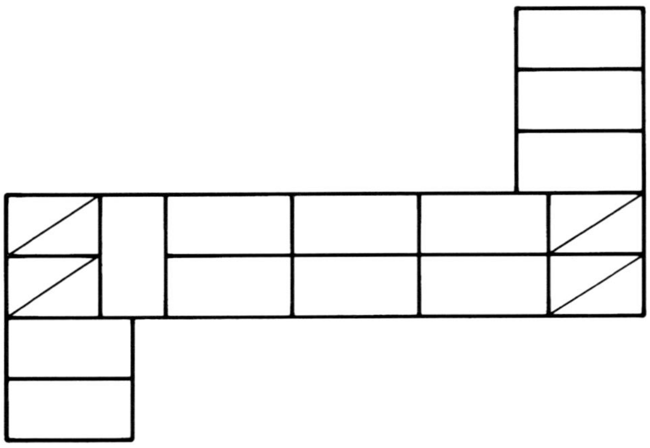

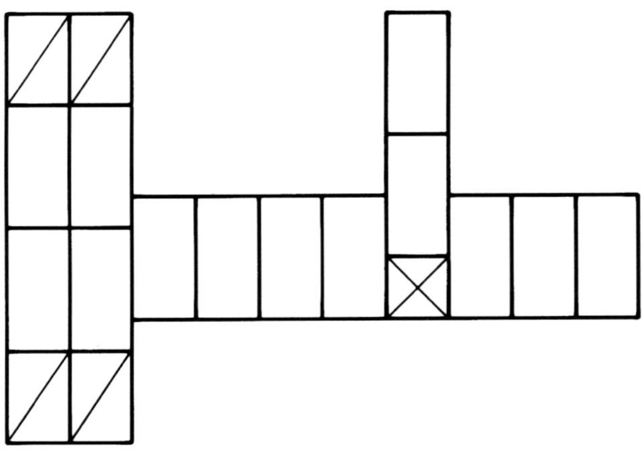

Zeichnungen im Druck verkleinert

Name	Klasse	Blatt-Nr.		Geprüft	Note

Aufgabe: Bemaßen Sie die gegebenen Holzteile. Die Maße sind der Zeichnung zu entnehmen.

M 1 : 10 – m,cm

M 1:2 – cm

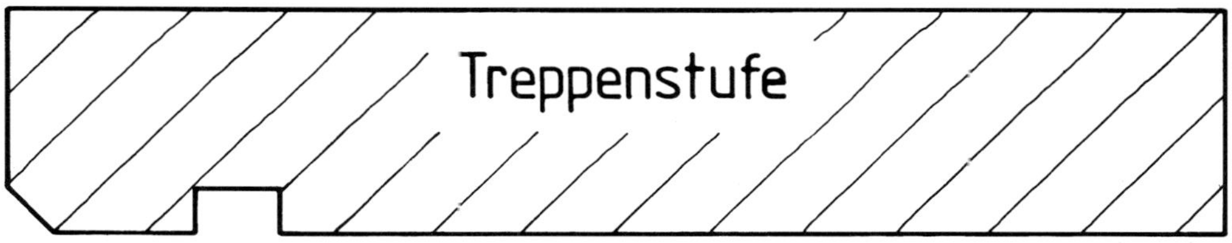

Aufgabe: Bemaßen Sie das gegebene Bauteil. Die Maße sind der Zeichnung zu entnehmen.
M 1:10 – m, cm

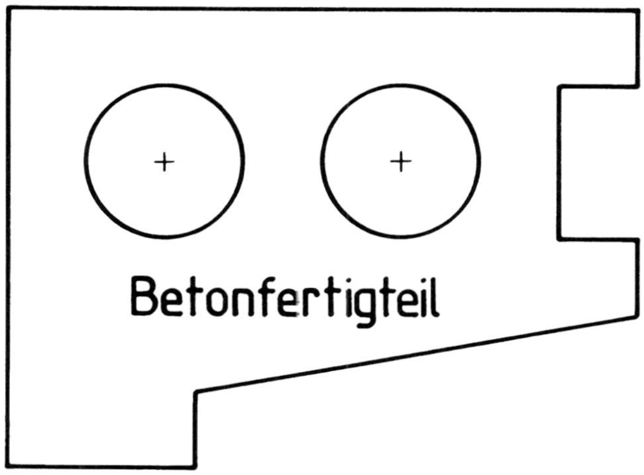

Name	Klasse	Blatt-Nr.		Geprüft	Note

Aufgabe: Bemaßen Sie den gegebenen Grundriss einer Garage im M 1:50 – m, cm.

Außenlänge 5,99 m
Außenbreite 3,99 m
Dicke der Umfassungswände 24 cm
Toröffnung 2,51 m breit, 2,01 m hoch
Fensteröffnung 1,01 m breit, 76 cm hoch, Abstand von der linken Außenkante 1,49 m

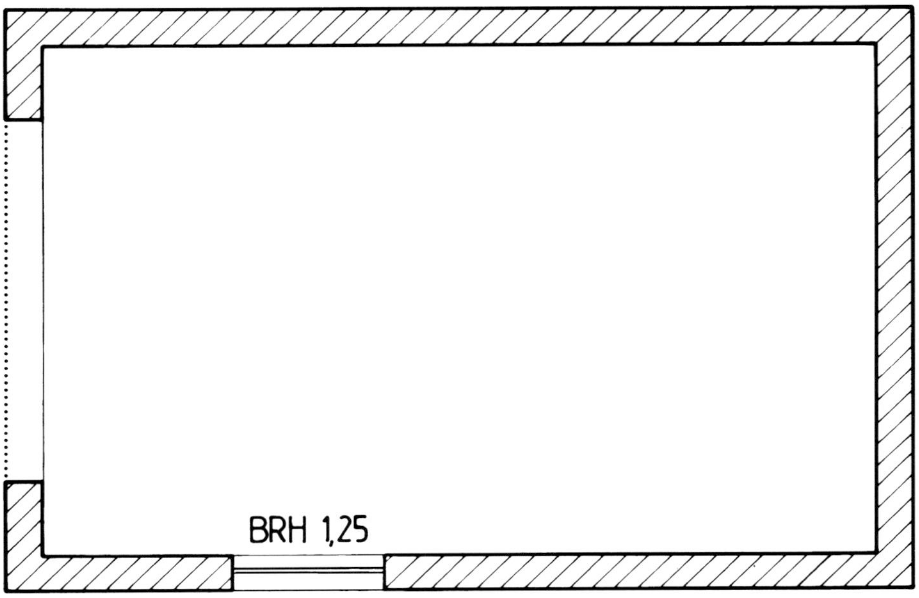

Name	Klasse	Blatt-Nr.		Geprüft	Note

Grundkonstruktionen

Die genaue zeichnerische Darstellung von Baukörpern und Bauteilen, aber auch ihre handwerkliche Herstellung (Anreiß- und Anlegearbeiten) sind ohne Kenntnis geometrischer Grundkonstruktionen nicht möglich. Die nachfolgende Auswahl soll Ihnen ermöglichen,

- sich über wichtige geometrische Grundkontruktionen zu informieren und
- geometrische Grundkonstruktionen im Beruf anzuwenden.

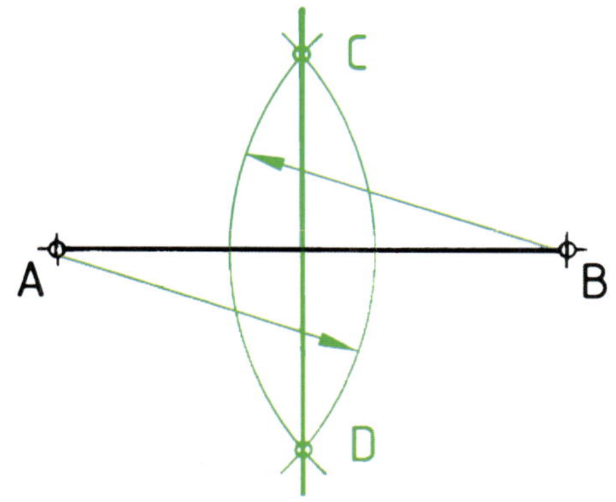

Mittelsenkrechte (Streckenhalbierung)

1. Kreisbogen um A und B ergibt die Schnittpunkte C und D
2. C mit D verbinden.

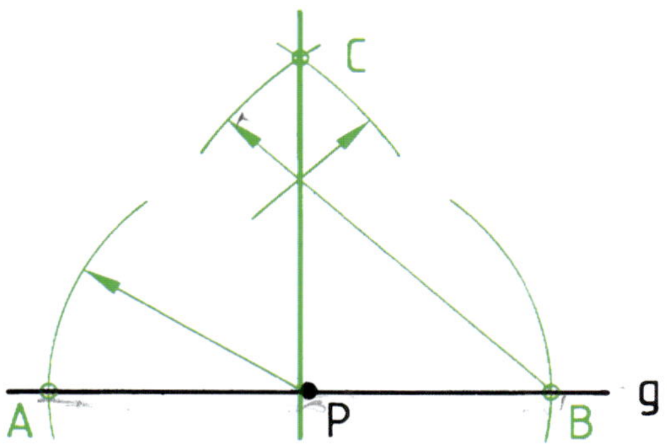

Senkrechte im Punkt P einer Geraden g

1. Kreisbogen um P schneidet Gerade g in A und B.
2. Kreisbogen um A und B ergibt C.
3. C mit P verbinden.

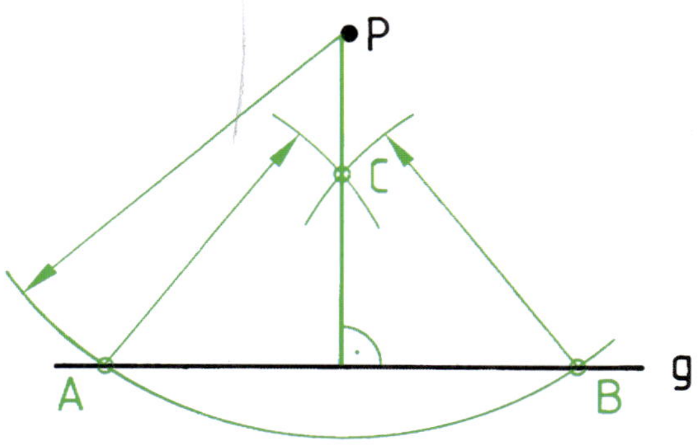

Lot fällen vom Punkt P auf die Gerade g

1. Kreisbogen um P schneidet Gerade g in A und B.
2. Kreisbogen um A und B ergibt C.
3. P mit C verbinden bis hin zur Geraden.

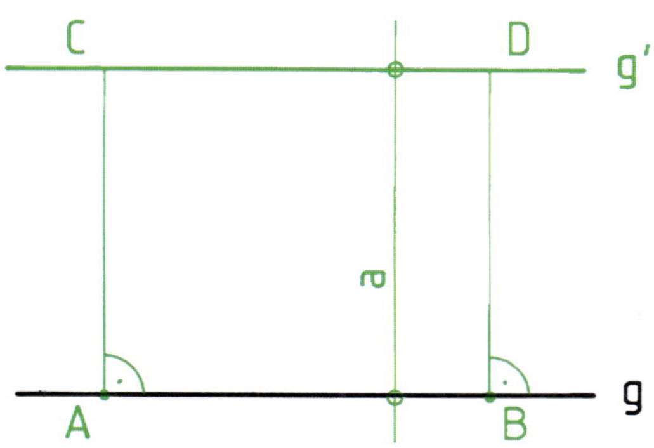

Parallele zur Geraden g im Abstand a

1. Zwei Punkte A und B auf der Geraden festlegen und Senkrechten errichten.
2. Abstand a (z. B. 4 cm) auf den beiden Senkrechten abgetragen ergibt die Punkte C und D.
3. C mit D verbinden.

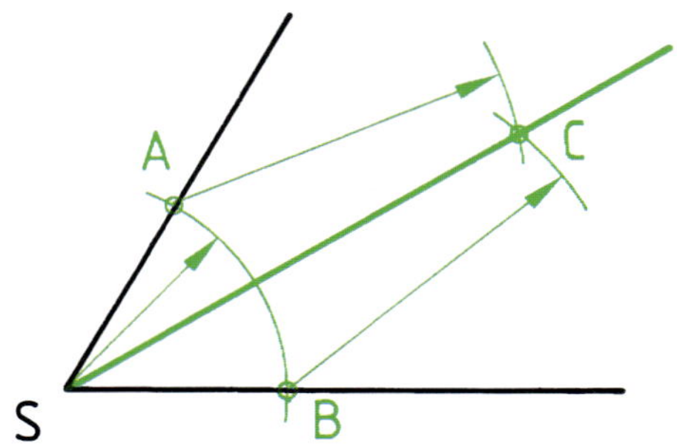

Winkelhalbierung (Methode A)

1. Kreisbogen um S ergibt die Schnittpunkte A und B.
2. Kreisbogen um A und B ergibt C.
3. S mit C verbinden.

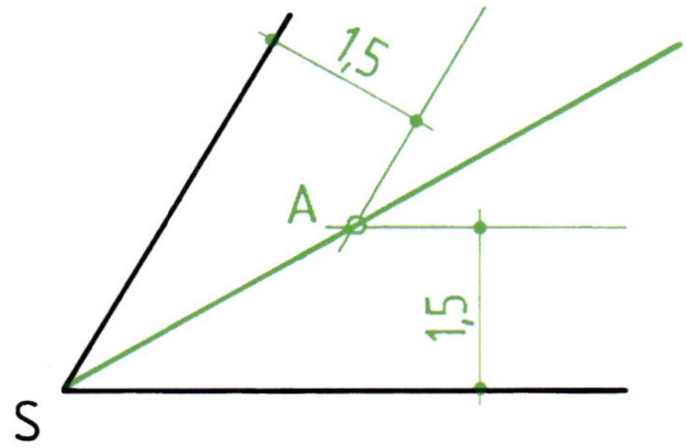

Winkelhalbierung (Methode B)

1. Zeichnen Sie 2 Parallelen im gleichen Abstand zu den Schenkeln (wie dargestellt, z. B. 1,5 cm).
2. Verbinden Sie S mit A

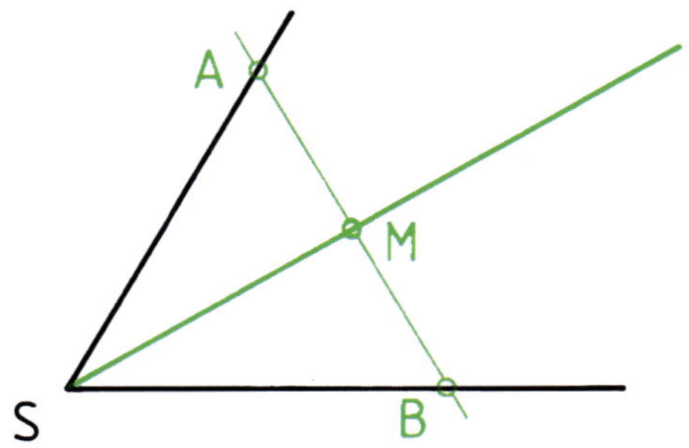

Winkelhalbierung (Methode C)

1. Von S aus gleiche Abstände antragen, ergibt die Punkte A und B.
2. Mittelpunkt M der Strecke AB anreißen.
3. M mit S verbinden.

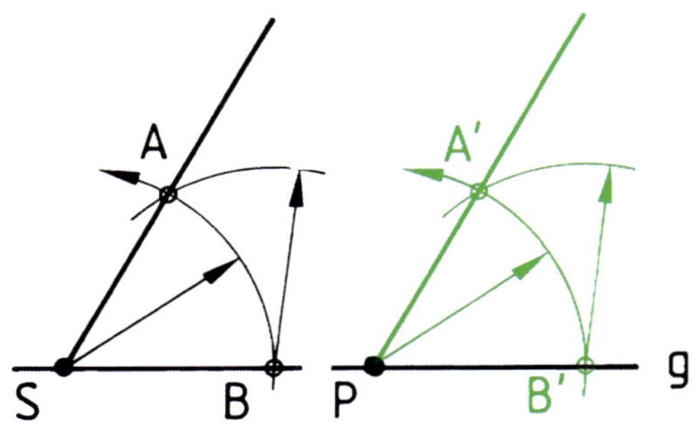

Winkelübertragung

1. Kreisbogen um S, ergibt die Punkte A und B.
2. Gleichen Kreisbogen um P ergibt Punkt B.
3. Kreisbogen um B mit Radius A-B ergibt Schnittpunkt A'.
4. P mit A' verbinden.

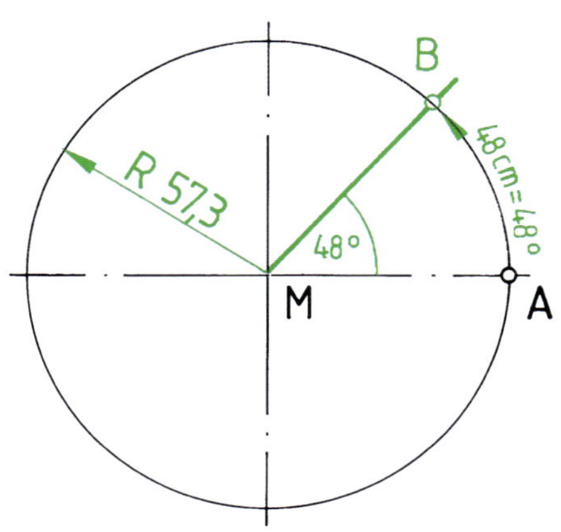

Aufreißen eines beliebigen Winkels (z. B. 48°)

1. Kreis mit Radius r = 57,3 cm zeichnen.
2. Von A aus auf dem Kreis 48 cm Bogenmaß abtragen.
3. B mit M verbinden.

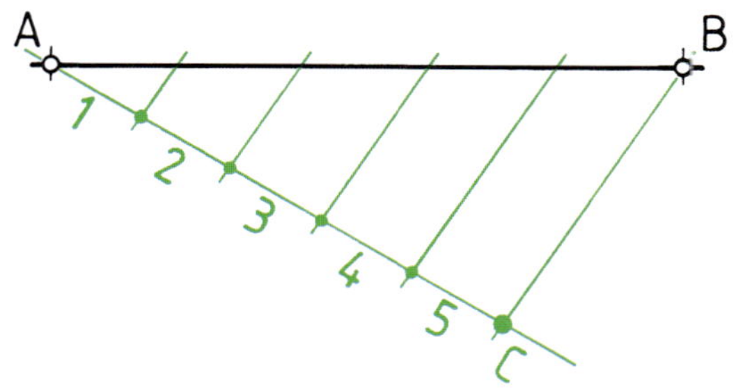

Streckenteilung (z. B. 5 gleiche Teile)

1. Von A aus Strahl zeichnen.
2. Auf dem Strahl von A aus 5 gleiche Teile abtragen.
3. Letzter Teilpunkt C mit B verbinden.
4. Parallelen zu C-B durch die Teilpunkte.

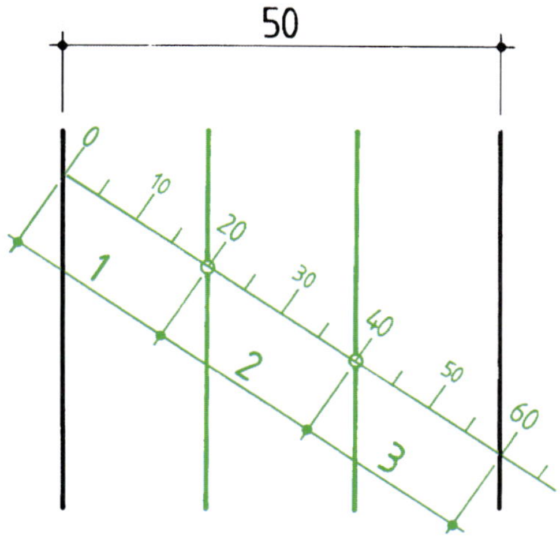

Streckenteilung (z. B. Brett 50 cm breit – 3 Teile)

1. Maßstab schräg auf das Brett legen, dass sich ein durch drei teilbares Maß, z. B. 60 cm, ergibt.
2. Maßstrecke (60 cm) in 3 Teile teilen (20 cm).
3. Durch die Teilpunkte Parallelen zur Brettkante anreißen.

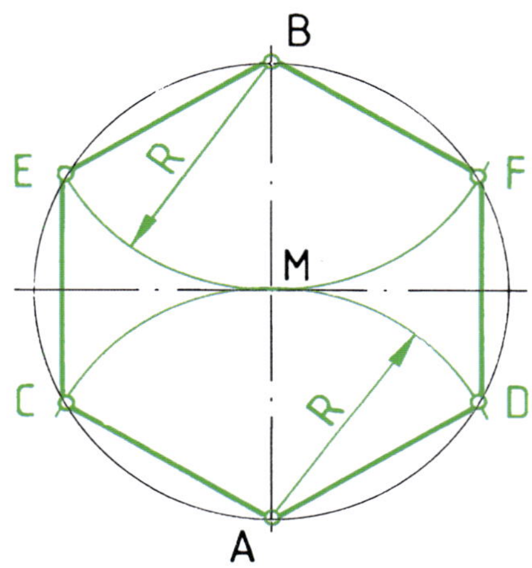

Sechseck

1. Kreisbogen mit Radius AM um A und B ergibt die Schnittpunkte C, D, E, F.
2. Schnittpunkte verbinden.

   oder Radius 6 mal auf dem Kreis abtragen.

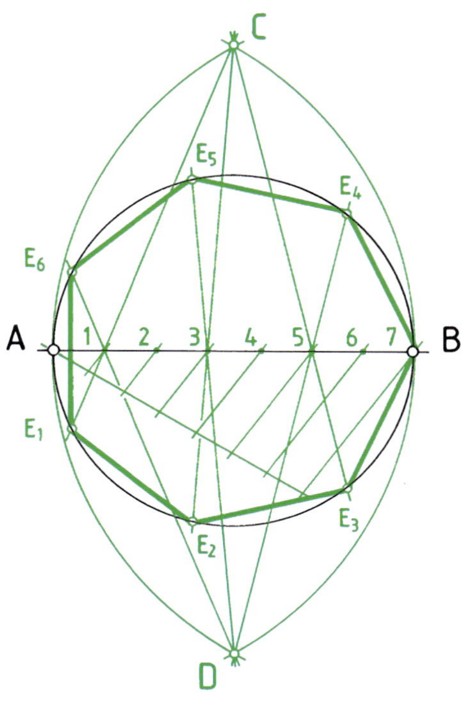

Allgemeine Vieleckkonstruktion (z. B. 7-Eck)

1. Durchmesser A-B in 7 gleiche Teile teilen und nummerieren (1 . . . . 7).
2. Kreisbogen um A und B mit Radius A-B schlagen, ergibt die Punkte C und D.
3. Nacheinander von den Schnittpunkten C und D aus durch jeden zweiten Teilungspunkt (hier 1, 3, 5, 7) Linien zum gegenüberliegenden Kreisumfang ziehen. Die Schnittpunkte mit dem Kreis sind die gesuchten Eckpunkte des Vielecks (E_1, E_2, E_3, B, E_4, E_5, E_6).

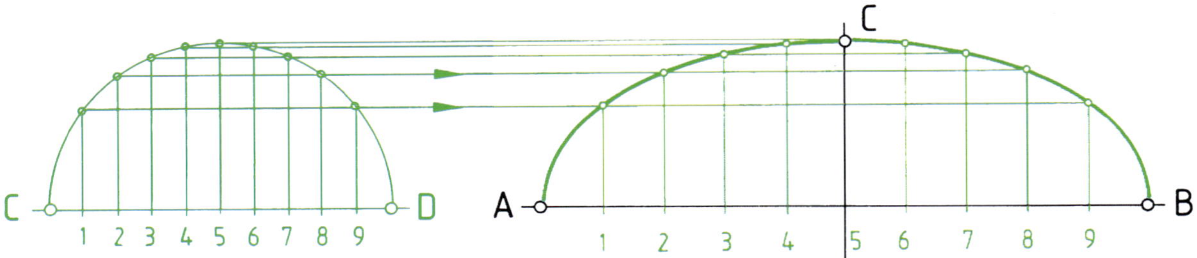

Untere Hälfte sinngemäß

Ellipse durch Vergatterung

1. Auf gleicher Höhe der Achse AB einen Halbkreis zeichnen, dessen Durchmesser der senkrechten Achse CD entspricht.
2. Durchmesser CD und Achse AB in gleichviele Teile teilen (im Beispiel 10 Teile).
3. Durch die Teilpunkte senkrechte Linien zeichnen.
4. Schnittpunkte des Halbkreises entsprechend auf die senkrechten Linien der Achse AB übertragen und mit Hilfe eines Kurvenlineals verbinden.

Abrunden eines Winkels (Kreisanschluss)

1. Parallelen im Abstand R zu den beiden Schenkeln nach innen zeichnen.
2. Der Schnittpunkt M ist Mittelpunkt des Anschlusskreises.
3. Die Senkrechten von den Schenkeln zum Mittelpunkt M ergeben die Kreisanschlusspunkte A.

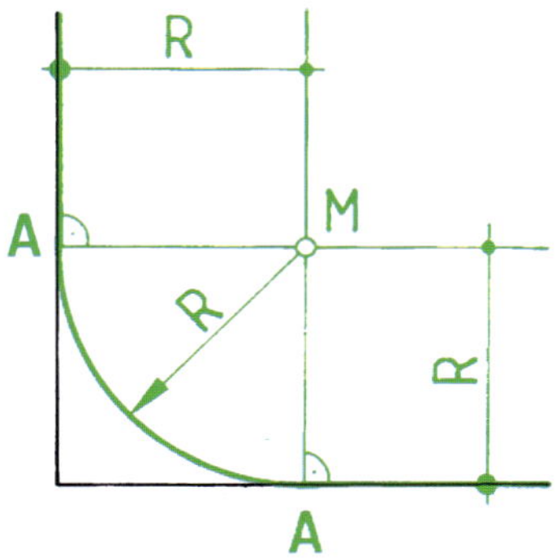

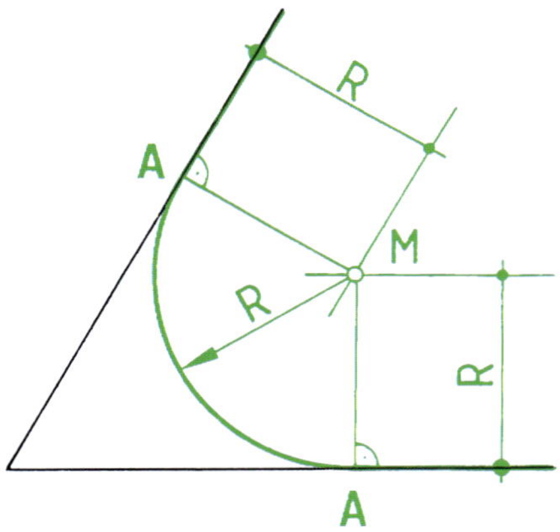

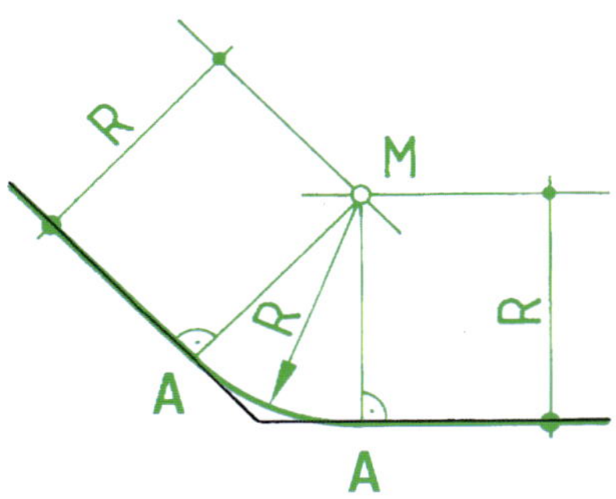

Tangentenkonstruktion

Tangente in einem Kreispunkt:

1. M mit P verbinden,
2. Im Punkt P Senkrechte errichten,
3. Die Senkrechte ist die Tangente.

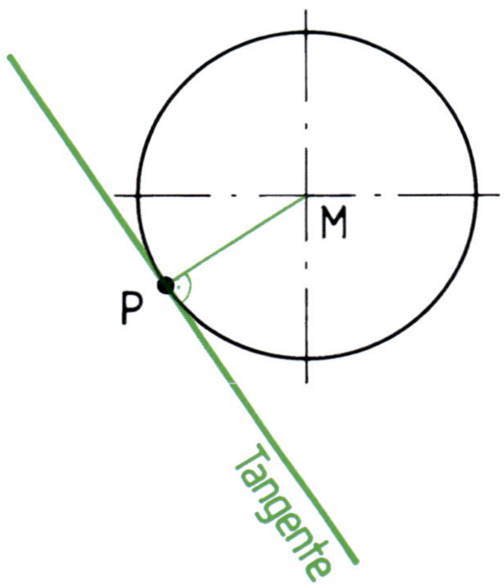

Tangente von einem Punkt P an den Kreis

1. M mit P verbinden,
2. Halbkreis über MP,
3. Schnittpunkt mit Kreis ist A
4. P mit A verbinden
5. Kontrolle: MAP muss rechten Winkel ergeben!

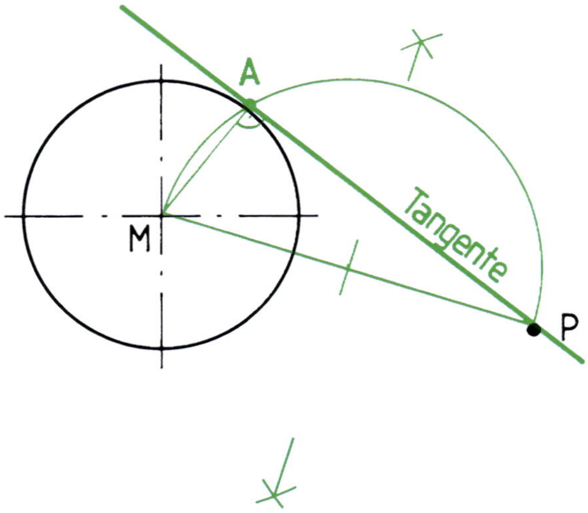

Aufgabe 1: Holzverbindung (Versatz) – die Stirnfläche des Strebenversatzes verläuft in der Winkelhalbierenden. Zeichnen Sie die Schräge des Strebenversatzes ein. Verwenden Sie verschiedene Methoden der Winkelhalbierung.

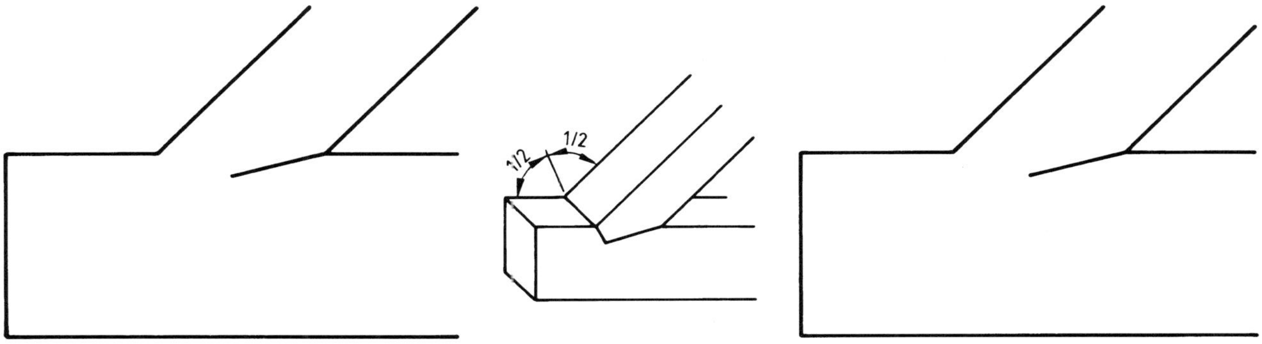

Aufgabe 2: Die Gratlinien des gezeichneten Walmdaches (Draufsicht) halbieren die Eckwinkel. Ergänzen Sie die Draufsicht durch Einzeichnen der fehlenden Grate.

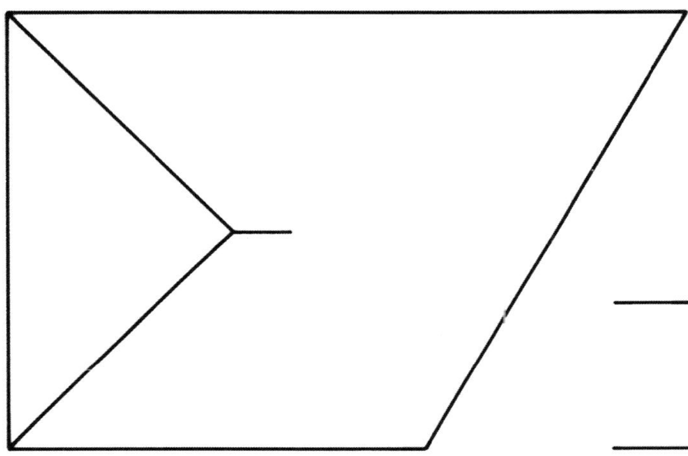

Aufgabe 3: Konstruieren Sie die Kreisanschlüsse für die gezeichnete Straßeneinmündung! M 1:200, Radius 3,0 m

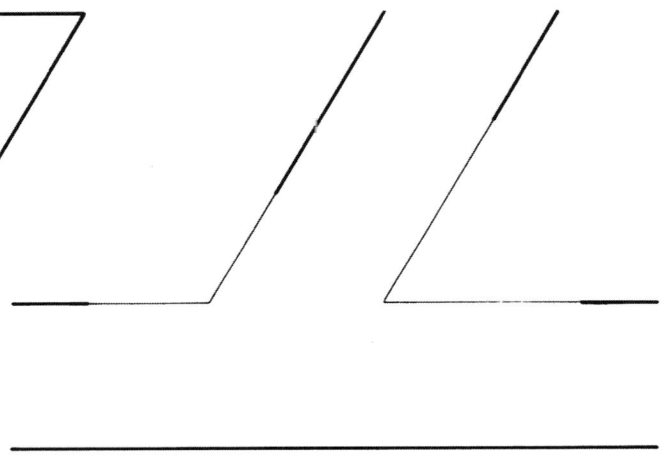

Aufgabe 4: Die gezeichnete Treppe (Draufsicht) soll 9 Trittstufen erhalten. Teilen Sie die Lauflänge L in 9 gleiche Teile und zeichnen Sie die Stufen in die Draufsicht ein (zeichnerische Aufteilung).

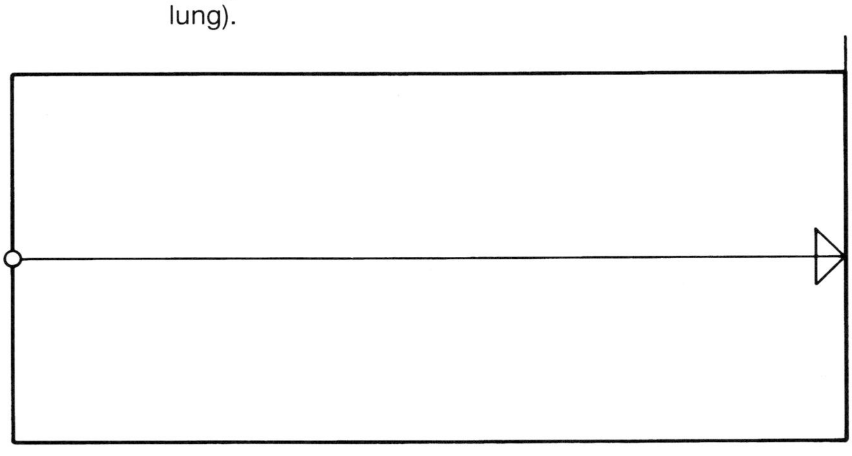

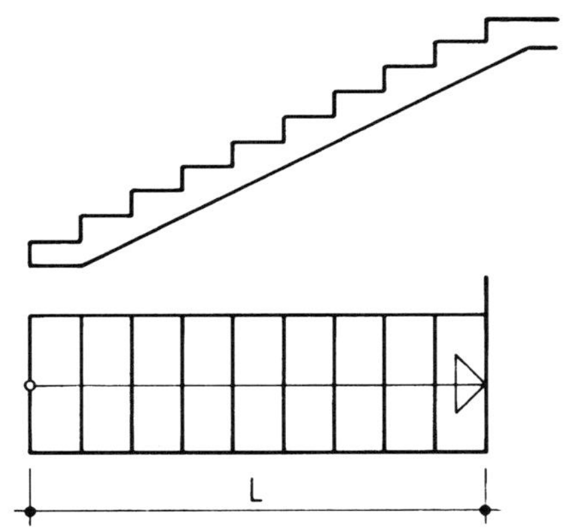

Name	Klasse	Blatt-Nr.		Geprüft	Note

Aufgabe:
Zeichnen und bemaßen Sie die Hauswand mit Fensteröffnung und Sturz im M 1:50 – m, cm.

Gesamtlänge 4,24 m, Gesamthöhe 2,50 m, Fensterhöhe 1,26 m, Fensterbreite 1,76 m, (mittig in der Wand), Sturzhöhe 49 cm, Sturzlänge 2,24 m.

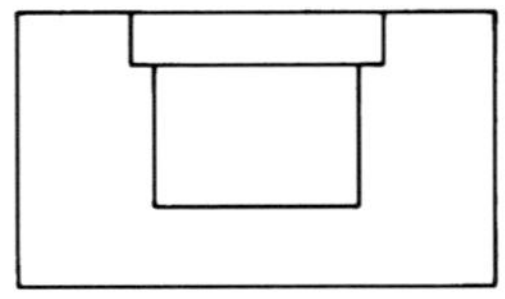

Aufgabe:
Zeichnen und bemaßen Sie die Dachgeschosswand mit Fensteröffnung im M 1:50 – m, cm.

Obere Länge 3,24, Untere Länge 4,49 m, Kniestockhöhe 1,00 m, Gesamthöhe 2,50 m, Fensteröffnung 1,01/1,26 m, Brüstungshöhe 75 cm, Fensterabstand von der linken Außenkante 49 cm.

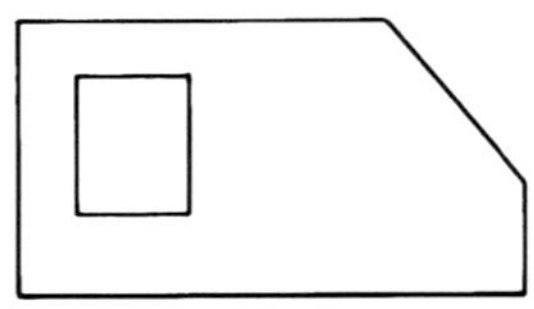

Name	Klasse	Blatt-Nr.		Geprüft	Note

Aufgabe:
Zeichnen und bemaßen Sie die Hausfassade im M 1:100 – m, cm.
Gesamtbreite 9,74 m, Gesamthöhe bis Dachfirst 6,20 m, Höhe bis Traufe 3,00 m, Dachhöhe von Traufe bis First 3,20 m, Fensterbre ten 2,26 m und 1,51 m, Fensterhöhen 1,51, Abstand des rechten Fensters von der rechten Gebäudekante 1,49 m, Abstand des linken Fensters von der linken Gebäudekante 3,115m, Brüstungshöhe 1,00 m.

Aufgabe:
Zeichnen und bemaßen Sie das Tankauflager im M 1:20 – m, cm.
Untere Länge 2,40 m, obere Länge 1,40 m, Höhe 1,00 m, Radius 50 cm.

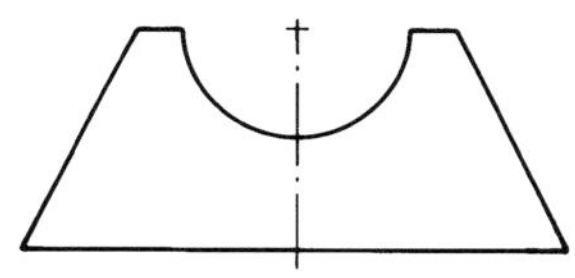

Name	Klasse	Blatt-Nr.		Geprüft	Note

Skizzieren von Bauteilen

Bauskizzen sind einfache, in der Regel freihändig gezeichnete technische Darstellungen für den Werkstatt- und Baustellengebrauch. Der Bauhandwerker benötigt und verwendet sie hauptsächlich für die Arbeitsvorbereitung

- zur schnellen zeichnerischen Klärung oder Erklärung eines technischen Sachverhaltes (Form, Konstruktion, Abmessungen)
- zur Bauaufnahme (Aufmessen und Skizzieren vorhandener Teile von Bauwerken)

Merke:

Skizzieren heißt nicht „schmieren"! Auch Skizzen sollten bestimmte Anforderungen erfüllen:

- klare, übersichtliche Darstellung
- möglichst maßstabsgerecht bzw. ungefähr in den richtigen Maßverhältnissen (Proportionen)
- vollständige, möglichst normgerechte Bemaßung.

Überlegen Sie. Welche Vorteile hat eine Skizze?

1. ______________________________

2. ______________________________

Aufgabe: Beurteilen Sie die verschiedenen Skizzierarten hinsichtlich der Klarheit und Übersichtlichkeit der Darstellung (Strichführung, Umrisse):

	ungünstig	günstig
1		
2		
3		
4		

1

2

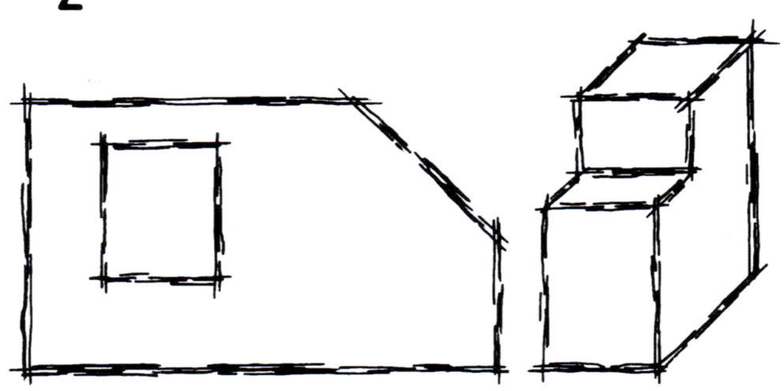

3

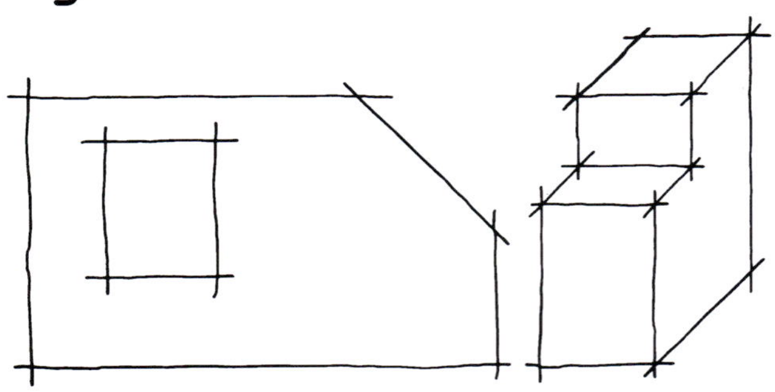

4

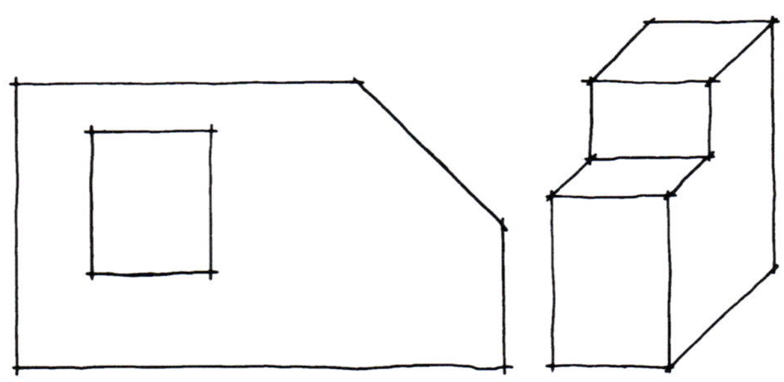

Aufgabe: Skizzieren Sie freihändig in doppelter Größe.

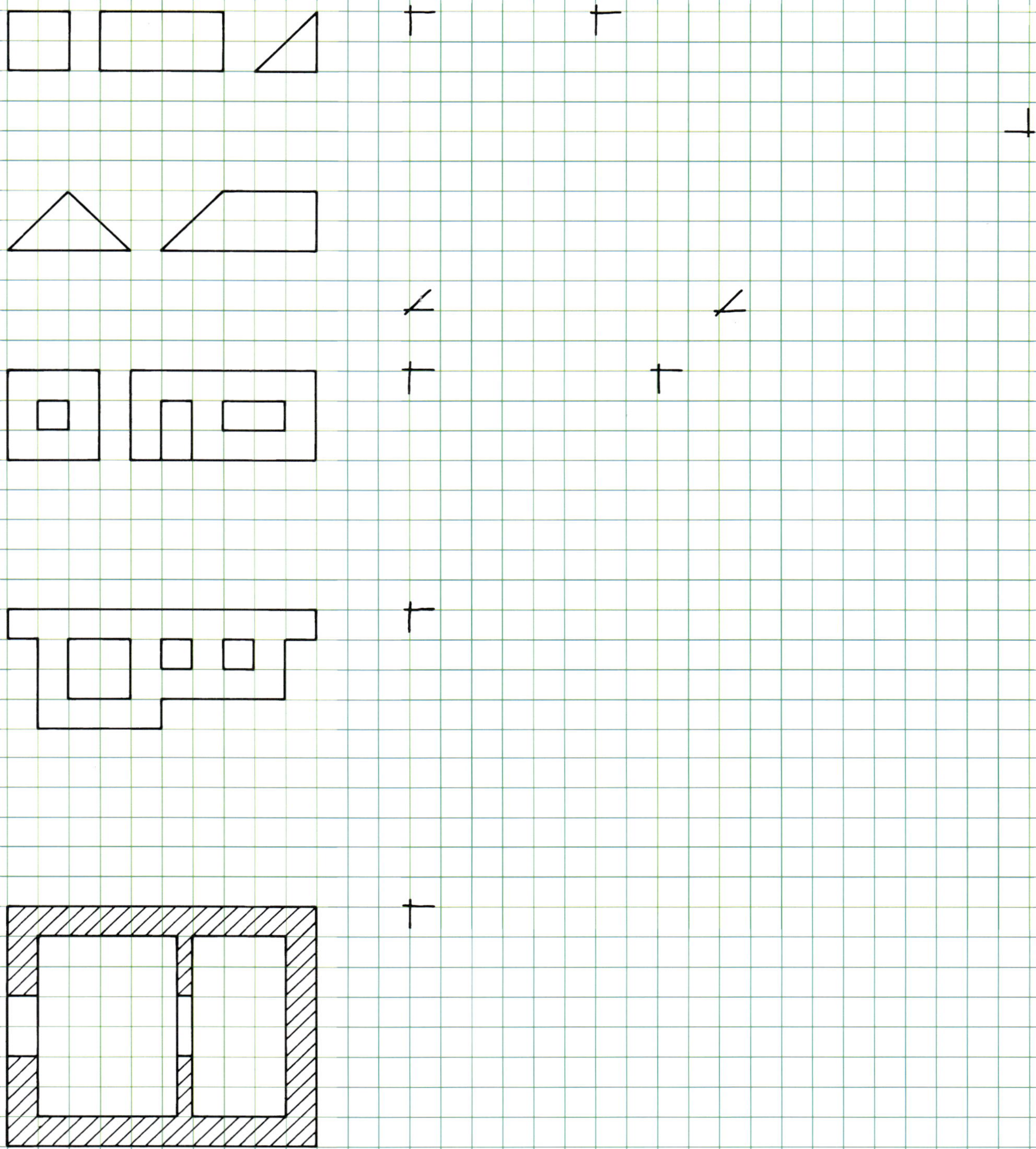

Name	Klasse	Blatt-Nr.		Geprüft	Note

Übungen zum Abschätzen von Größenverhältnissen beim Skizzieren:

Benutzen Sie bitte **keinen** Zeichenmaßstab. Kontrollieren Sie **nachher** durch Nachmessen, ob Sie die Größenverhältnisse annähernd richtig getroffen haben.

(1) Teilen Sie in 2 gleiche Teile

(2) Teilen Sie in 3 gleiche Teile

(3) Teilen Sie in 4 gleiche Teile

(4) 3 gleiche Teile / 2 gleiche Teile

(5) 3 gleiche Teile / 3 gleiche Teile

(6) 6 m / 4 m

Skizzieren Sie in die Mitte der Fläche ein Quadrat von 2 m Seitenlänge.

(7) 5 m / 3 m

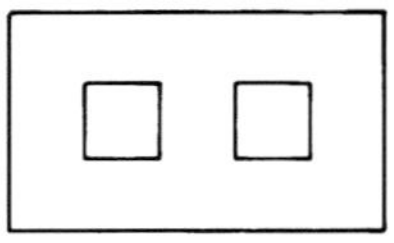

Abb. 1

Skizzieren Sie 2 Quadrate mit je 1 m Seitenlänge in die obige Fläche ein (Anordnung wie Abb. 1).

(8) 4 m / 2,50 m

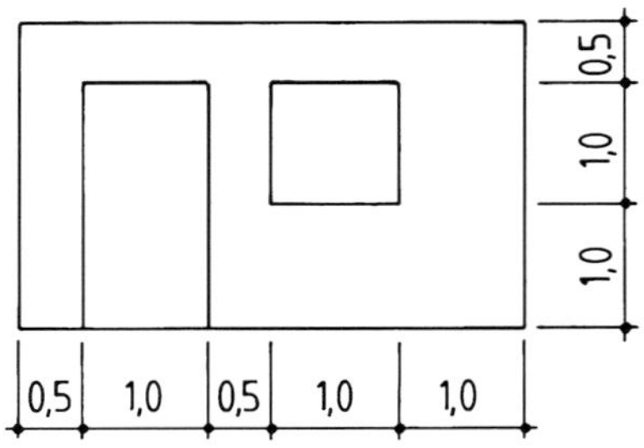

Abb. 2

Skizzieren Sie Tür- und Fensteröffnung entsprechend der Abb. 2 in die nebenstehende Wandfläche ein.

Name	Klasse	Blatt-Nr.		Geprüft	Note

Aufgabe: a) Skizzieren Sie freihändig (ohne Benutzung eines Zeichenmaßstabes) ein Fenster und eine Türe in die vorgegebene Wand (M 1:50 – m, cm):

Abstand des Fensters von der linken Zimmerecke: 49 cm,
Größe des Fensters: 1,01/1,26 m,
Brüstungshöhe: 75 cm
Pfeiler zwischen Fenster und Türe: 24 cm,
Türgröße: 1,01/2,01 m

b) Bemaßen Sie die Skizze normgerecht.

c) Kontrollieren Sie anschließend durch Nachmessen, ob Sie die Maßverhältnisse annähernd getroffen haben.

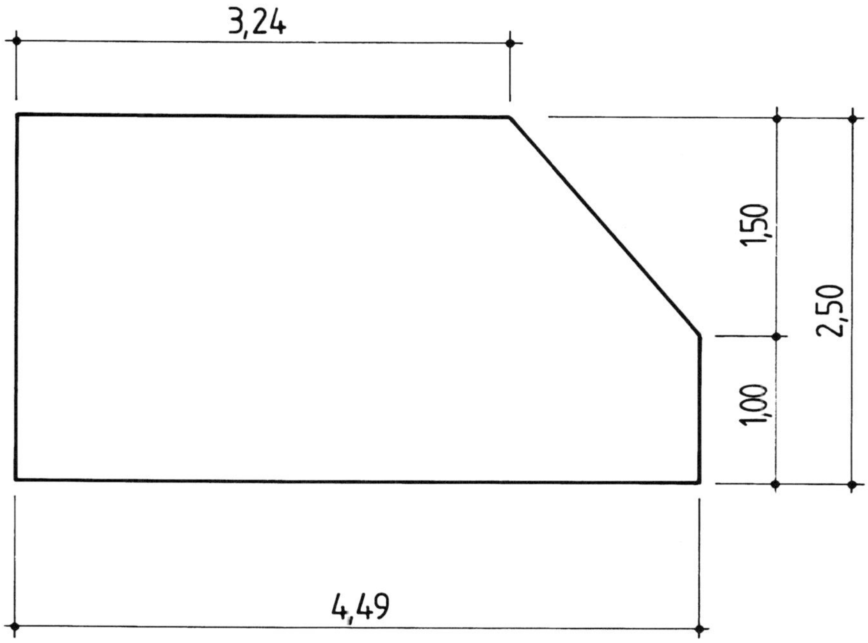

Aufgabe:

a) Skizzieren Sie freihändig (ohne Benutzung eines Zeichenmaßstabes), etwa im M 1:10 – cm, das Seitenteil für eine Fundamentschalung, Laschenbreite ca. 10 cm.

b) Bemaßen Sie die Skizze normgerecht.

c) Kontrollieren Sie anschließend durch Nachmessen, ob Sie die Maßverhältnisse annähernd getroffen haben.

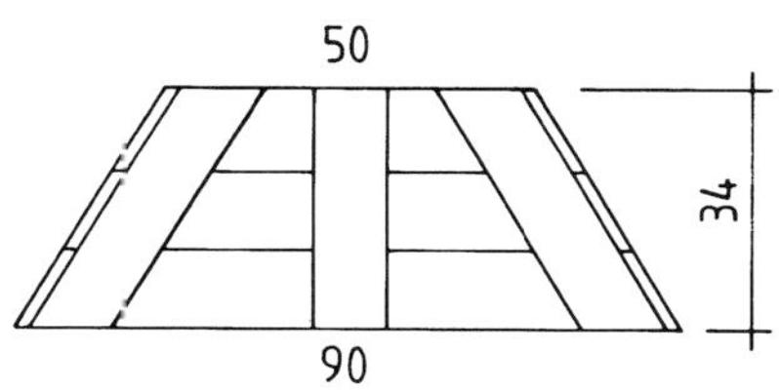

Name	Klasse	Blatt-Nr.		Geprüft	Note

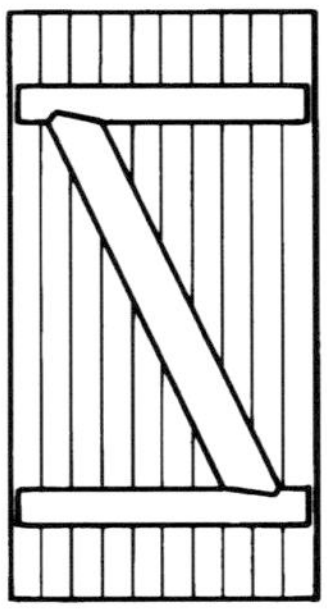

Aufgabe:
Skizzieren und bemaßen Sie freihändig im M 1:20 die Brettertüre ohne Türbänder.

Breite:	1,00 m
Höhe:	1,90 m
Querriegel:	Länge 96 cm, Höhe 12 cm Abstand von unten und oben 20 cm
Strebe:	12 cm breit (Vorholzlänge 10 cm)
Türbretter:	10 cm breit

Benutzen Sie den Zeichenmaßstab nur zum Messen.

Aufgabe: Skizzieren und bemaßen Sie freihändig im M 1:20 den Ausschnitt aus einem Gebäudegrundriss.

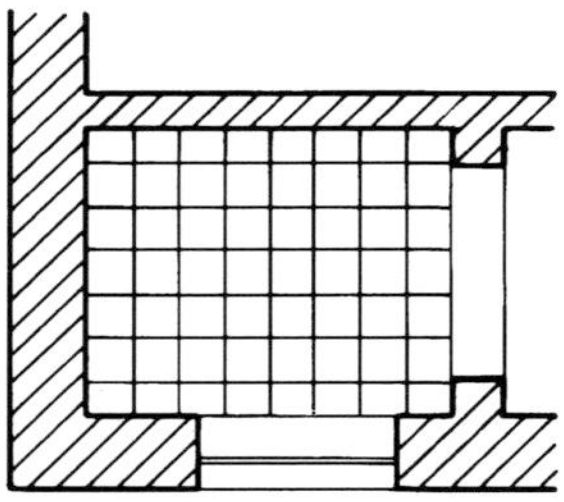

Innenmaße:	1,62/1,01
Außenwände:	24 cm
Innenwand:	11,5 cm
Türöffnung:	76/201 cm
Fensteröffnung:	63,5/76 cm

(Abstand von der Gebäudeaußenkante 61,5 cm)

Bodenfliesen: 15/15 cm
(Einteilung wie Abb. oben)

Benutzen Sie den Zeichenmaßstab nur zum Messen.

Name	Klasse	Blatt-Nr.		Geprüft	Note

Zwischenwand

1

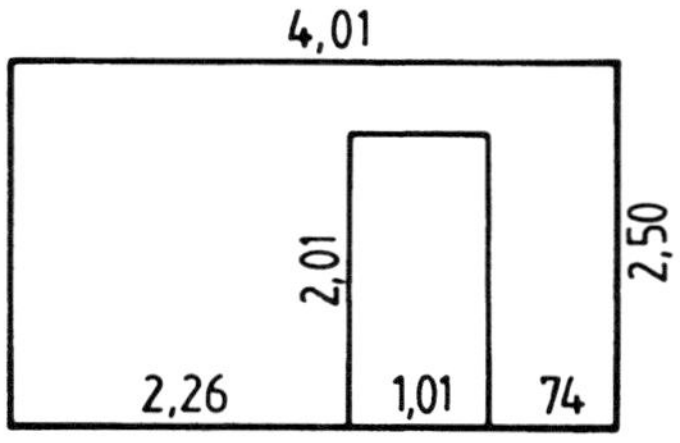

Außenwand

2

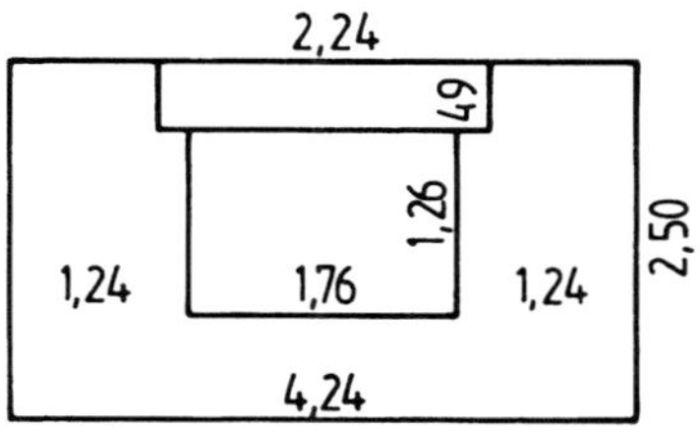

Außenwand mit Dachschräge

3

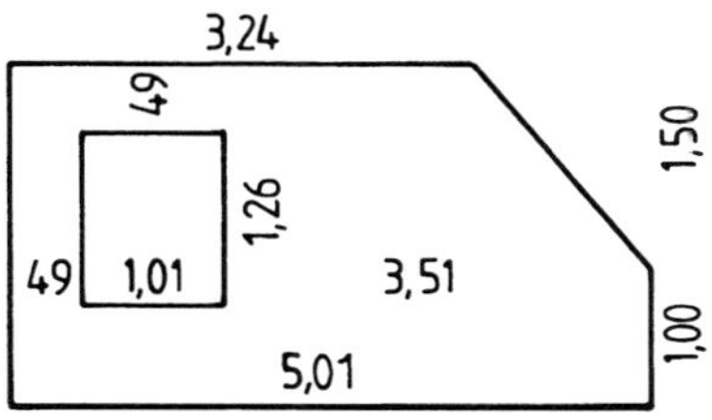

Hausansicht

4

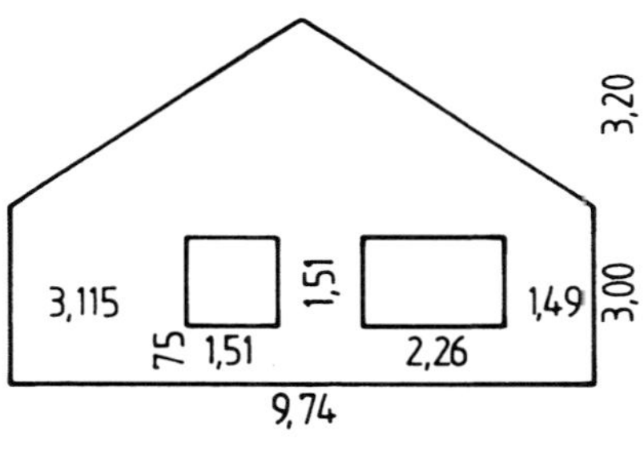

Verkehrsinsel

5

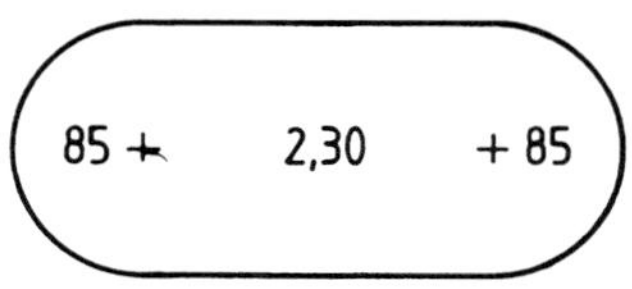

Tankauflager

6

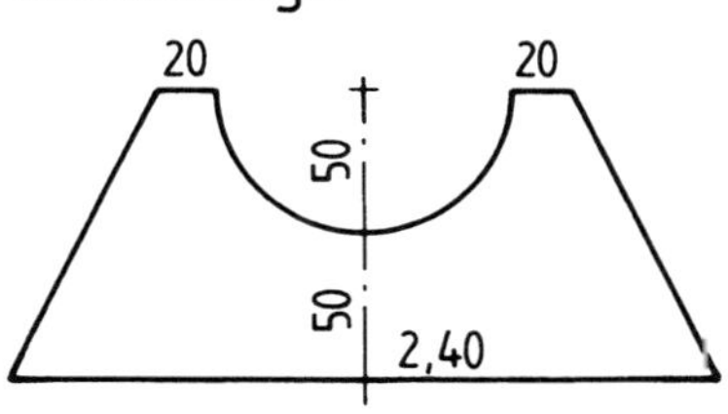

Mauerstück mit Schornstein

7

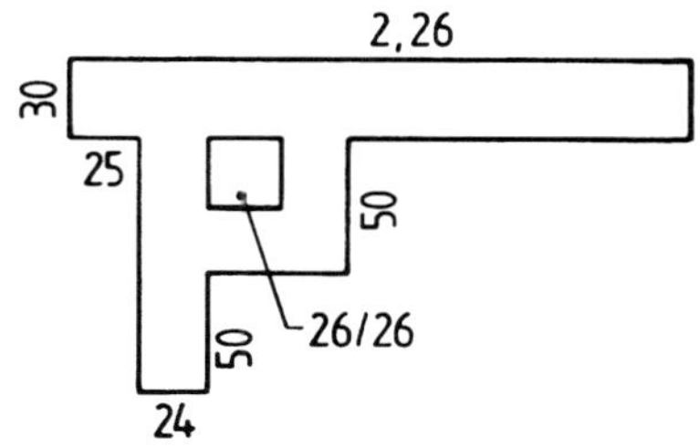

Dachfuß

8

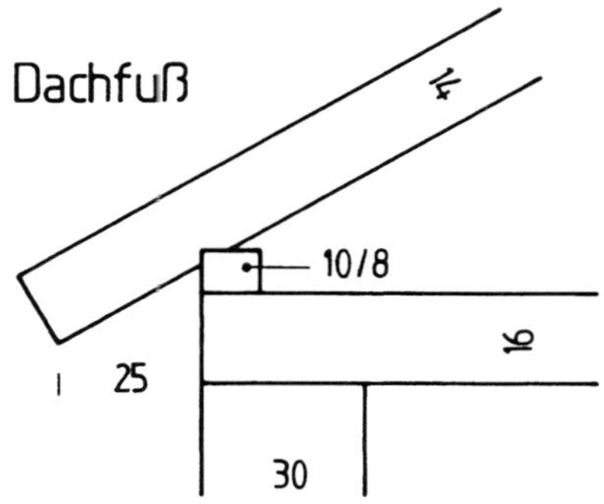

Kanal mit Schacht

9

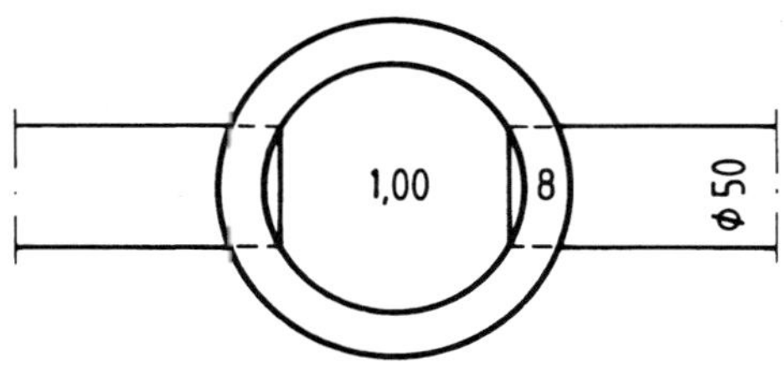

10

Baugrube

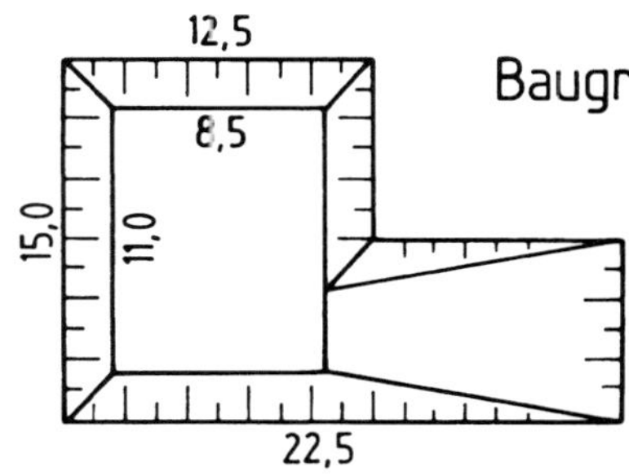

Weitere Skizzierübungen:

a) Skizzieren Sie freihändig die Aufgaben ① – ⑩ jeweils um die Hälfte vergrößert auf unliniertes Papier. Jede Skizze soll normgerecht bemaßt werden.

b) Kontrollieren Sie anschließend durch Nachmessen, ob Sie die Größenverhältnisse annähernd richtig getroffen haben.

Schräge Parallelprojektion

Wo Baukörper oder Bauteile in **räumlicher** Abbildung gezeichnet werden sollen, verwendet man vorwiegend Darstellungen in schräger Parallelprojektion. Sie sind besonders anschaulich und auch für Nichttechniker gut verständlich. Die Beherrschung dieser Darstellungsmethode, besonders in der Anwendung der Skizze, kann aber auch die rasche technische Verständigung unter Fachleuten sehr erleichtern.
Es gibt verschiedene Arten der schrägen Parallelprojektion:

Kavalierperspektive

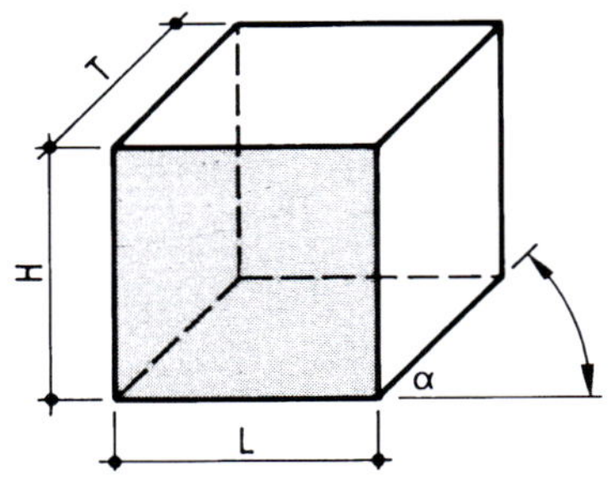

Isometrie

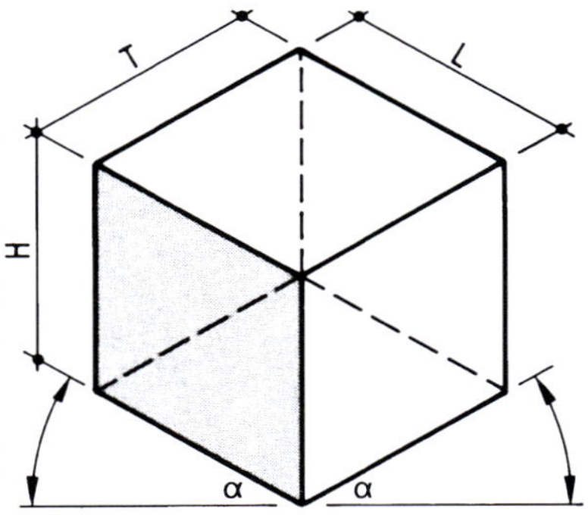

Dimetrie

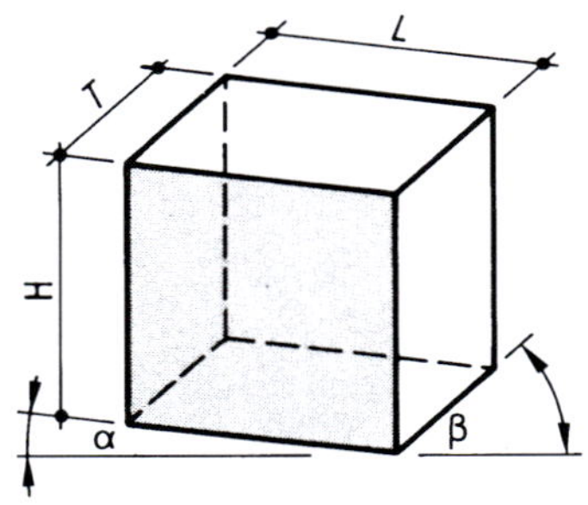

Aufgabe: Vergleichen Sie die 3 Arten der schrägen Parallelprojektion.
Worin unterscheiden sie sich?
Ergänzen bzw. streichen Sie **nicht zutreffende** Angaben durch.

Winkel zur Waagrechten: α = ______	**Winkel zur Waagrechten:** α = ______	**Winkel zur Waagrechten:** α = ______ ; β = ______
Hauptansichtsfläche: wird verändert bleibt unverändert	**Hauptansichtsfläche:** wird verändert bleibt unverändert	**Hauptansichtsfläche:** wird verändert bleibt unverändert
Körperhöhe H: verkürzt nicht verkürzt	**Körperhöhe** H: verkürzt nicht verkürzt	**Körperhöhe** H: verkürzt nicht verkürzt
Körperlänge L: verkürzt nicht verkürzt	**Körperlänge** L: verkürzt nicht verkürzt	**Körperlänge** L: verkürzt nicht verkürzt
Körpertiefe T (Dicke): verkürzt nicht verkürzt	**Körpertiefe** T (Dicke): verkürzt nicht verkürzt	**Körpertiefe** T (Dicke): verkürzt nicht verkürzt
Übliche Verkürzung der Körpertiefe T auf ________________ des ursprünglichen Maßes	Verkürzung der Körpertiefe T auf ________________ des ursprünglichen Maßes	Verkürzung der Körpertiefe T auf ________________ des ursprünglichen Maßes

Merke: Auch wenn Kanten **verkürzt** gezeichnet werden, sind dennoch die **wirklichen Maße** in die Zeichnung einzutragen.

Überlegen Sie: Welche Vorteile oder Nachteile haben die einzelnen Darstellungsarten für die Baupraxis?

Beachten Sie beim Zeichnen von prismatischen Baukörpern in schräger Parallelprojektion:

Kavalierperspektive:

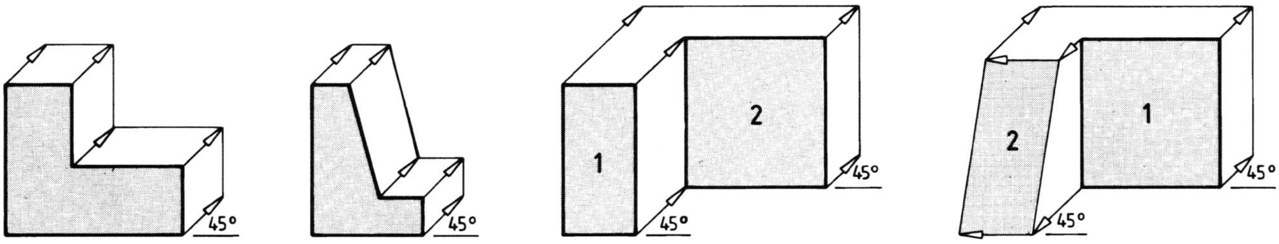

Gehen Sie von der Ansichtsfläche aus, die in der Darstellung **unverändert** bleibt (VA) und zeichnen Sie dann erst von den Eckpunkten aus die unter 45° verlaufenden Kanten.

Isometrie:

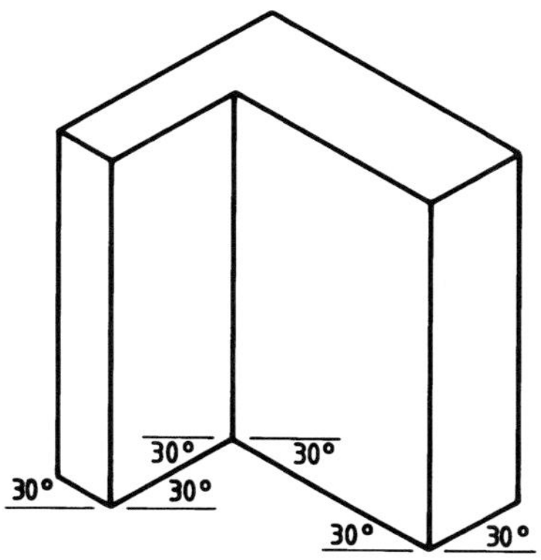

In der Regel beginnt man bei der vorderen, unteren Ecke.

Alle in die Tiefe verlaufenden Kanten werden (nach links und rechts) unter 30° zur waagrechten gezeichnet.

Lotrechte Körperkanten verlaufen auch in der Zeichung lotrecht.

Im Bereich der Bautechnik werden bei schrägen Parallelprojektionen die **Kavalierperspektive** und die **Isometrische Darstellung** bevorzugt angewendet.

Bemaßung:

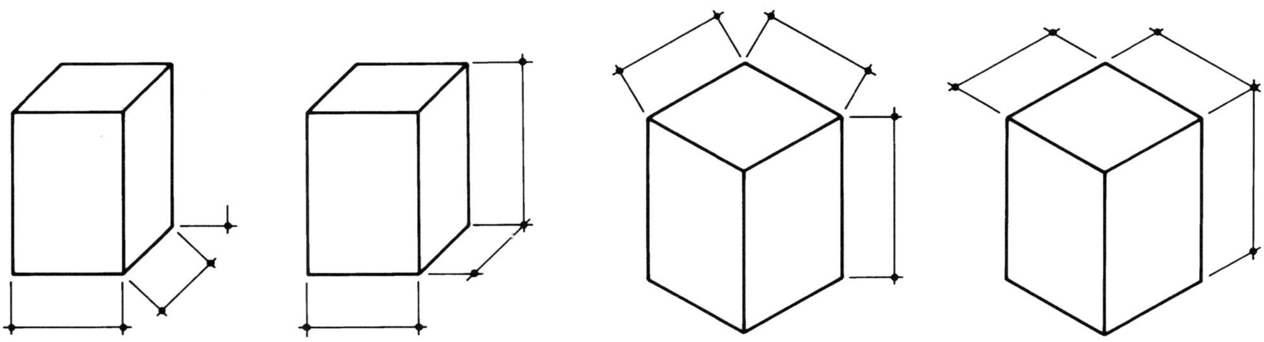

falsch | richtig | falsch | richtig

Maßhilfslinien verlaufen immer in Richtung einer Körperkante.

Aufgabe: Zeichnen und bemaßen Sie den dargestellten Pfeiler in isometrischer Projektion. M 1:20 – m, cm

(1) Pfeiler mit Auflager

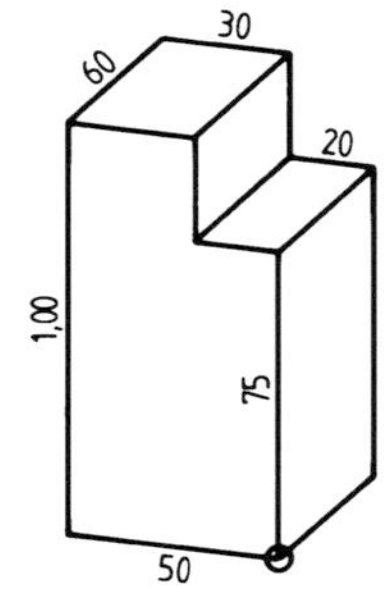

Aufgabe: Zeichnen und bemaßen Sie das dargestellte Bauteil in isometrischer Projektion. M 1:20 – m, cm

(2) Treppe

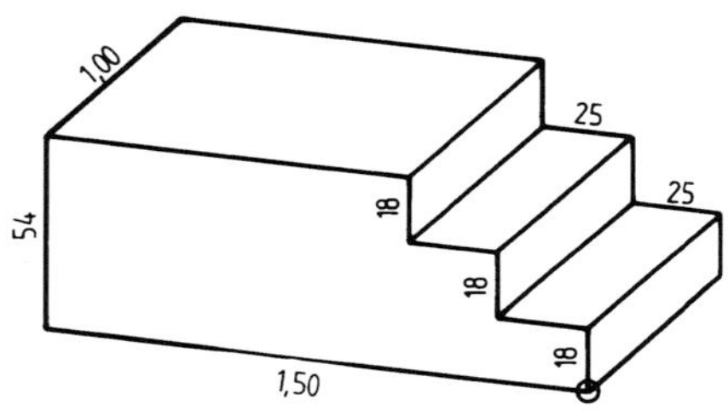

Skizzieren Sie Bauteil ② in Kavalierperspektive im M 1:20 auf unliniertes Papier.

Name	Klasse	Blatt-Nr.		Geprüft	Note

Aufgabe: Zeichnen und bemaßen Sie cas dargestellte Bauteil
in Kavalierperspektive. M 1:20 – m, cm

③ Stützmauer

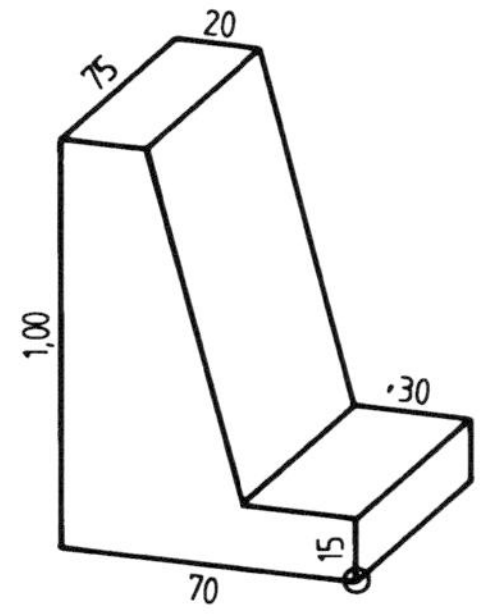

Aufgabe: Zeichnen und bemaßen Sie das dargestellte Bauteil
in isometrischer Projektion. M 1:20 – m, cm

④ Abgesetzte Mauer

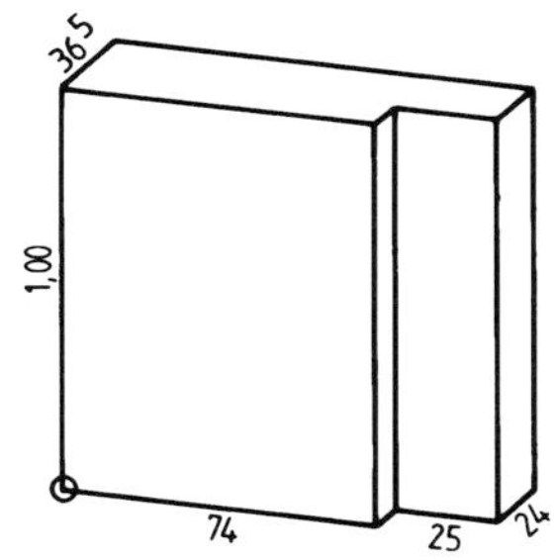

Skizzieren Sie Bauteil ④ in Kavalierperspektive im M 1:20 auf unliniertes Papier.

Name	Klasse	Blatt-Nr.		Geprüft	Note

Aufgabe: Zeichnen und bemaßen Sie das dargestellte Bauteil in Kavalierperspektive. M 1:20 – m, cm

⑤ Maueranschluss

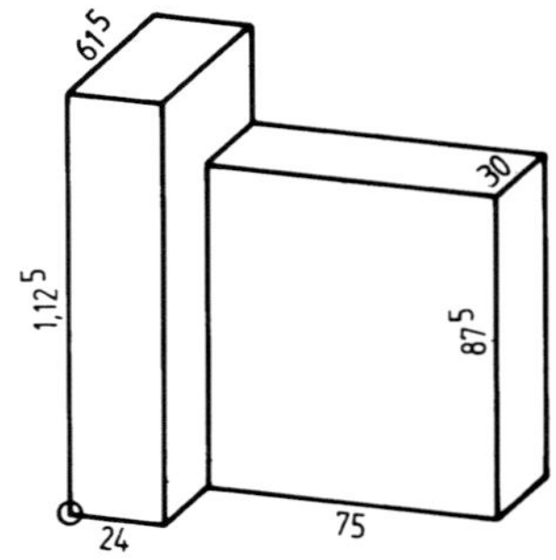

Aufgabe: Zeichnen und bemaßen Sie das dargestellte Bauteil in isometrischer Projektion. M 1:10 – cm

⑥ Zapfenverbindung

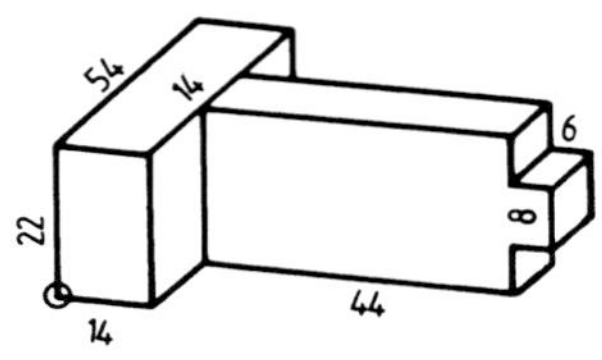

Skizzieren Sie Bauteil ⑥ in Kavalierperspektive im M 1:20 auf unliniertes Papier.

Name	Klasse	Blatt-Nr.		Geprüft	Note

Aufgabe:
Ein Mauerpfeiler hat folgende Abmessungen:
Länge: 61,5 cm
Dicke: 36,5 cm
Höhe: 2,00 m

Zeichnen Sie den Pfeiler in isometrischer Projektion mit Bemaßung im M 1:25 – m, cm.

Aufgabe:
Eine Mauerecke hat die hier skizzierten Abmessungen.

Höhe der Mauer 1,00 m

Die Mauerecke soll in Kavalierperspektive gezeichnet und bemaßt werden. M 1:20 – m, cm

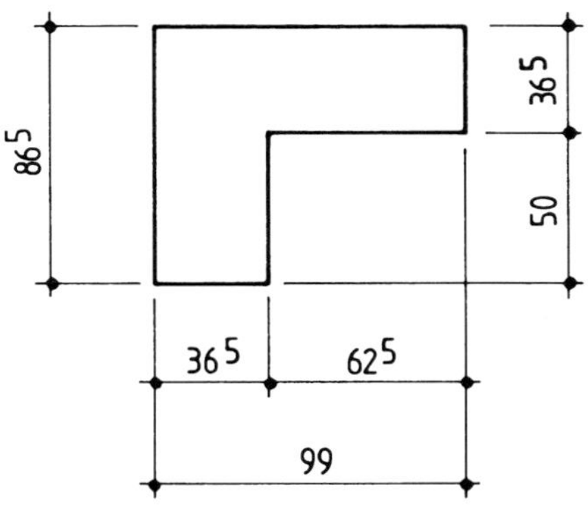

Name	Klasse	Blatt-Nr.		Geprüft	Note

Aufgabe: Wie sehen die Werkstücke aus, wenn die dunklen Teile weggenommen sind?
Skizzieren Sie die Restkörper in gleicher Größe jeweils unter die gegebene Zeichnung.

1
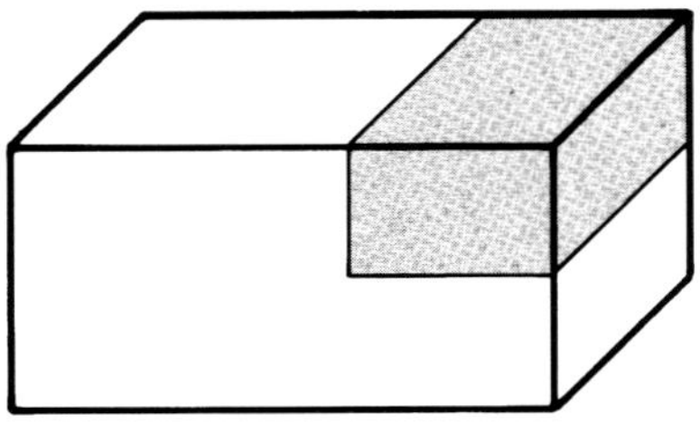

2
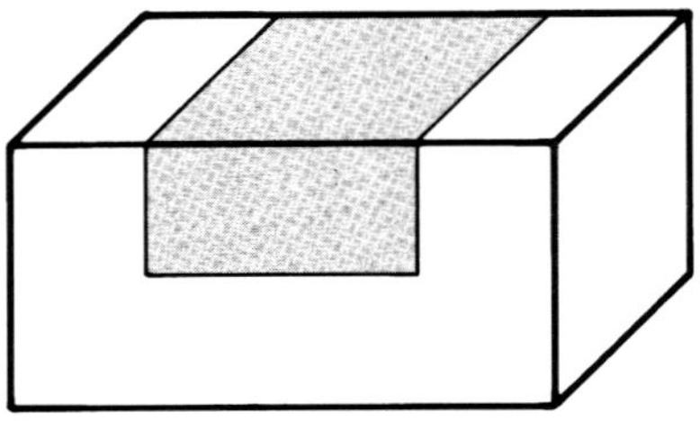

3
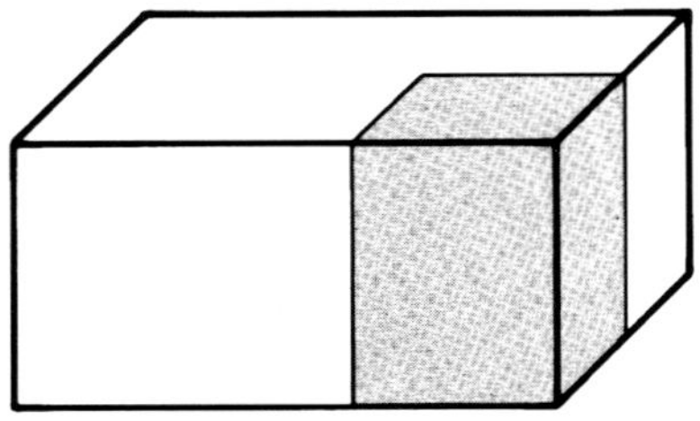

4
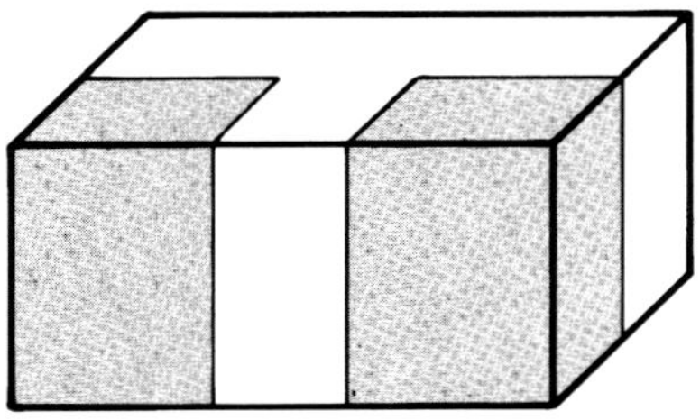

5
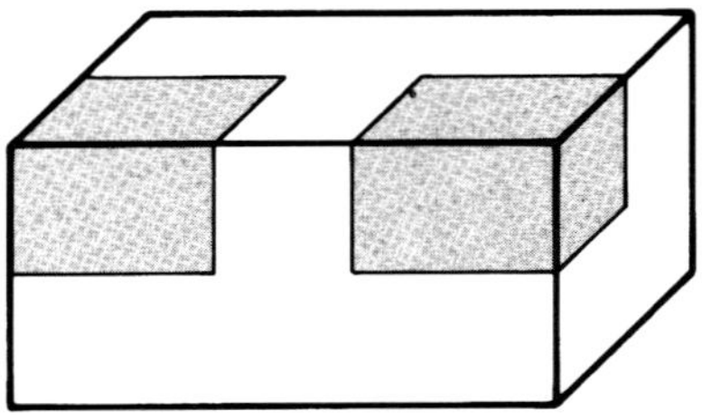

6
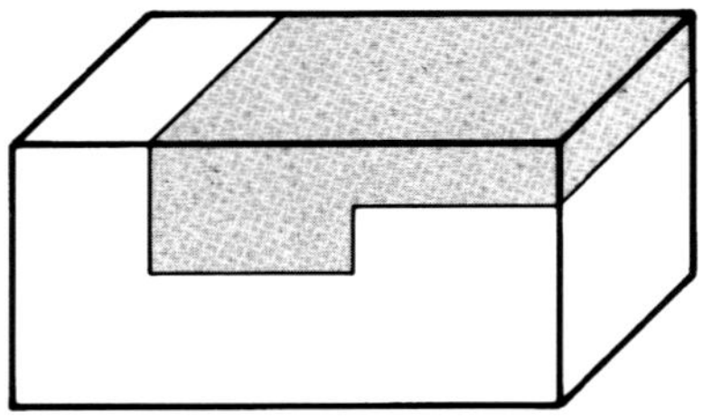

7
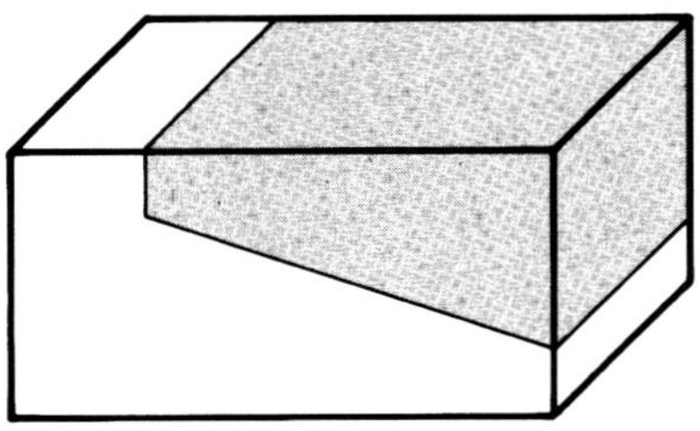

8
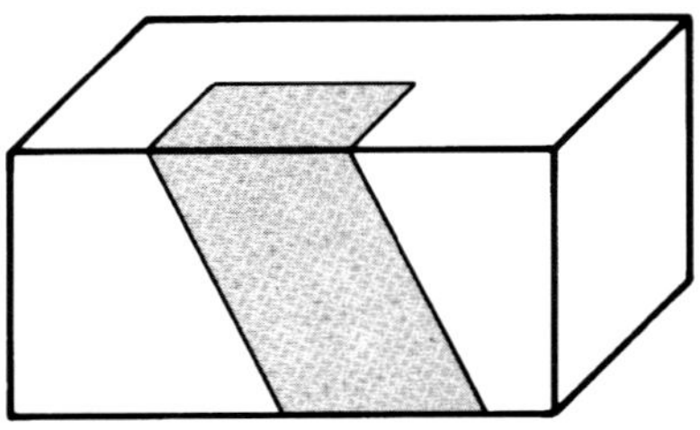

9
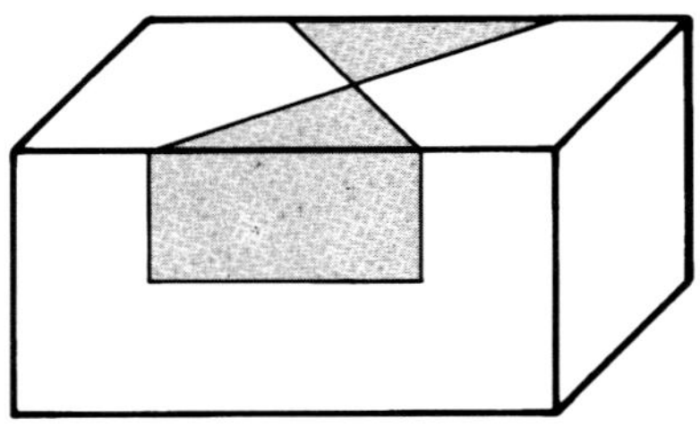

Name	Klasse	Blatt-Nr.		Geprüft	Note

Rechtwinklige Parallelprojektion

Die schräge Parallelprojektion ermöglicht zwar eine gute Übersicht über das Gesamtbauteil (Abb. 1 u. 2), für die Arbeit des Bauhandwerkers reicht sie aber in der Regel nicht aus.

Abb. 1

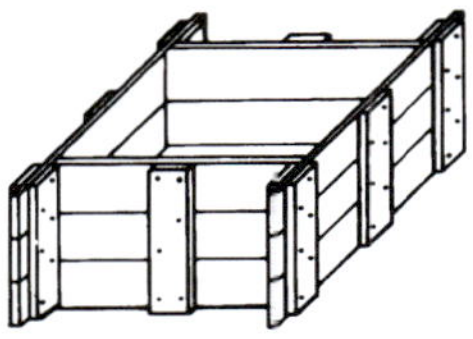

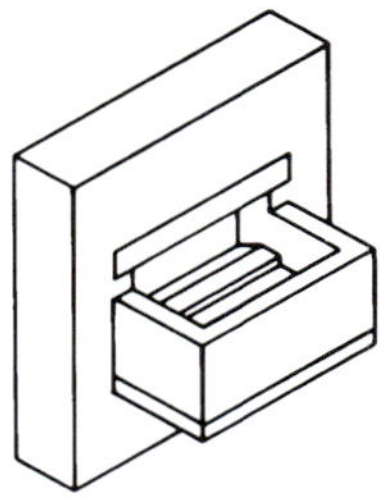

Abb. 2

Begründung:
1. es sind (meist) nicht alle Einzelheiten erkennbar (verdeckte Seiten),
2. die Flächen (Winkel) werden verzerrt abgebildet,
3. eine genaue und übersichtliche Bemaßung ist oft schwierig, bes. bei zusammengesetzten Bauteilen mit Öffnungen und Aussparungen.

Man benötigt deshalb eine Darstellungsmethode die ein genaues Abbild des Werkstückes oder Bauteiles mit allen Maßen und Einzelheiten vermittelt. Diese Darstellungsmethode ist die rechtwinklige Parallelprojektion.

Weil die meisten Bauzeichnungen in rechtwinkliger Parallelprojektion dargestellt werden, muss der Baufachmann in der Lage sein,

- die verschiedenen Ansichten eines in rechtwinkliger Parallelprojektion dargestellten Bauteiles zu bestimmen,
- aus einer räumlichen Darstellung oder der gedanklichen Vorstellung eines Bauteiles oder Baukörpers die verschiedenen Ansichten in rechtwinkliger Parallelprojektion zu zeichnen,
- aus Bauzeichnungen in rechtwinkliger Parallelprojektion, Form und Abmessung eines Bauteiles fehlerfrei abzulesen.

So, wie man die Gestalt eines Gegenstandes erst dann genau erkennen kann, wenn man ihn von den verschiedenen Seiten betrachtet, so wird das Bauteil durch die Abbildung seiner (unterschiedlichen) Ansichten zeichnerisch dargestellt.

Merke:

Die maßgetreue Abbildung einer Körperansicht wird durch **rechtwinklig-parallele Projektion** erreicht, d. h. die **Projektionslinien** verlaufen
1. **rechtwinklig** zur Zeichenebene
2. **parallel** durch die Eckpunkte des Körpers (Abb. 3 u. 4).

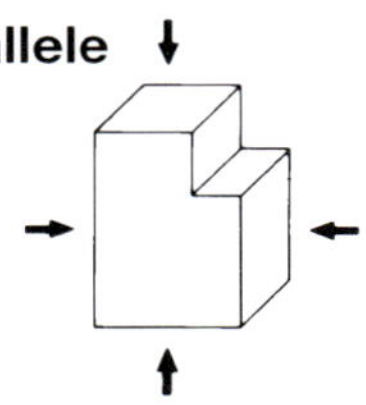

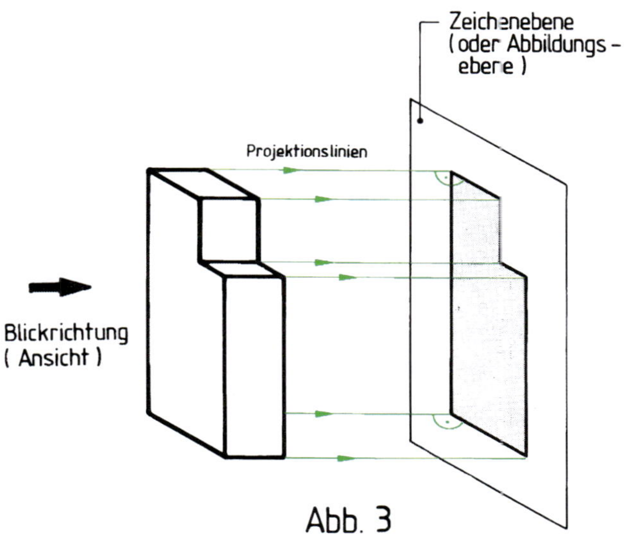

Abb. 3

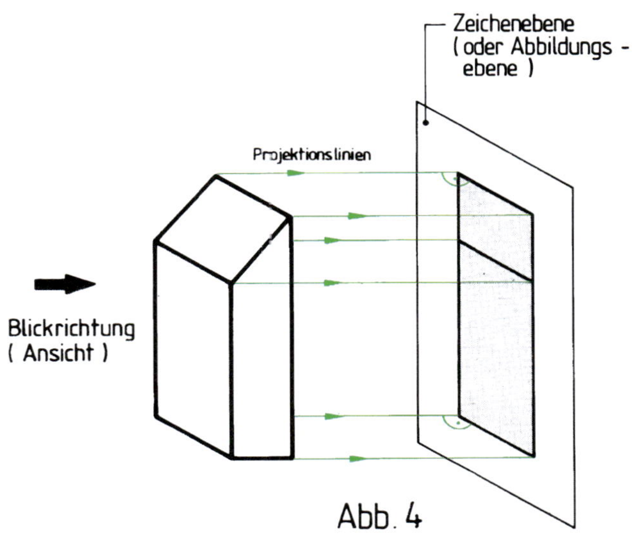

Abb. 4

Würde man nur **eine** Ansicht zeichnen, so wäre die Form des Baukörpers nicht erkennbar, weil auch verschiedene Körper in einer Ansicht übereinstimmen können.

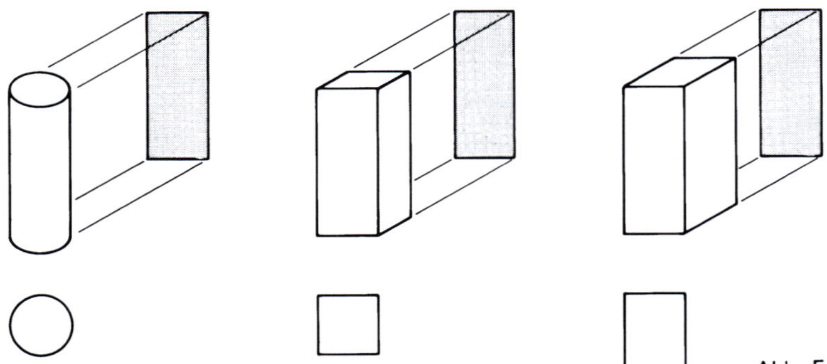

Abb. 5

Auch durch 2 Ansichten wäre ein Baukörper noch nicht eindeutig erkennbar. In Abb. 6 z. B. haben alle 3 Körper in der rechtwinkligen Parallelprojektion gleiche Vorderansichten (VA) und entsprechend gleiche Seitenansichten (SA). Erst durch die 3. Ansicht (Draufsicht DS) wird erkennbar, dass es sich um 3 verschiedene Körper handelt.

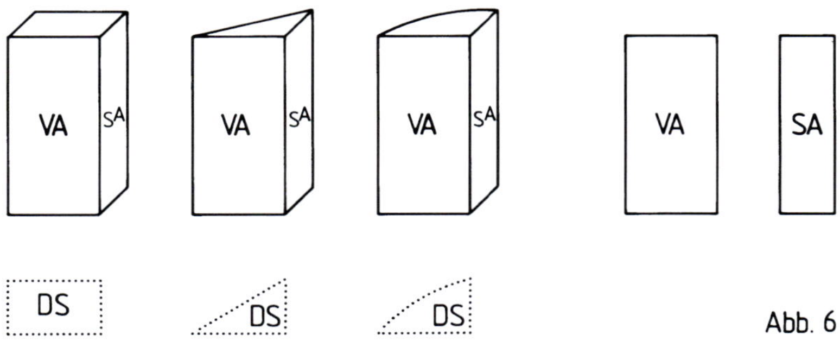

Abb. 6

Merke:

Zur eindeutigen Darstellung eines Baukörpers in rechtwinkliger Parallelprojektion benötigt man 3 Ansichten:

Vorderansicht (VA)
Seitenansicht (SA)
Draufsicht (DS)

Anordnung der Ansichten (nach DIN 6)

In Teilzeichnungen werden die verschiedenen Ansichten eines Körpers nach DIN 6 angeordnet (siehe Abb. 7). Auf gleiche Abstände zwischen den Ansichten sollte geachtet werden.

Eine zweite Seitenansicht sowie Untersicht und Rückansicht werden nur in besonderen Fällen gezeichnet.

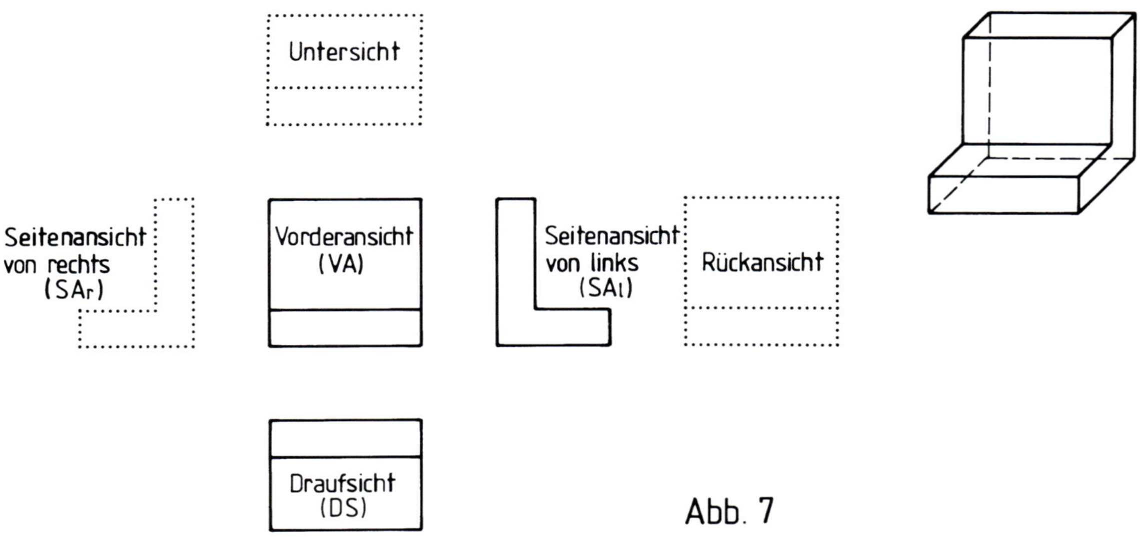

Abb. 7

Ein bewährtes Hilfsmittel, sich die rechtwinklige Parallelprojektion eines Baukörpers in seinen 3 Ansichten vorzustellen, ist die **Raumecke**.

Man denkt sich den zu zeichnenden Körper freischwebend in einer rechtwinkligen Raumecke. Durch rechtwinklig-parallele Abbildung der Körperansichten auf Wände und Boden der Raumecke erhält man die 3 Ansichten des Körpers in rechtwinkliger Parallelprojektion (Abb. 8).

Klappt man die Raumecke auseinander in eine Ebene (wie das Zeichenblatt), so ergibt sich die Anordnung der 3 Ansichten wie in DIN 6 festgelegt (Abb. 9).

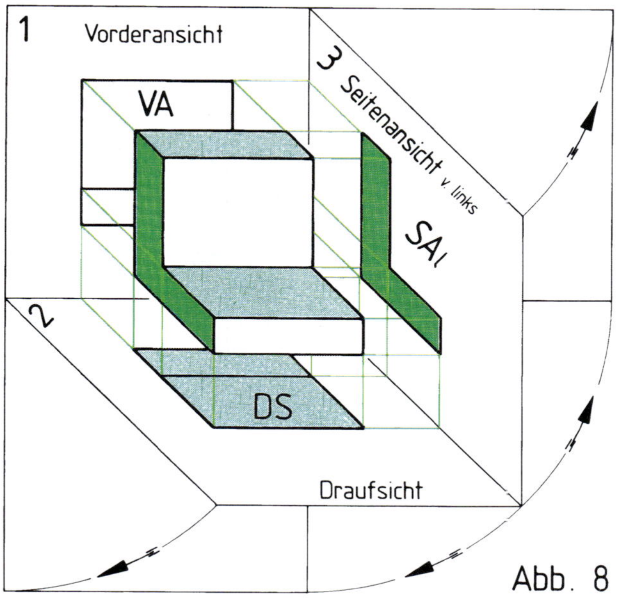

Abb. 8

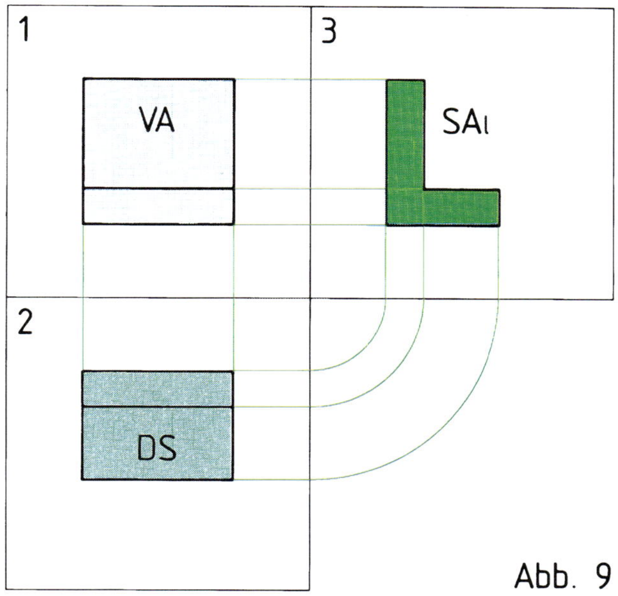

Abb. 9

Mit Hilfe einer 45°-Linie (Spiegelachse) und parallelen Projektionslinien können Körperkanten auf einfache Weise von der Draufsicht in die Ansicht oder von der Ansicht in die Draufsicht übertragen werden.

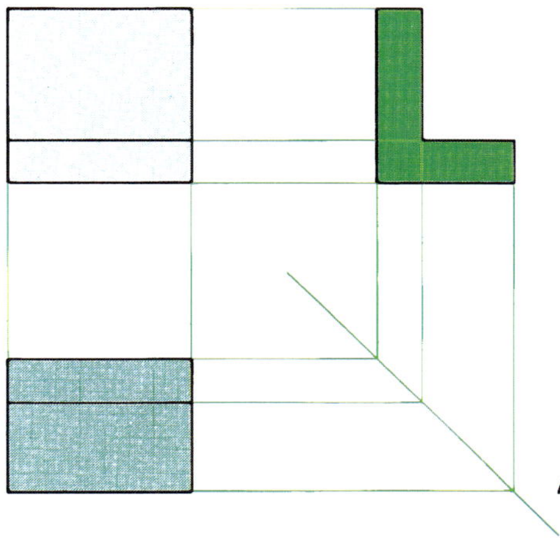
Abb. 10

Die rechtwinklige Parallelprojektion pyramiden- und kegelförmiger Körper geschieht nach dem gleichen Prinzip.

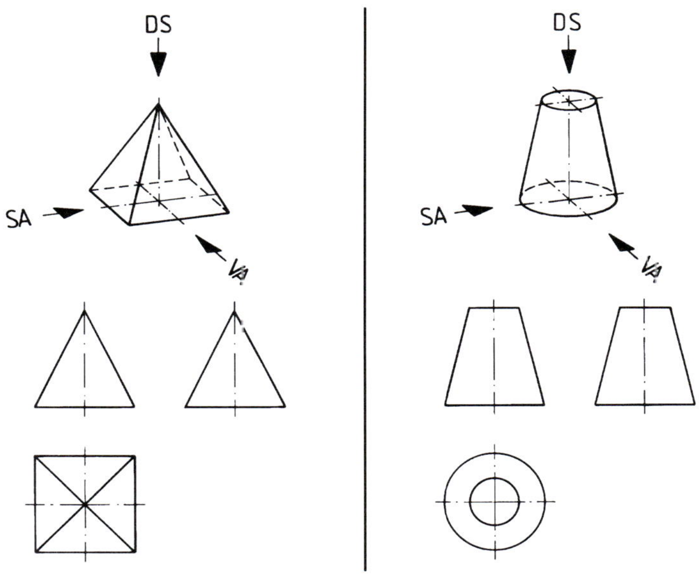

Aufgabe: Übertragen Sie die Ziffern entsprechend in die Ansichten auf den Abbildungsebenen der Raumecke.

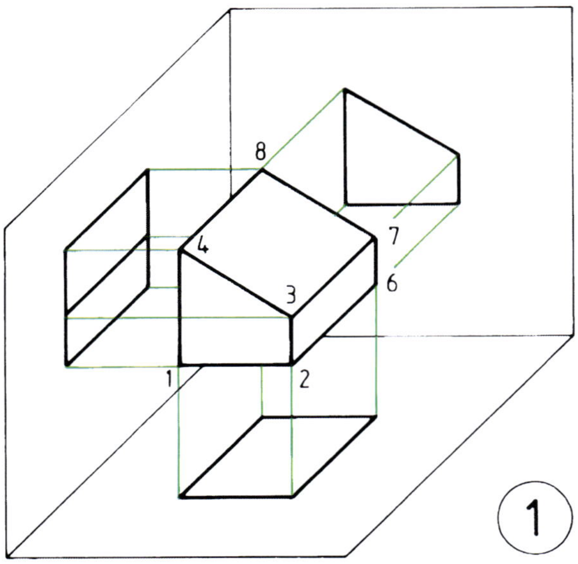

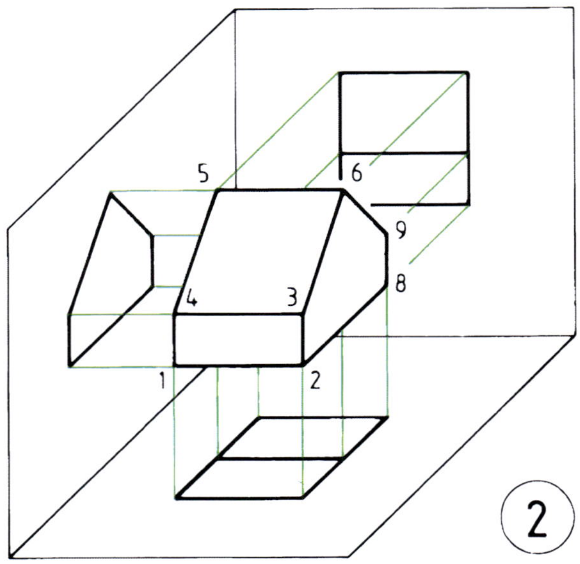

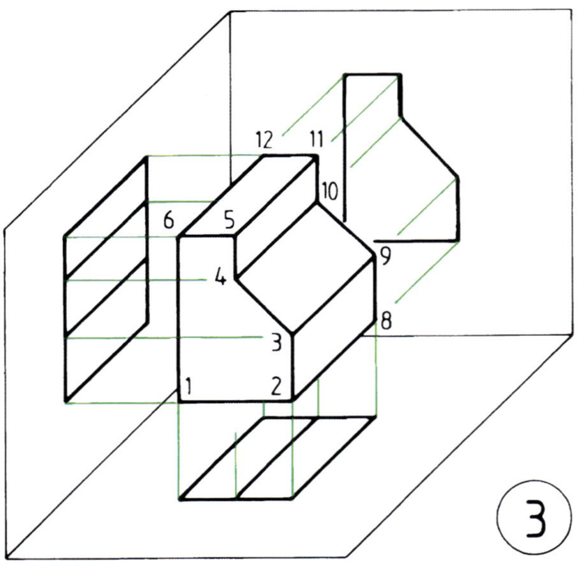

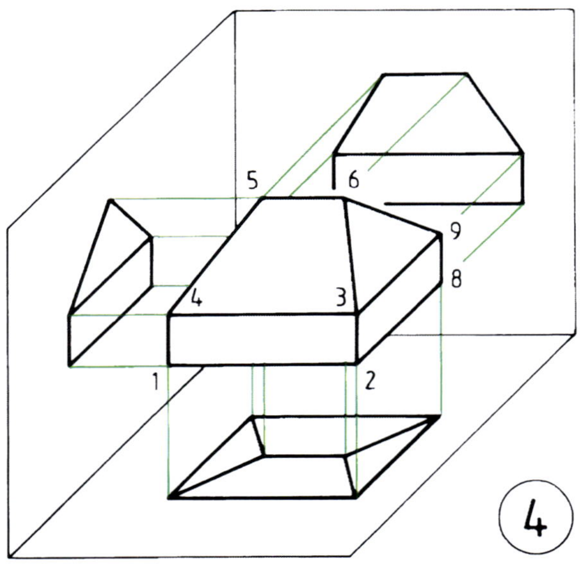

Name	Klasse	Blatt-Nr.		Geprüft	Note

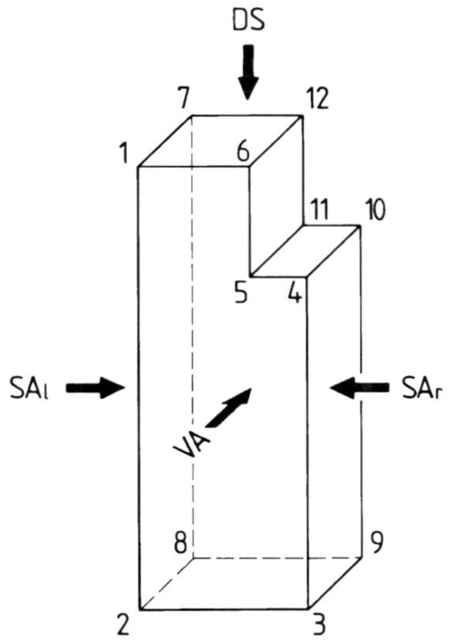

Aufgabe:
Ein Mauerpfeiler mit Sturzauflage soll in 4 Ansichten (VA, DS und 2 Seitenansichten) gezeichnet werden.
M 1:10 (ohne Bemaßung).

Breite	36,5 cm
Dicke	24 cm
Höhe	1,00 m
Auflagerbreite	12,5 cm
Höhe bis zum Auflager	75 cm

Übertragen Sie die Ziffern aus dem gegebenen Schrägbild entsprechend an die Eckpunkte der gezeichneten Ansichten.

Name	Klasse	Blatt-Nr.		Geprüft	Note

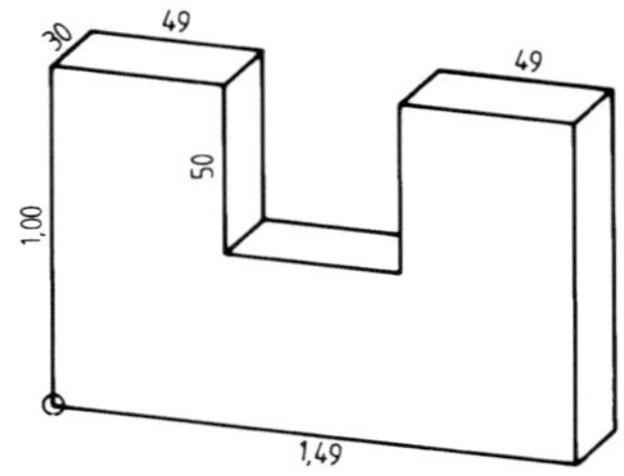

Aufgabe:

Zeichnen und bemaßen Sie das Mauerstück mit Fensteröffnung in der VA, DS und SA.
M 1:20 – m, cm

Aufgabe:
Zeichnen und bemaßen Sie die Treppe in der VA, DS und SA.
M 1:20 - m, cm

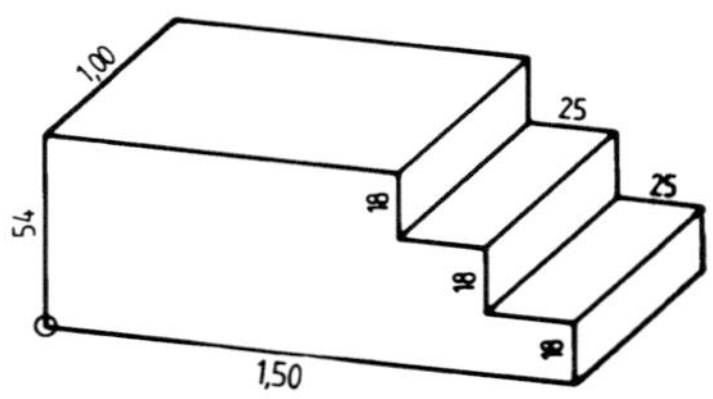

Name	Klasse	Blatt-Nr.		Geprüft	Note

Aufgabe: Zeichnen und bemaßen Sie den Pfeiler mit Abschrägung in der VA, DS, SA_l und SA_r.
M 1:20 – m, cm

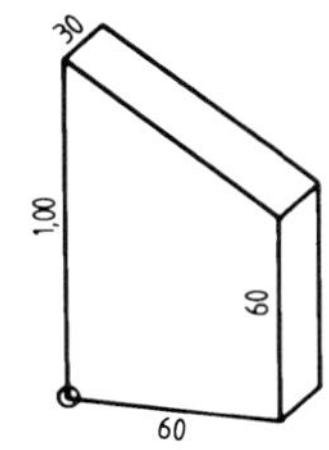

Aufgabe: Zeichnen und bemaßen Sie die Stützmauer in der VA, DS, SA. M 1:20 – m, cm

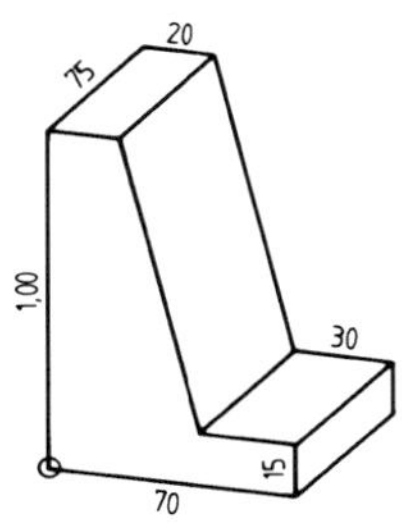

Name	Klasse	Blatt-Nr.		Geprüft	Note

Aufgabe:
Zeichnen und bemaßen Sie das Mauerstück in der VA, DS und SA.
M 1:20 – m, cm

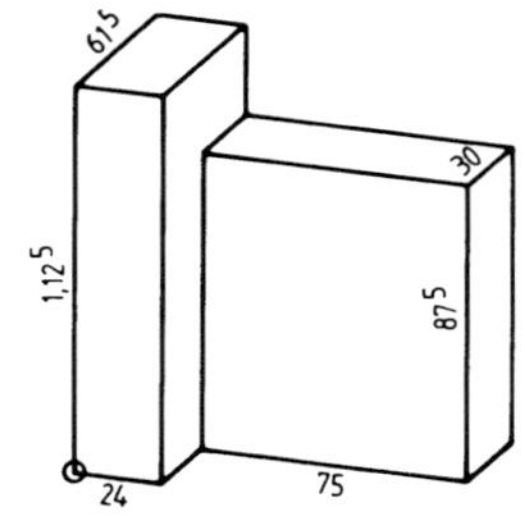

Aufgabe:
Zeichnen und bemaßen Sie das Mauerstück mit Fensteranschlag in der VA, DS und SA.
M 1:20 – m, cm

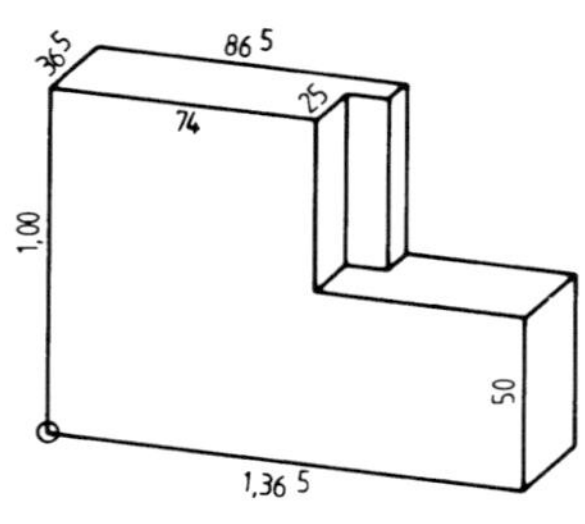

Name	Klasse	Blatt-Nr.		Geprüft	Note

Aufgabe: Kennzeichnen Sie die Punkte A-F entsprechend in den 3 Ansichten und setzen Sie die Kennbuchstaben verdeckt liegender Punkte in Klammern.

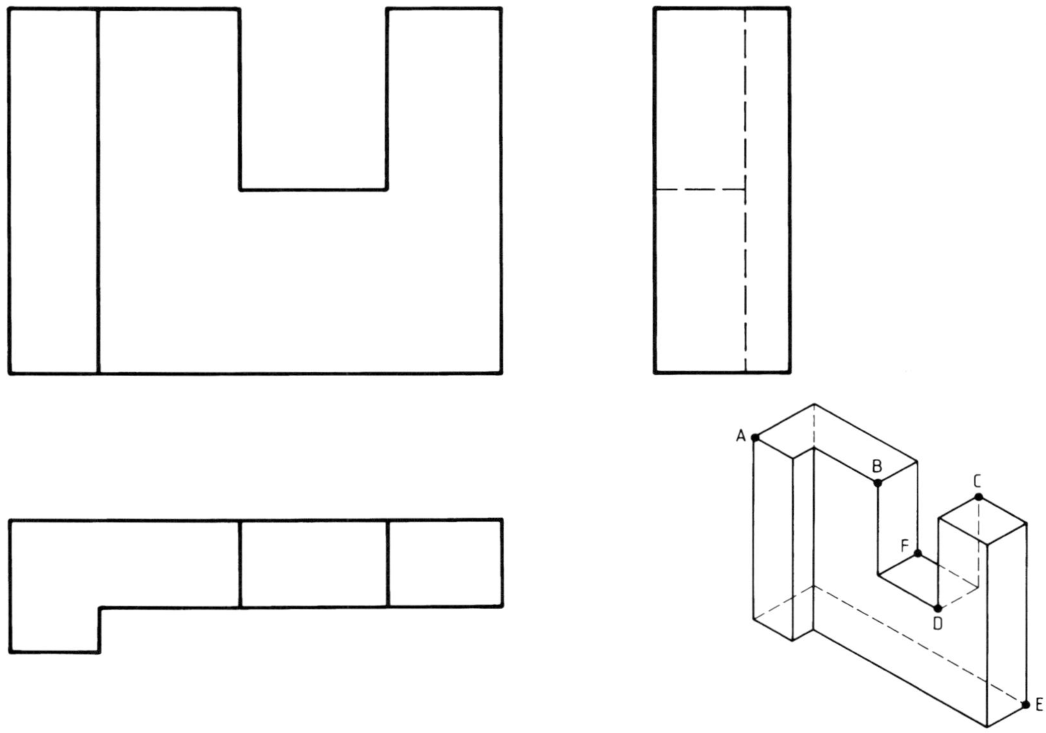

Aufgabe: Markieren Sie die Punkte A-F entsprechend in den 3 Ansichten und setzen Sie die Kennbuchstaben verdeckt liegender Punkte in Klammern.

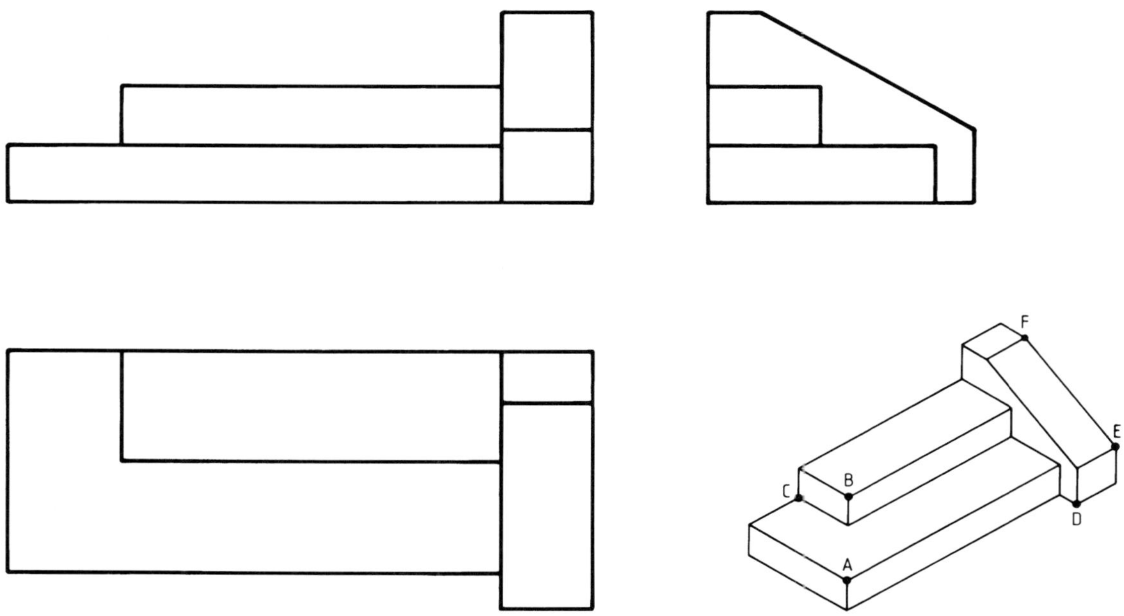

Name	Klasse	Blatt-Nr.		Geprüft	Note

Aufgabe: a) Ergänzen Sie die rechtwinkligen Parallelprojektionen.
b) Skizzieren Sie die Bauteile in räumlicher Darstellung (Kavalierperspektive). Die Kreismarkierung ist dabei als linke untere Ecke anzunehmen.

Rechtwinklige Parallelprojektion

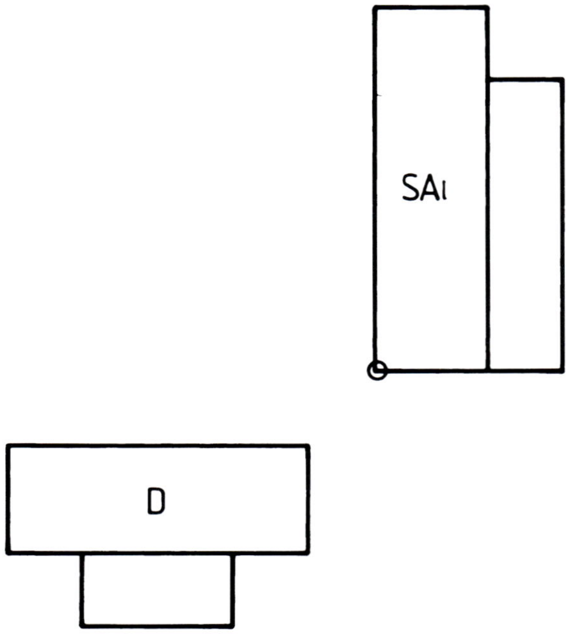

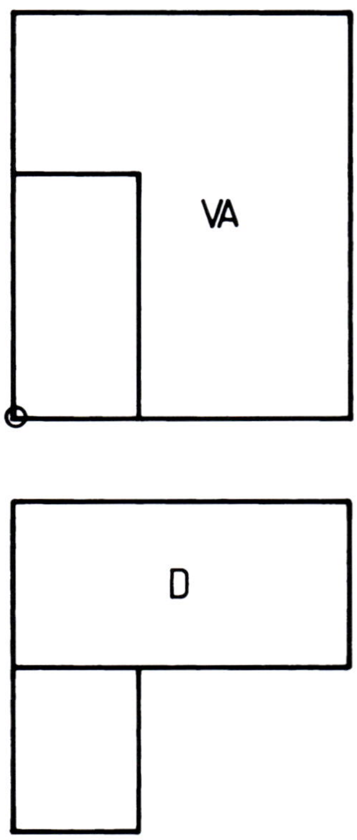

Kavalierperspektive

Isometrie

Name	Klasse	Blatt-Nr.		Geprüft	Note

Aufgabe: Ergänzen Sie die SA_l und SA_- für das abgeschrägte Betonbauteil (keine Bemaßung).

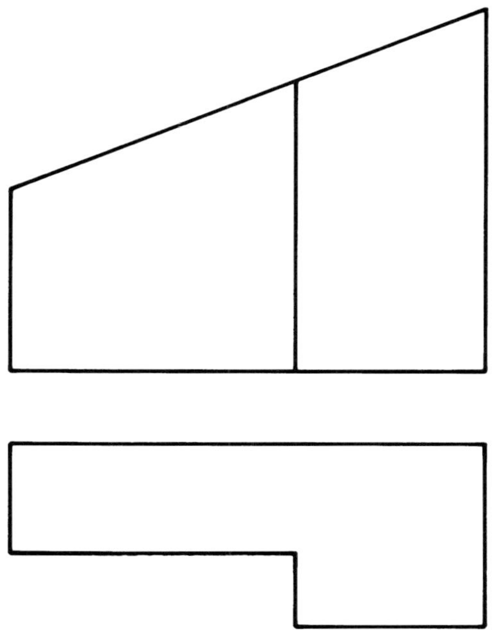

Aufgabe: Ergänzen Sie die SA_r. (keine Bemaßung)

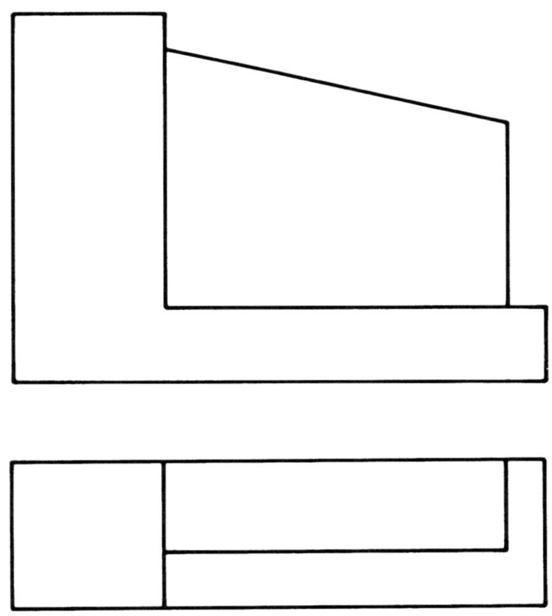

Name	Klasse	Blatt-Nr.		Geprüft	Note

Aufgabe: Zeichnen Sie den Behälter mit Pyramidendach in den Ansichten (VA, DS, SA$_l$) ohne Bemaßung im M 1:200 – m, cm.
Übertragen Sie die Ziffern entsprechend in die Ansichten.

1 1

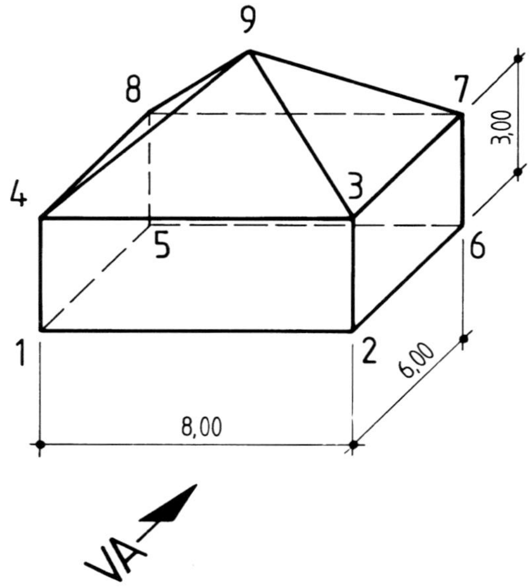

(1)

Höhe des Daches 3,00 m

Aufgabe: Ergänzen Sie die DS (Baukörper mit Walmdach) und zeichnen Sie die SA$_l$.
M 1:200 – m, cm
Übertragen Sie die Ziffern entsprechend in die Ansichten.

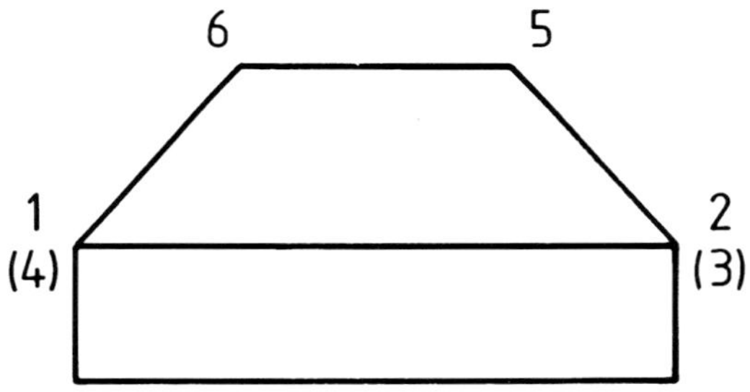

Name	Klasse	Blatt-Nr.		Geprüft	Note

Aufgabe:
Ergänzen Sie die fehlenden bzw. unvollständig gezeichneten Ansichten (keine Bemaßung).

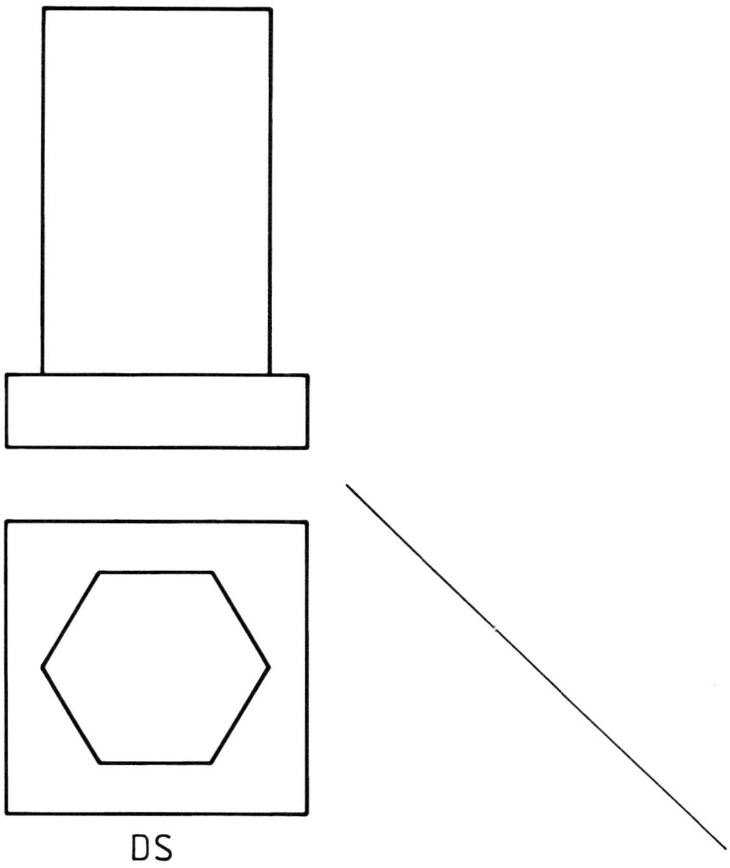

Aufgabe: Zeichnen Sie die entsprechenden Draufsichten (keine Bemaßung).

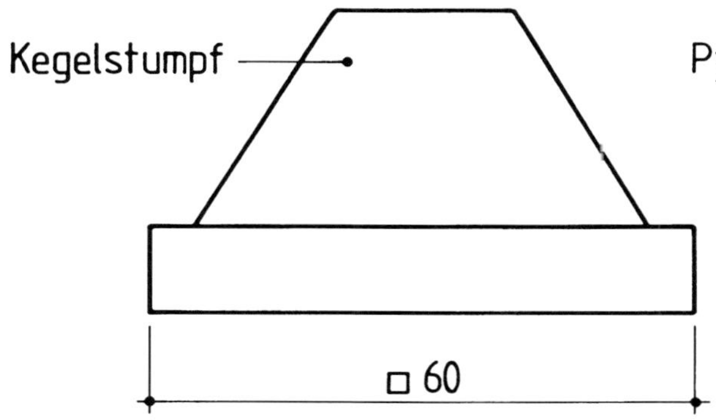

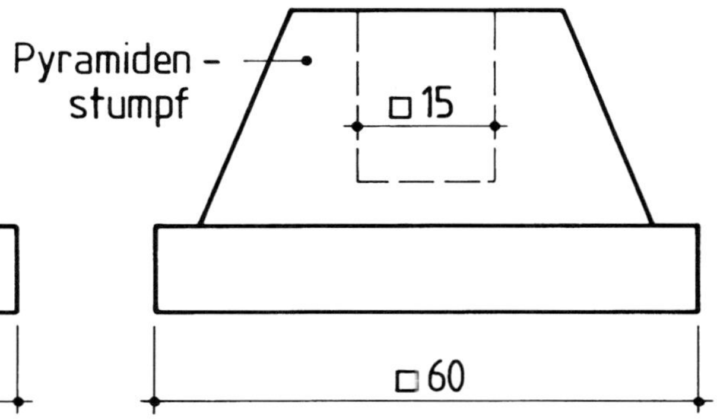

Name	Klasse	Blatt-Nr.		Geprüft	Note

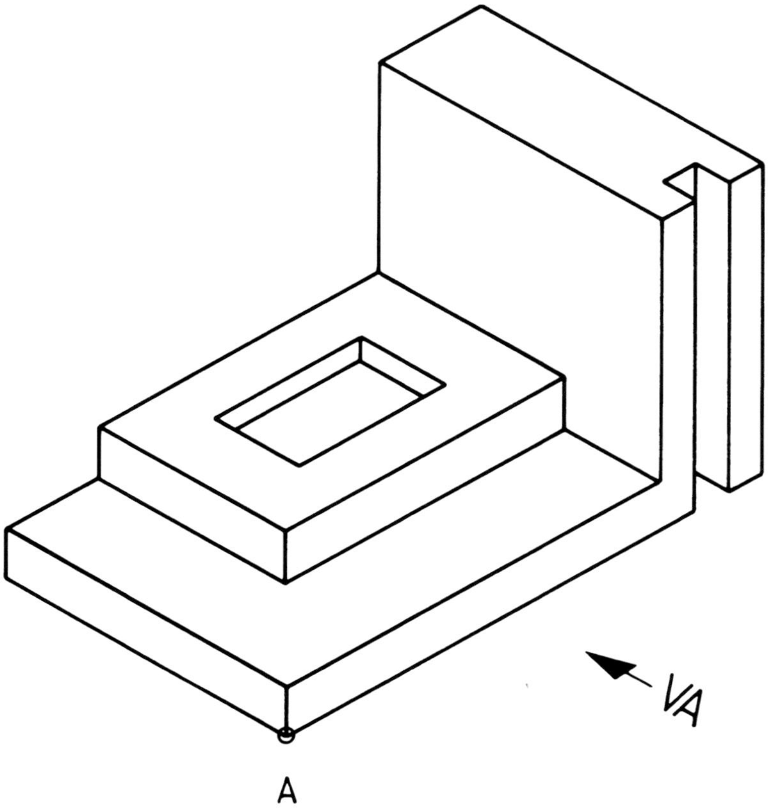

Aufgabe:
Zeichnen Sie das abgebildete Bauteil in Ansichten (VA, DS, SA_l) ohne Bemaßung.
Entfernen Sie die Maße der nebenstehenden Vorgabe im Schrägbild.

Name	Klasse	Blatt-Nr.		Geprüft	Note

Ermittlung wahrer Größen

Die Ansichten in der rechtwinkligen Parallelprojektion zeigen die Flächen oder Kanten eines Körpers häufig nicht in der wahren Größe. Für die Herstellung von Bauteilen ist aber in bestimmten Fällen die Darstellung solcher Flächen oder Kanten in wahrer Größe erforderlich.

Die folgenden Informationen und Aufgaben sollen Sie anleiten

- Kanten und Flächen, die nicht in wahrer Größe abgebildet sind, zu bestimmen und
- wahre Größen zeichnerisch zu ermitteln und darzustellen.

Abb. 1

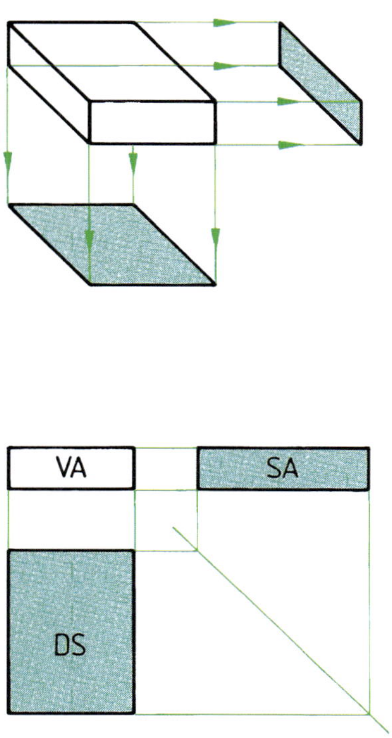

Abb. in wahrer Größe

Abb. 2

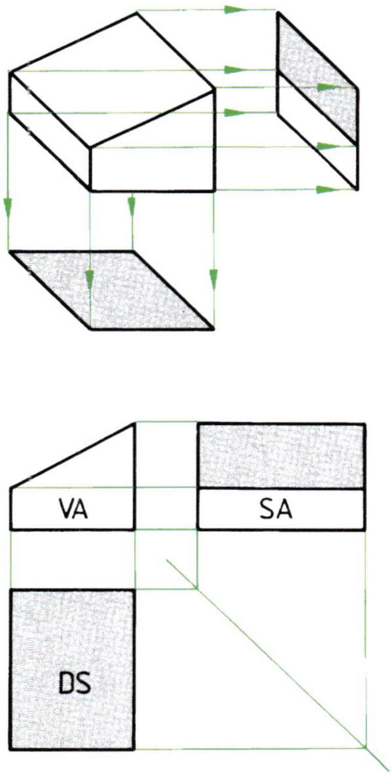

Abb. nicht in wahrer Größe

Die Dachflächen des nebenstehenden Pultdaches (Beispiel Abb. 2) z. B. wird bei rechtwinkliger Parallelprojektion weder in der Draufsicht noch in der Seitenansicht in wahrer Größe abgebildet.

Merke: Verlaufen Flächen oder Kanten nicht parallel zu einer Abbildungsebene (Projektionsebene), so erscheinen sie in den Ansichten verkürzt, also nicht in der wahren Größe. (Vergleichen Sie Abb. 1 u. 2.)

Um wahre Größen (WG) richtig zeichnen zu können, muss man sich Klarheit darüber verschaffen, welche Lage die einzelnen Flächen oder Kanten zu den jeweiligen Projektionsebenen (VA, SA u. DS) einnehmen.

Aufgabe: Legen Sie alle Flächen, die nicht in wahrer Größe (WG) abgebildet werden, auf den Abbildungsebenen farbig an.

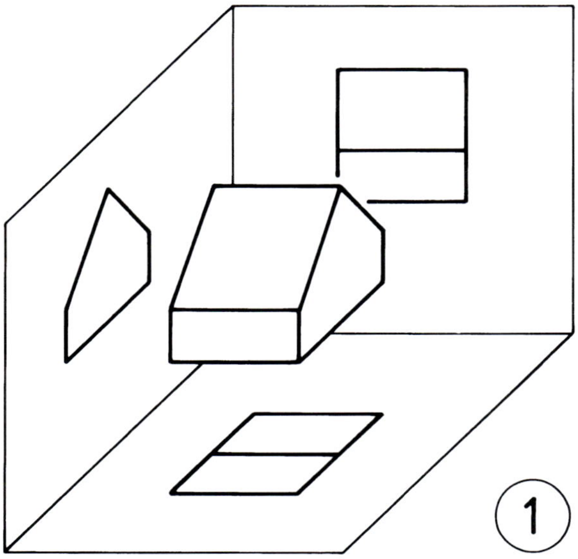

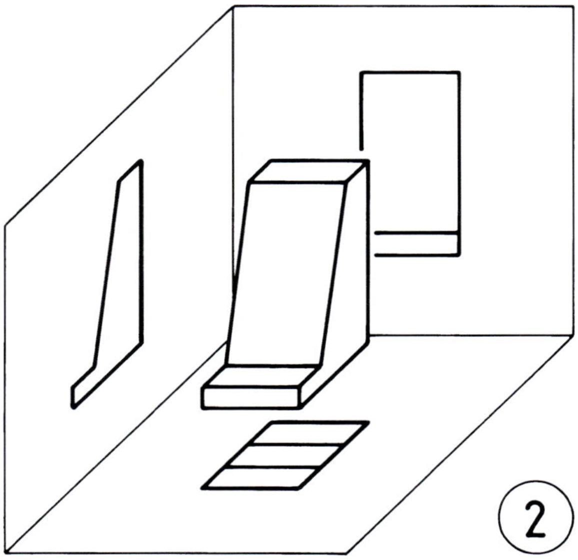

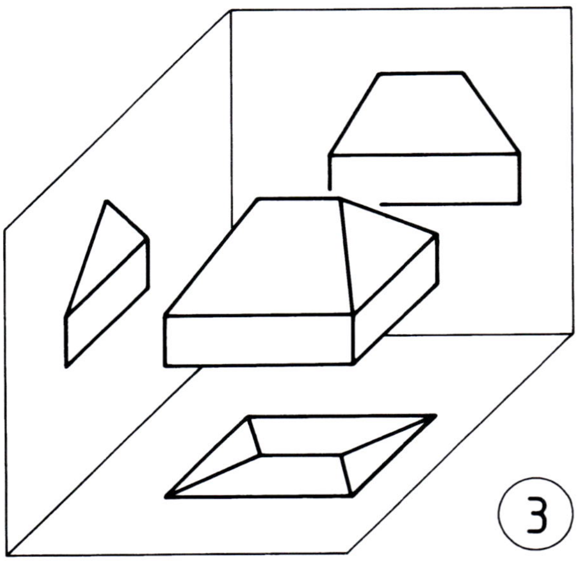

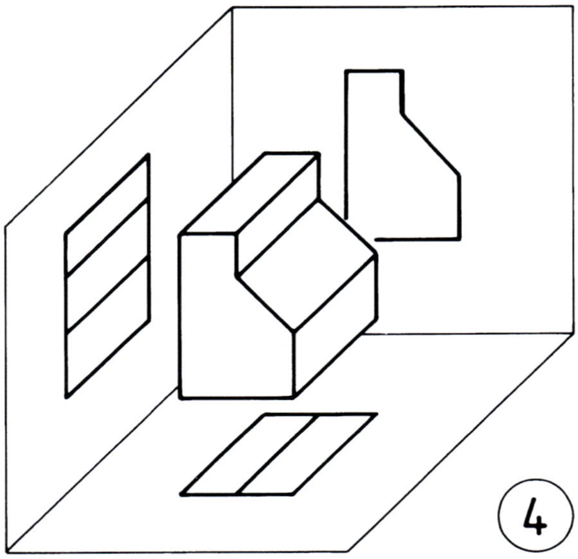

Ermittlung der wahren Größen (WG) von Flächen durch Drehung (Umklappung)

Die Drehung (bzw. Umklappung) wird bei der zeichnerischen Ermittlung wahrer Größen häufig angewendet.

Merke: Dreht (oder klappt) man Flächen oder Kanten in die gewünschte Abbildungsebene (oder) parallel zu ihr), so kann man die wahre Größe (WG) ermitteln.

Beipiele:
Die in den folgenden Beispielen mit A bezeichneten Flächen sollen in WG gezeichnet werden. Die Abbildung der WG soll in der waagrechten Abbildungsebene erfolgen.
Durch Drehung (Klappung) in die waagrechte Abbildungsebene lassen sich die wahren Flächen ermitteln.

Beispiel ①

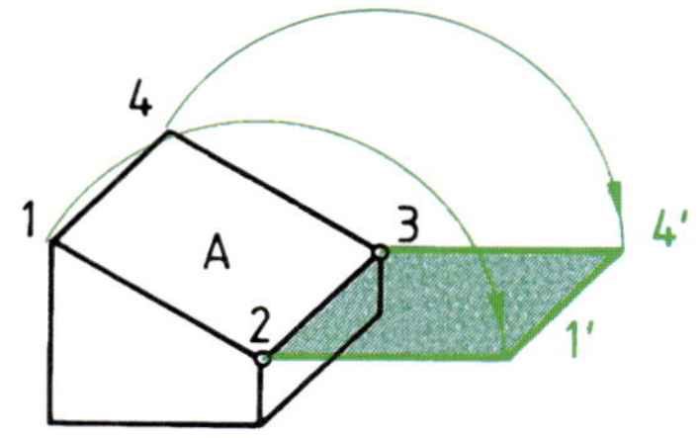

Situation im Schrägbild

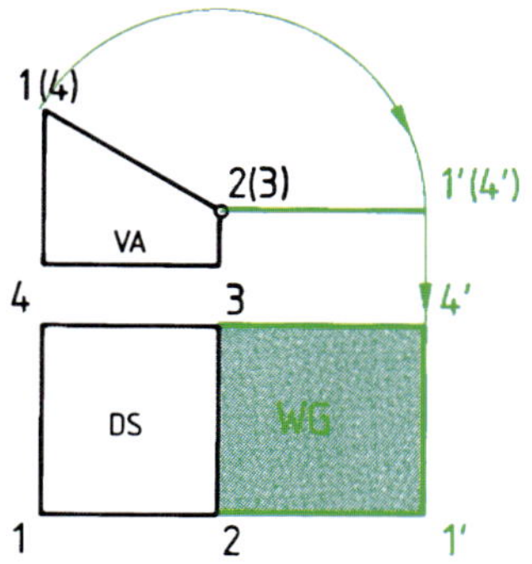

Ermittlung der WG
Die Fläche 1, 2, 3, 4 erscheint in der VA als Kante 1–2.

Schnitte:
- Kante 1–2 paralle zur waagr. Abbildungsebene klappen,
- Punkt 1'(4') nach unten loten;
- die Kantenlänge 1'–4' der wahren Dachfläche (WG) entspricht der Kante 1-4 der Draufsicht.

Beispiel ②

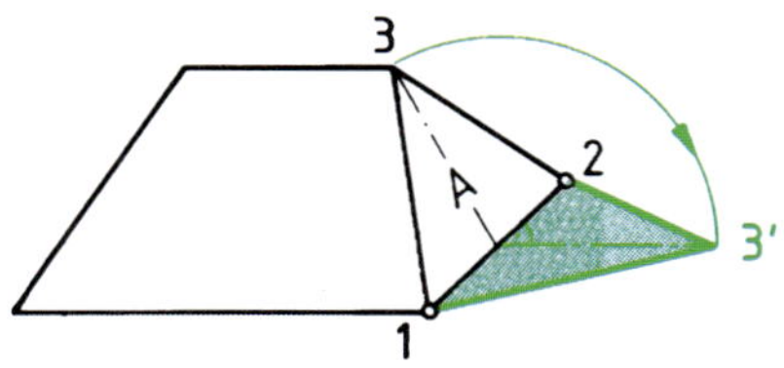

Situation im Schrägbild

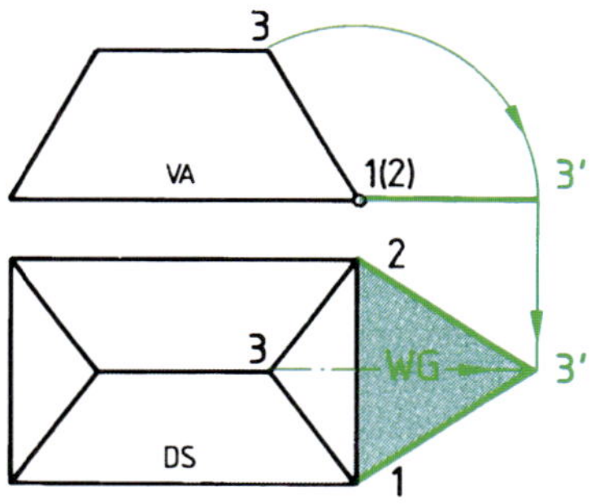

Ermittlung der WG
Die Fläche 1, 2, 3 erscheint in der VA als Kante 1–3.

Schnitte:
- Kante 1–3 parallel zur waagr. Abbildungsebene klappen,
- Punkt 3' nach unten loten;
- aus der Draufsicht kann die Lage des Punktes 3' (Firstpunkt) gefunden werden.

Beispiel ③

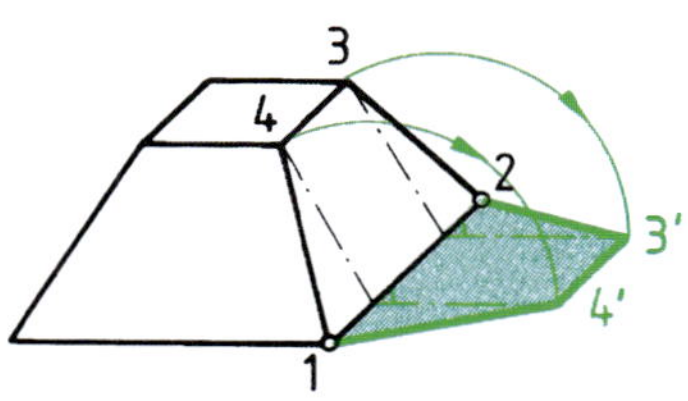

Situation im Schrägbild

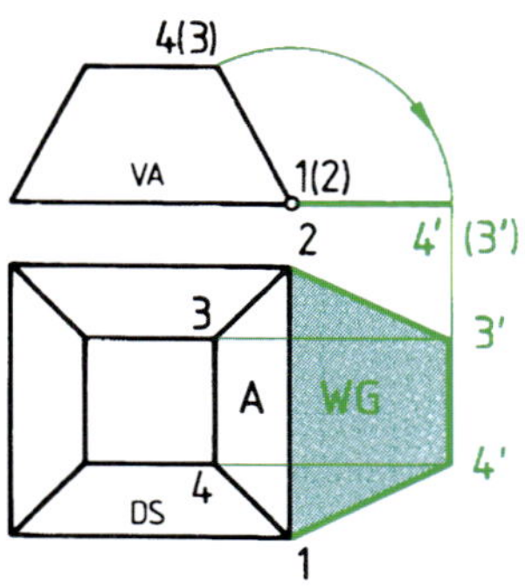

Ermittlung der WG
Die Fläche 1, 2, 3, 4 erscheint in der VA als Kante 1–3.

Schnitte:
- Kante 1–4 parallel zur waagr. Abbildungsebene klappen,
- Punkt 4'(3') nach unten loten;
- aus der Draufsicht kann die Lage der Punkte 3' und 4' gefunden werden.

Allgemein gilt:

1. Liegt eine Kante in der Draufsicht parallel zur waagerechten Projektionsebene (Projektionsachse), so erscheint sie in der **Vorderansicht** in wahrer Größe.

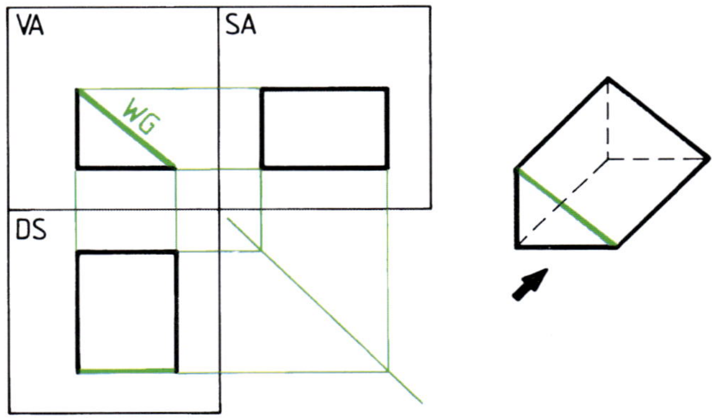

2. Liegt eine Kante in der Vorderansicht parallel zur waagerechten Projektionsebene (Projektionsachse), so erscheint sie in der **Draufsicht** in wahrer Größe.

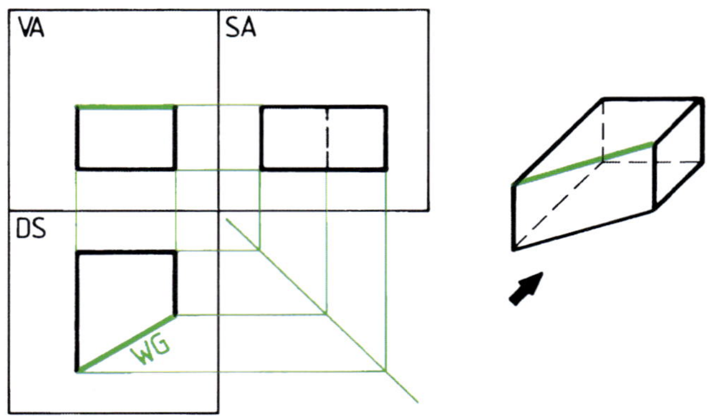

3. Liegt eine Kante in der Vorderansicht oder Draufsicht parallel zur senkrechten Projektionsebene (Projektionsachse), so erscheint sie in der **Seitensicht** in wahrer Größe.

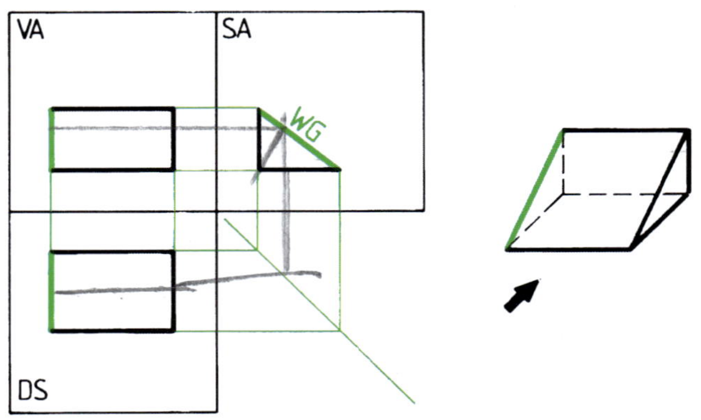

Aufgabe: Überprüfen Sie dieses Aussagen anhand der zugehörigen Abbildungen. Wo werden weitere Kanten in wahrer Größe abgebildet?

Ermittlung der wahren Größen von Flächen durch Maßübertragung

In den Ansichten eines Körpers (VA, DS, SA) erscheinen nicht nur Kanten, sondern auch Höhen von Flächen in wahrer Größe. Man kann die WG einer Flächen häufig auch durch Übertragung der entsprechenden Maße aus den Ansichten konstruieren.

Beispiel ④

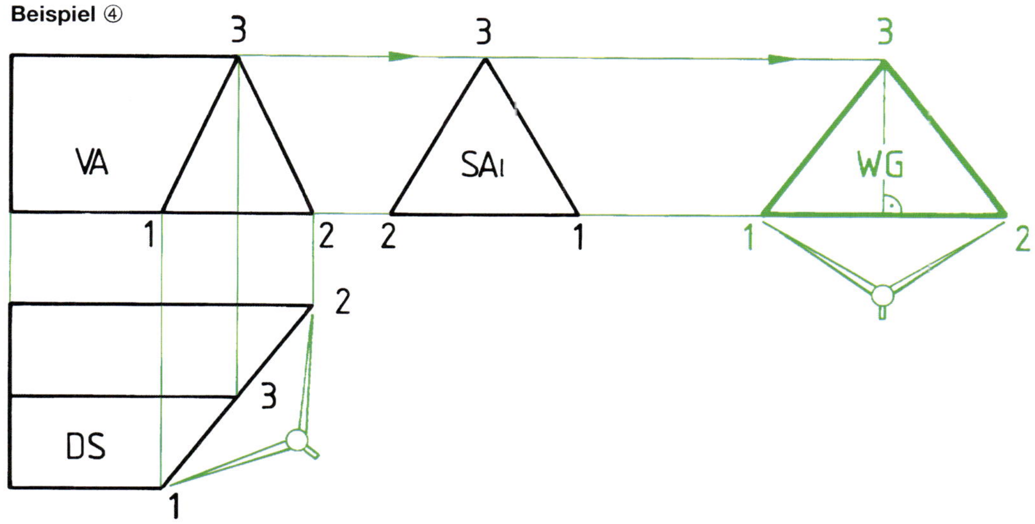

Die wahre Länge der Grundlinie 1–2 des gleichschenkeligen Giebeldreiecks 1, 2, 3 erscheint in der DS in wahrer Größe. Die Giebel**höhe** wird sowohl in der VA wie auch in der SA in wahrer Größe abgebildet.
Durch Übertragung der Grundlinie aus der DS und der Höhe aus der VA bzw. SA kann die wahre Größe der bezeichneten Giebelfläche 1, 2, 3 konstruiert werden.

Überlegen Sie: Hätte man bei den Bsp. ①, ② und ③ die wahren Flächen anstatt durch Umklappung auch durch Maßübertragung zeichnen können? Begründen Sie die Antwort.

Ermittlung der wahren Größe und Neigung

In der Praxis ist für bestimmte Arbeiten die Ermittlung der wahren Größe und **Neigung** einer Kante erforderlich (z. B. beim Herstellen eines Gratsparrens für ein Walmdach).

Beispiel ⑤

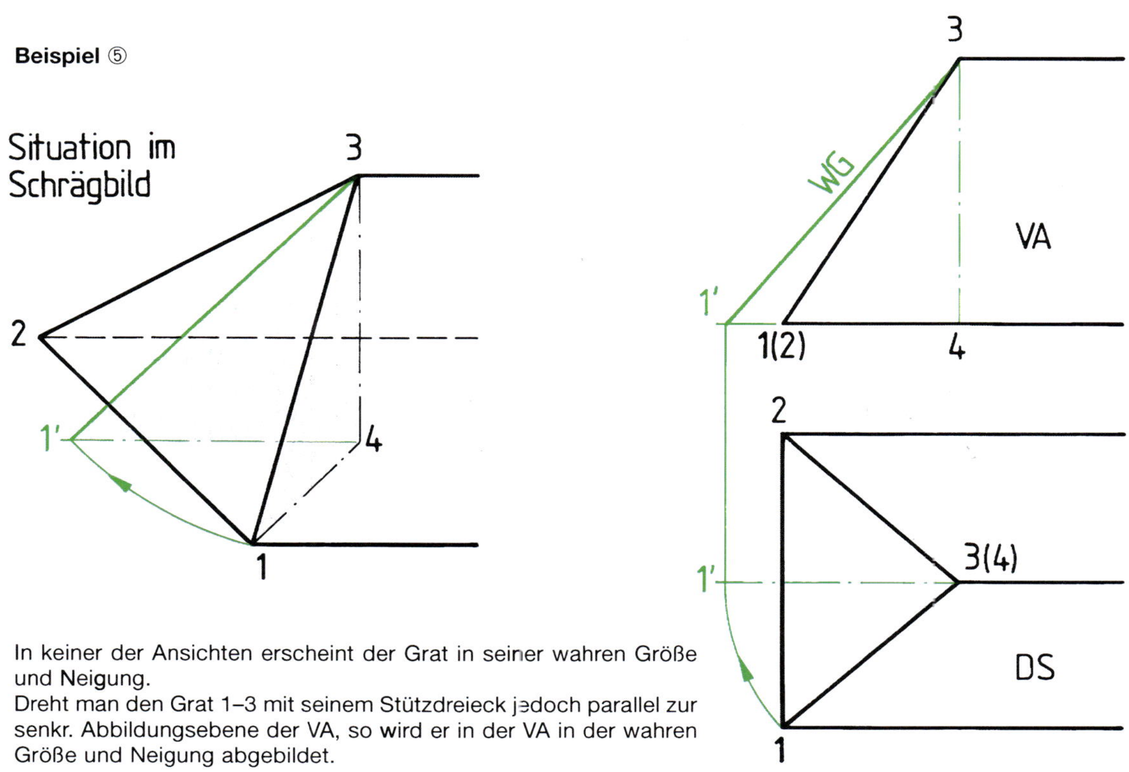

In keiner der Ansichten erscheint der Grat in seiner wahren Größe und Neigung.
Dreht man den Grat 1–3 mit seinem Stützdreieck jedoch parallel zur senkr. Abbildungsebene der VA, so wird er in der VA in der wahren Größe und Neigung abgebildet.

Ermittlung wahrer Größen (Abwicklungen)

Abwicklungen
Stellt man die wahre Oberfläche eines Körpers zusammenhängend in einer Zeichenebene dar, so nennt man dies **Abwicklung** (Abb. 1).
Abwicklungen werden in besonderen Fällen für den maßgenauen und wirtschaftlichen Zuschnitt von flächigem Material (z. B. bei Blechverkleidungen, Trockenputzarbeiten, Dachdeckungen) benötigt.

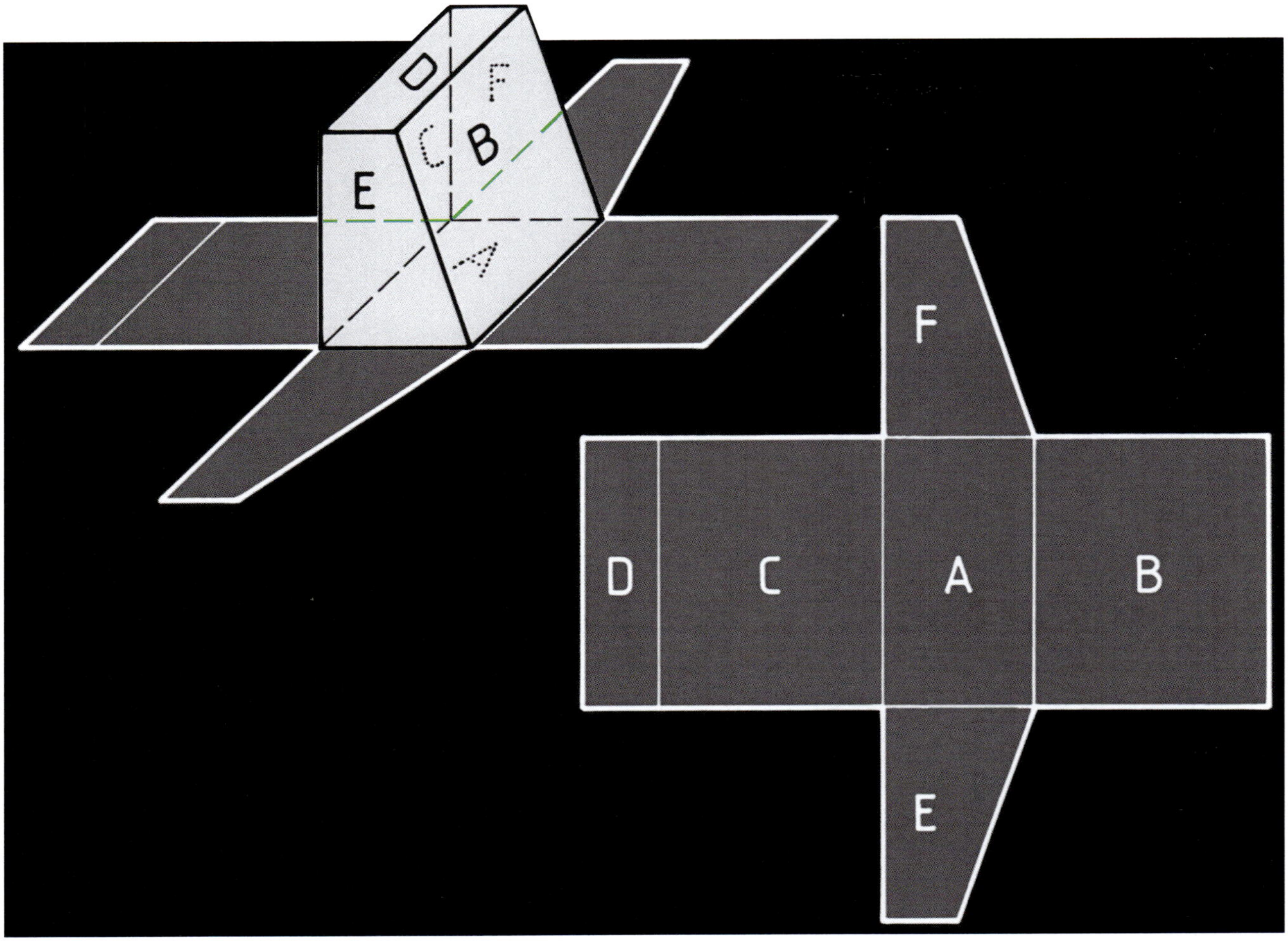

Wird die Oberfläche eines Körpers ohne Grund- und Deckfläche abgewickelt, so ergibt sich als Darstellung die **Mantelfläche** (Abb. 2)

Abb. 2

Welche Flächen der Abb. 1 bilden die Mantelfläche? ____________________

Aufgabe: Zeichnen Sie für das in zwei Ansichten gegebene Gebäude
a) die Draufsicht (ohne Bemaßung)
b) die wahre Größe der beiden Dachflächen (ohne Bemaßung).
Übertragen Sie die Ziffern aus den Ansichten entsprechend

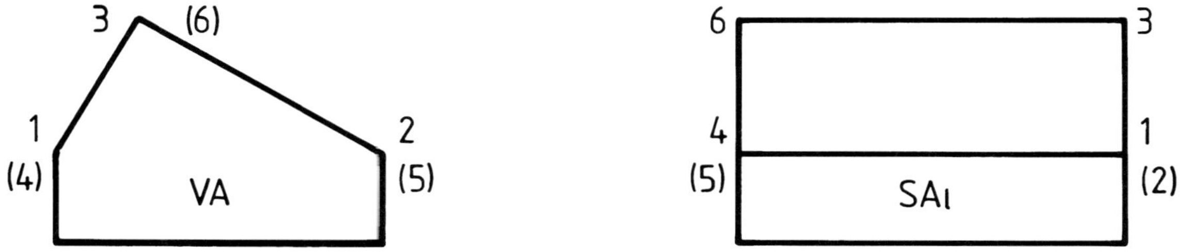

DS

Gebäude
(mit außermittigem First)

M 1 : 200 – m,cm

Pyramidendach
M 1 : 100 – m,cm

VA

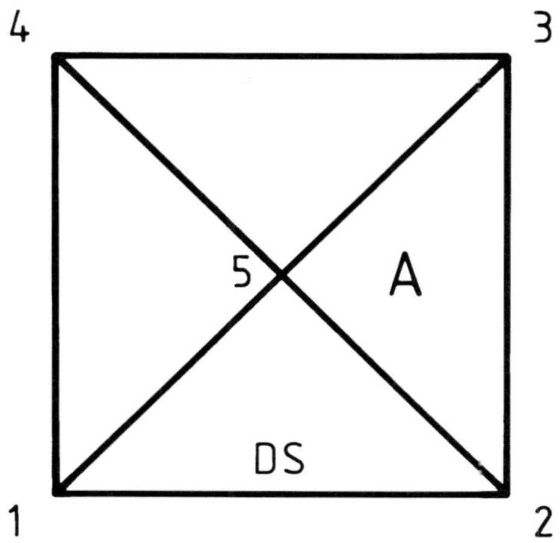

Aufgabe: Zeichnen Sie
a) die Vorderansicht (Dachhöhe 3,0 m)
b) die wahre Größe der Dachfläche A
c) die wahre Länge des Grates 1–5 in seiner wirklichen Neigung!
Übertragen Sie die Ziffern aus der Ansicht entsprechend.

Name	Klasse	Blatt-Nr.		Geprüft	Note

Aufgabe: Zeichnen Sie für das Walmdach
a) die Vorderansicht und die Seitenansicht von links (Dachhöhe 3,60 m, Höhe bis zur Traufe 2,75 m).
b) alle Dachflächen in wahrer Größe (keine Bemaßung).

VA

SAl

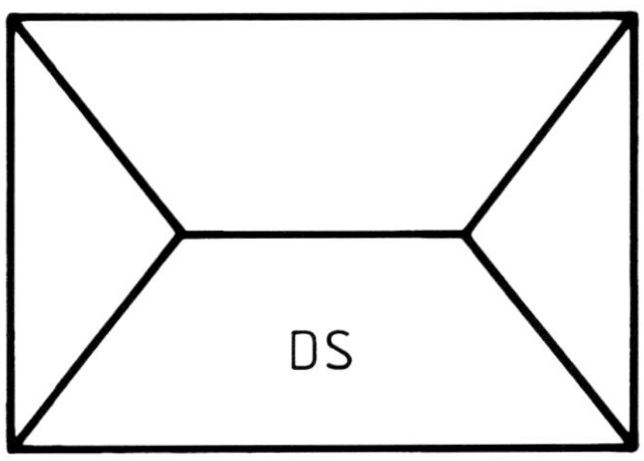

Walmdach
M 1 : 200 – m,cm

Stützenfundament
M 1 : 50 – m,cm

VA

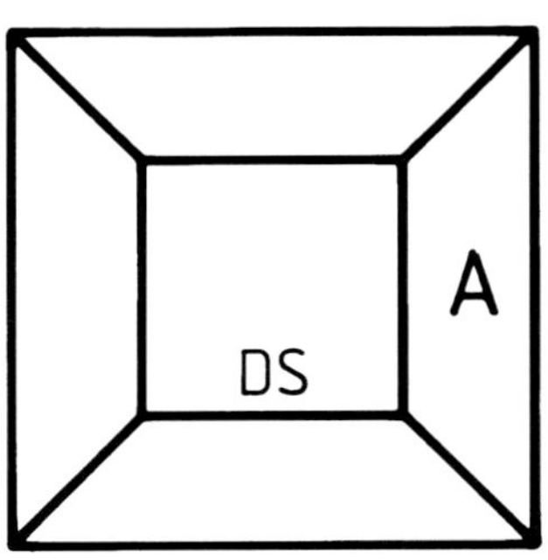

Aufgabe: Zeichnen Sie für das Fundament (Höhe 85 cm) die Seitenfläche A in wahrer Größe (keine Bemaßung).

Name	Klasse	Blatt-Nr.		Geprüft	Note

Aufgabe: a) Ergänzen Sie die Nummerierung in den Ansichten (VA, DS).
b) Zeichnen Sie die Abwicklungen der Mantelfläche für die gegebenen Bauteile und übertragen Sie die Ziffern entsprechend.

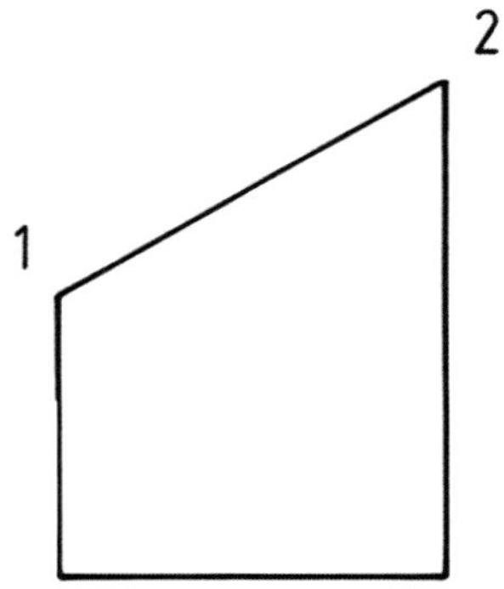

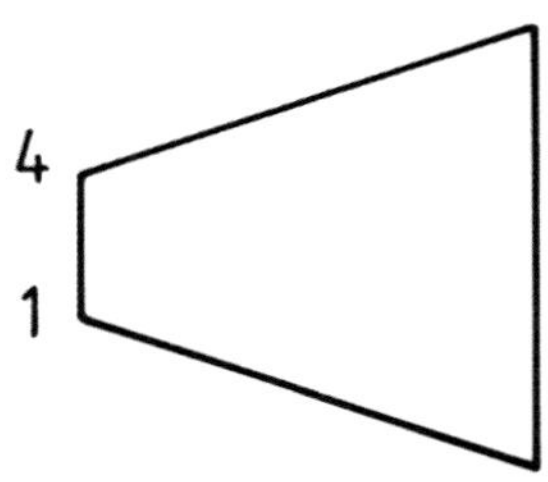

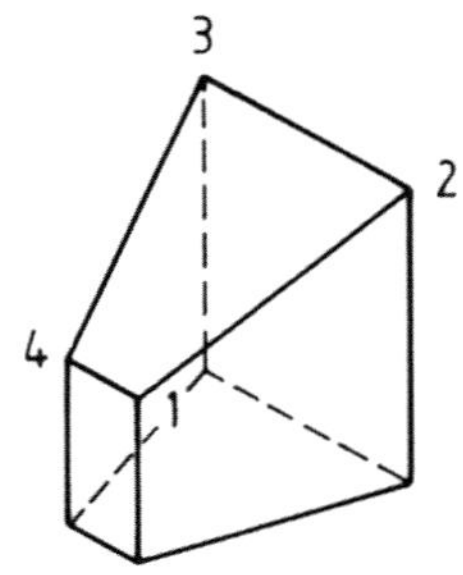

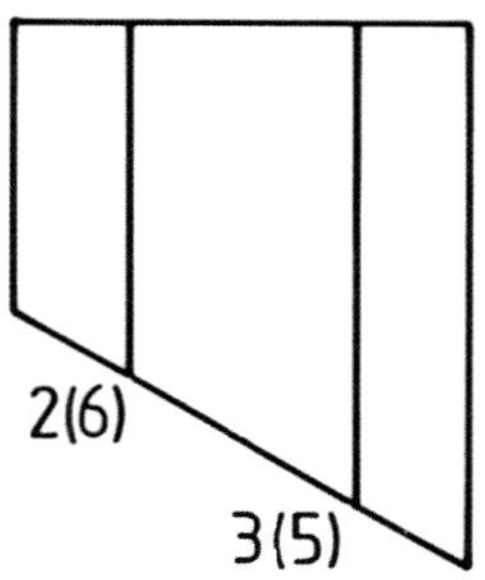

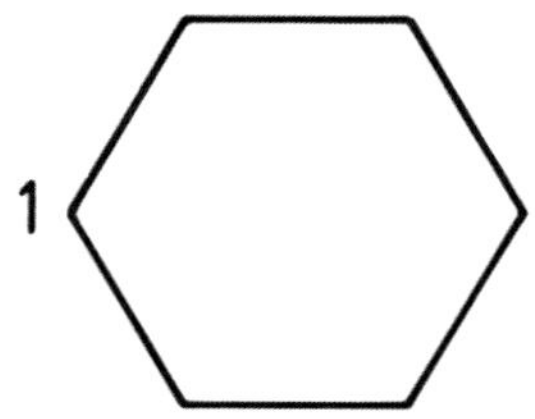

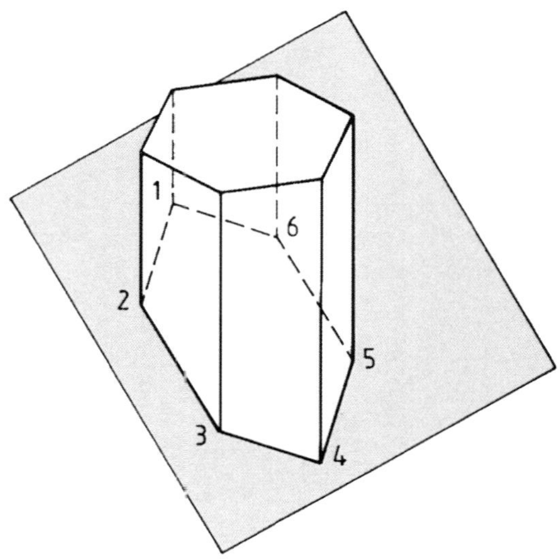

Name	Klasse	Blatt-Nr.		Geprüft	Note

Zeichen in Bauzeichnungen (Sinnbilder, Schraffuren)

Sinnbilder und Schraffuren dienen zur Kennzeichnung von Baustoffen oder Bauteilen in Bauzeichnungen.

Kennzeichnung der Schnittflächen von Baustoffen in Bauzeichnungen					
Baustoff, Bauteil	Darstellung	Baustoff, Bauteil	Darstellung	Baustoff, Bauteil	Darstellung
Mauerwerk	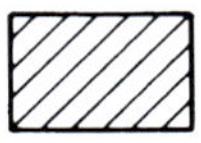	Kiesschicht	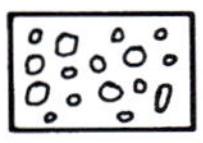	Holz in Schnittflächen (quer zur Faser)	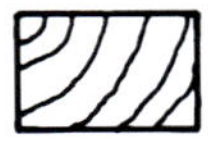
Unbewehrter Beton	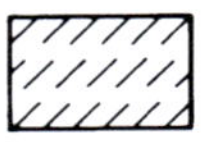	Sand	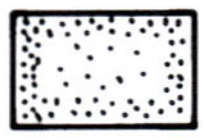	Holz in Schnittflächen (längs zur Faser)	
Bewehrter Beton (Stahlbeton)	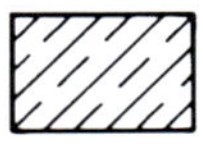	Putz, Mörtel	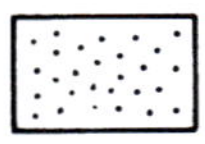	Beton-Fertigteile	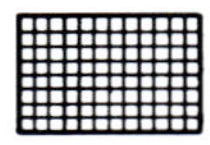
Gewachsener Boden (DIN 201)	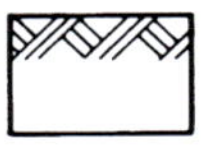	Dichtstoffe		Dämmschicht gegen Schall, Wärme oder Kälte	
Aufgefüllter Boden	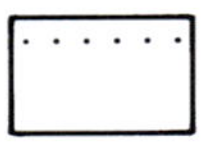	Baustahl		Abdichtung (Sperrschicht)	
Sinnbilder aus dem Straßen- und Tiefbau					
Bituminöse Deckschicht		Tragschicht aus Schotter	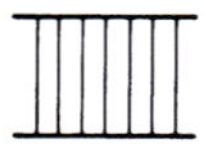	frostsicheres Material (Kiessand)	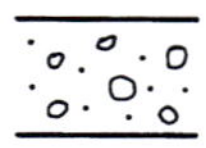
Binderschicht		Bodenverfestigung (durch Zement od. bituminös)	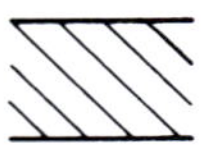	Fließrichtung Gefäße	
Bituminöse Tragschicht	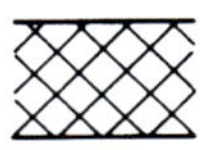	frostsicheres Material (Sand)	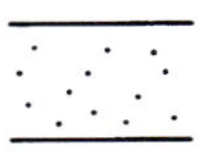	Böschung Oberkante	

Tragrichtung von Platten

zweiseitig gelagert

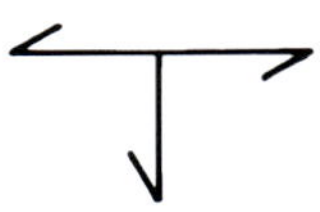

dreiseitig gelagert

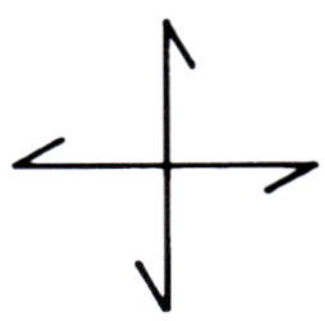

vierseitig gelagert

auskragend

Darstellung von Schornsteinen und Schächten (DIN 18020)

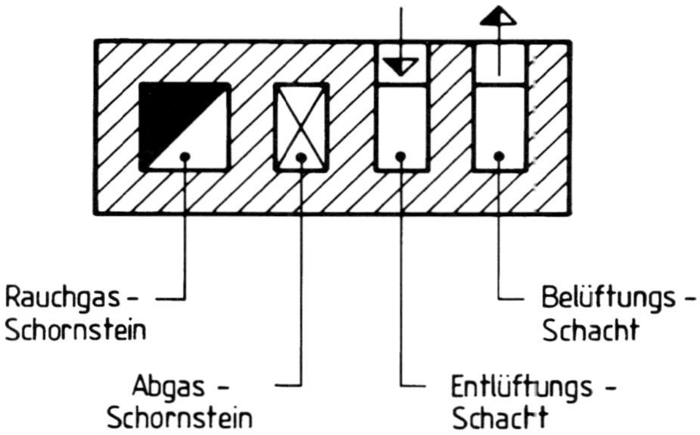

Darstellung von Treppen im Grundriss

Einläufige Treppe	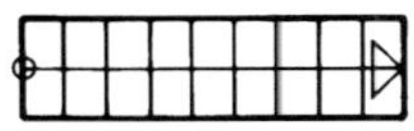	Treppenlauf, horizontal geschnitten, mit darunterliegendem Lauf	
Zweiläufige Treppe	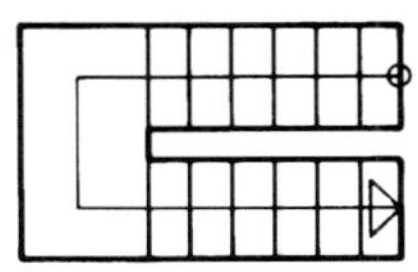	Treppenlauf, horizontal geschnitten, mit Darstellung des Laufes oberhalb der Schnittebene (Grundriss Typ A)	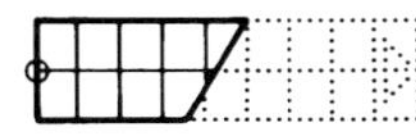
Spindeltreppe	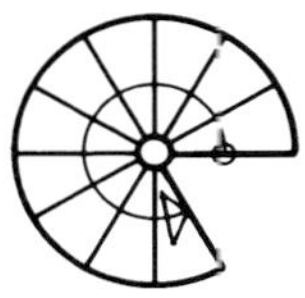	Rampe, die Darstellung von geschnittenen Rampen erfolgt sinngemäß der Darstellung von geschnittenen Treppen	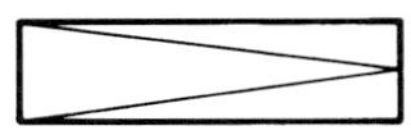

Darstellung von Schnittflächen nach DIN 919, Technische Zeichnungen für Holzbearbeitung (Auswahl)

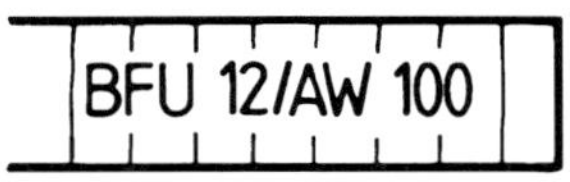

z. B. Baufurnierplatte
12 mm dick,
wetterbeständig verleimt

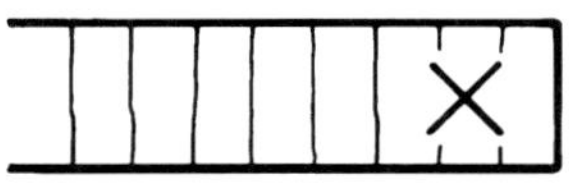

Kennzeichnung für Mittellage Hirnholz

Kennzeichnung für Mittellage Längsholz

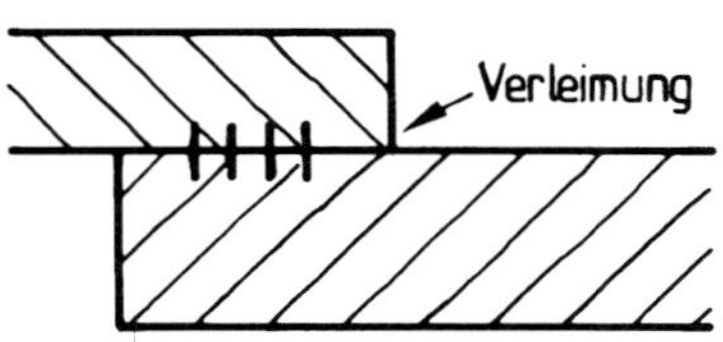

Platten aus Holzwerkstoffen

Werkstoffkurzzeichen und Plattendicke werden in den Plattenquerschnitt eingetragen (siehe Bsp.)

Kurzzeichen: (Auswahl)

BFU	Baufurniersperrholzplatte
BTI	Bautischlerplatte
FP	Holzspanplatte (Flachpressplatte)
SP	Holzspanplatte (Strangpressplatte)
HFD	Holzfaserdämmplatte
AW 100	Außensperrholz, wetterbeständige Verleimung
IF	Innensperrholz, nicht wetterbeständige Verleimung

(Umfassende Informationen über Benennungen und Kurzzeichen für Holz u. Holzwerkstoffe enthält DIN 4076)

Verleimung von Holzteilen

Darstellung durch vier freihändig gezeichnete senkrechte Striche.

Darstellung von Türen und Fenstern

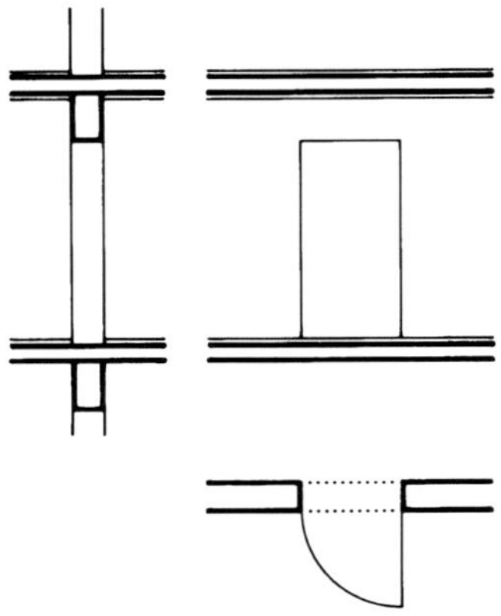

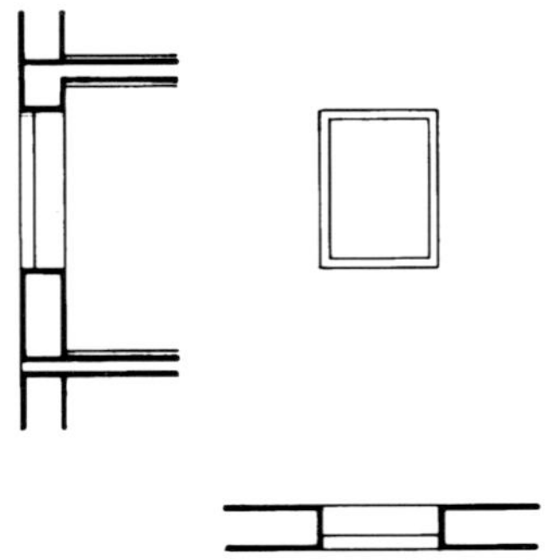

Darstellung der Öffnungsarten von Türen im Grundriss

Drehflügel, einflügelig	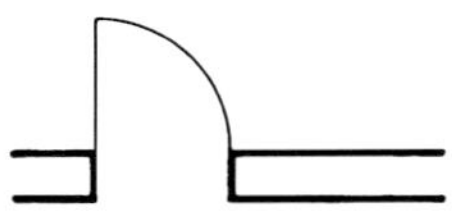	Pendelflügel, einflügelig	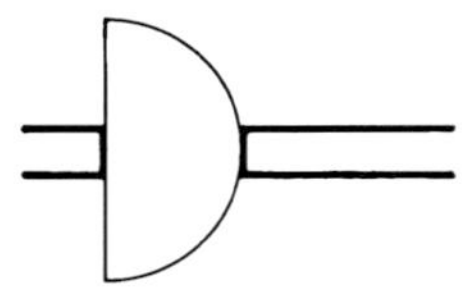
Drehflügel, zweiflügelig	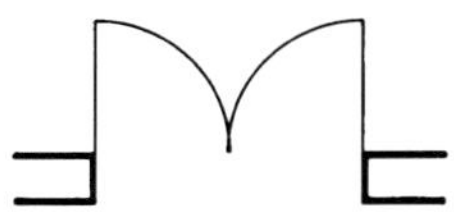	Pendelflügel, zweiflügelig	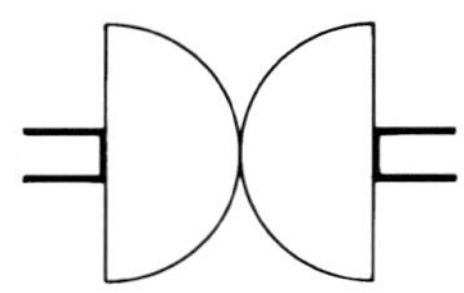
Hebe-Drehflügel	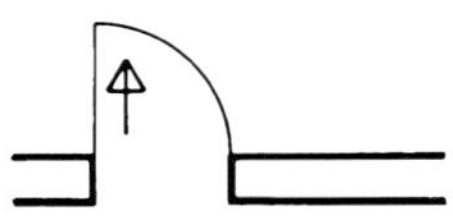	Schiebeflügel	
Drehflügel, zweiflügelig gegeneinanderschlagend	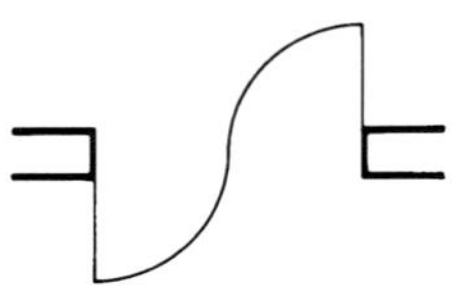	Hebe-Schiebeflügel	
		Falttür, Faltwand	

Benennung von Türen nach der Schlagrichtung

Man betrachtet die Türe von jener Wandseite aus, an der man die Türbänder sieht.

DIN
LINKS TÜR

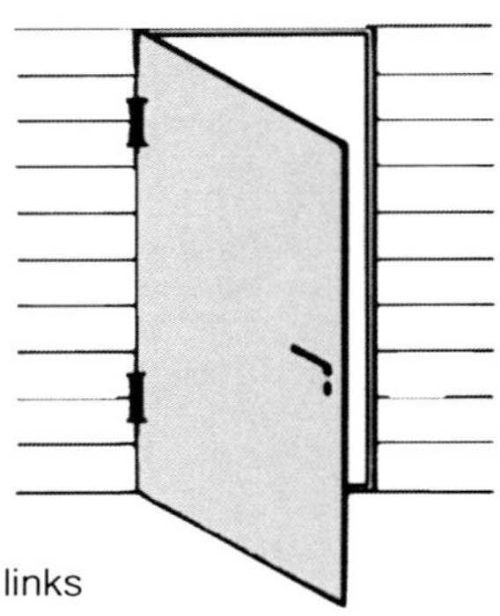

Links-Türe = Türbänder links

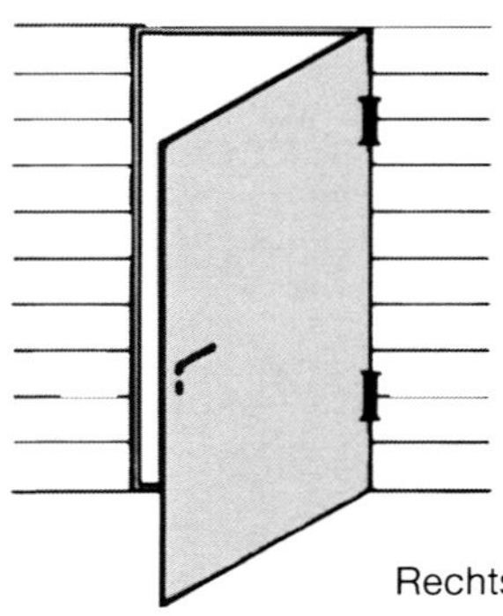

DIN
RECHTS TÜR

Rechts-Türe = Türbänder rechts

Aussparungen

Durchgehende Aussparungen (WD, DD)

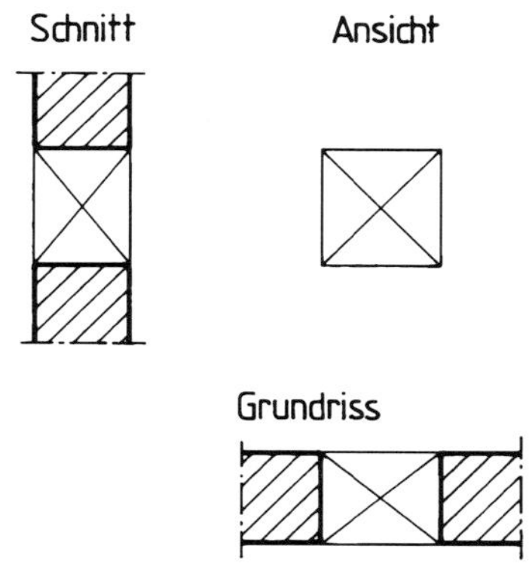

Nicht durchgehende Aussparungen (WS, DS)

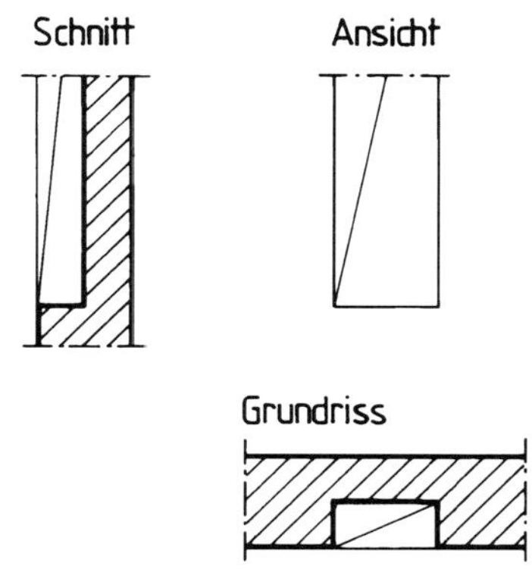

Abkürzungen: WS = Wandschlitz; WD = Wanddurchbruch; DS = Deckenschlitz; DD = Deckendurchbruch

Beispiel

Schrägbild

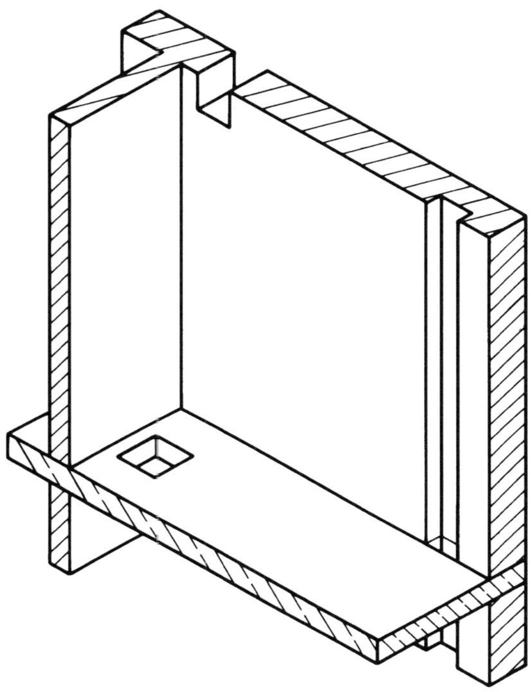

Schnitt

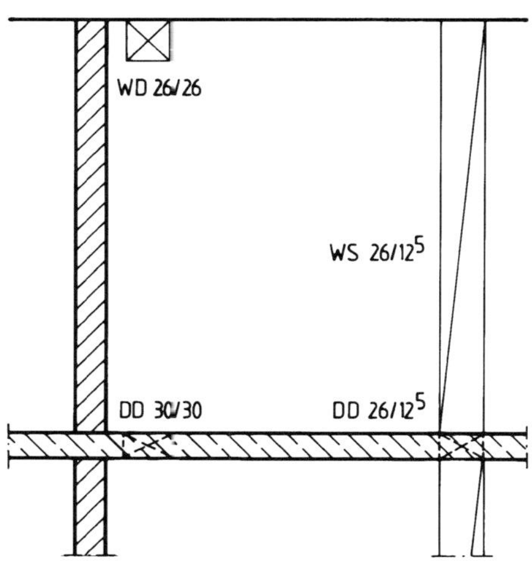

Grundriss

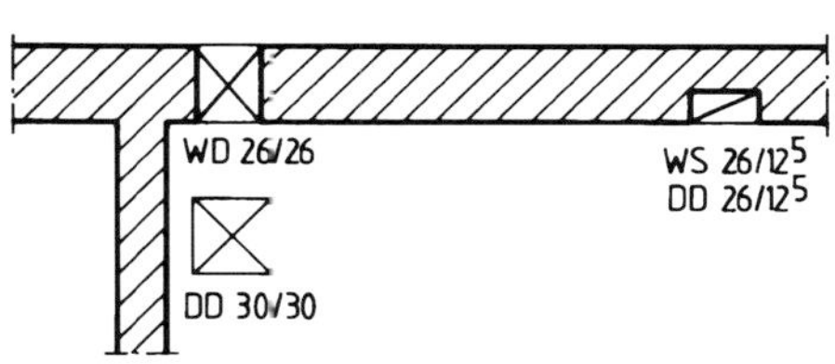

Aufgabe: Ergänzen Sie die benannten Baustoffe und Bauteile sinnbildlich.

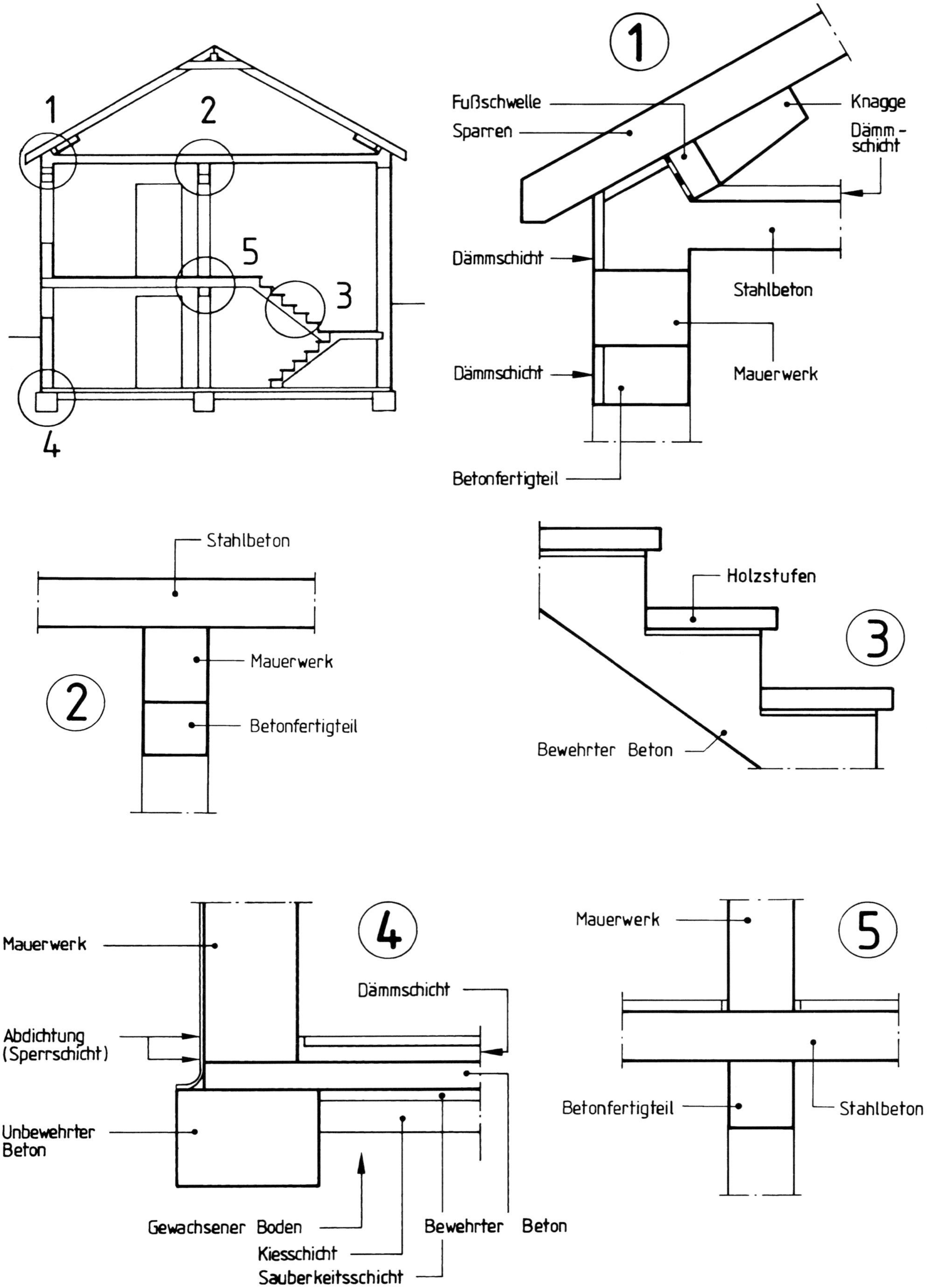

Zeichnung im Druck verkleinert

Name	Klasse	Blatt-Nr.		Geprüft	Note

Schnitte durch Baukörper und Bauteile (nach DIN 1356-1 und DIN 6)

Im Abschnitt „Darstellung von Bauwerken“ wurden bereits erste Einblicke in die Schnittdarstellung gewonnen. Dieses sollen nun erweitert werden, damit Sie lernen:

- Schnittzeichnungen von einfachen Baukörpern oder Bauteilen selbst anzufertigen und
- Schnittzeichnungen zu lesen.

Durch die zeichnerische Darstellung von Bauwerken und Bauteilen in den Ansichten werden Gestalt und Außenflächen der Baukörper erkennbar. Der innere, konstruktive Aufbau mit seinen von außen nicht sichtbaren Bauteilen, kann nur durch **Schnittzeichnungen** dargestellt werden.

Hierzu denkt man sich den Baukörper senkrecht oder waagrecht durchgeschnitten und eines der Teilstücke weggenommen. Die Schnittflächenseite des verbliebenen Teilstückes wird in rechtwinkliger Parallelprojektion gezeichnet.

Schnittführung und Schnittdarstellung (Methode, in Schrägbildern dargestellt)

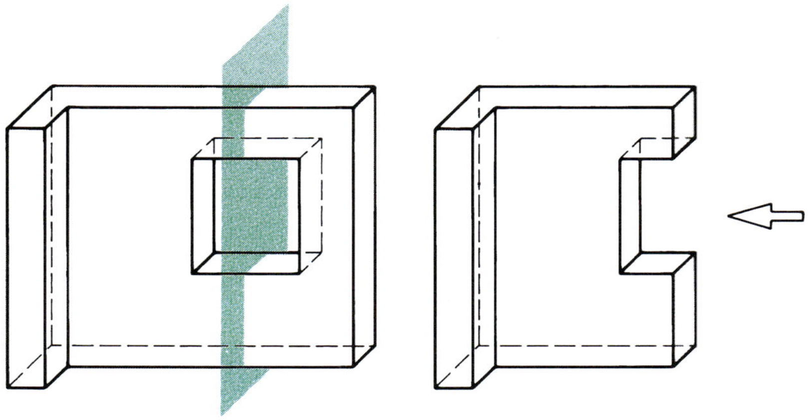

Schnittrichtung (Schnittebene): senkrecht

Merke: Beim **senkrechten Schnitt** wird die Schnittflächenseite des Baukörpers in **waagrechter** Abbildung (Projektion) gezeichnet.

Aufgabe: Legen Sie die Schnittflächen farbig an.

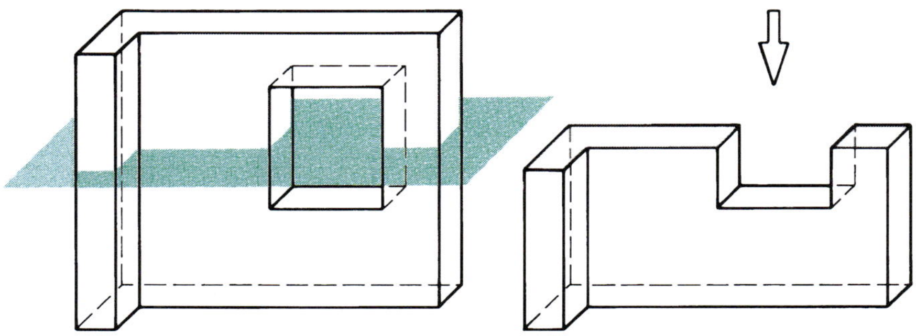

Schnittrichtung (Schnittebene): waagrecht

Merke: Beim **waagrechten Schnitt** wird die Schnittflächenseite des Baukörpers in **senkrechter** Abbildung (Projektion) gezeichnet.
Man nennt diese Darstellung (nach DIN 1356-1) auch Grundriss. (Typ A, siehe S. 6)

Aufgabe: Legen Sie die Schnittflächen farbig an.

Schnittzeichnungen

Schnitte von Baukörpern werden in rechtwinkliger Parallelprojektion dargestellt.

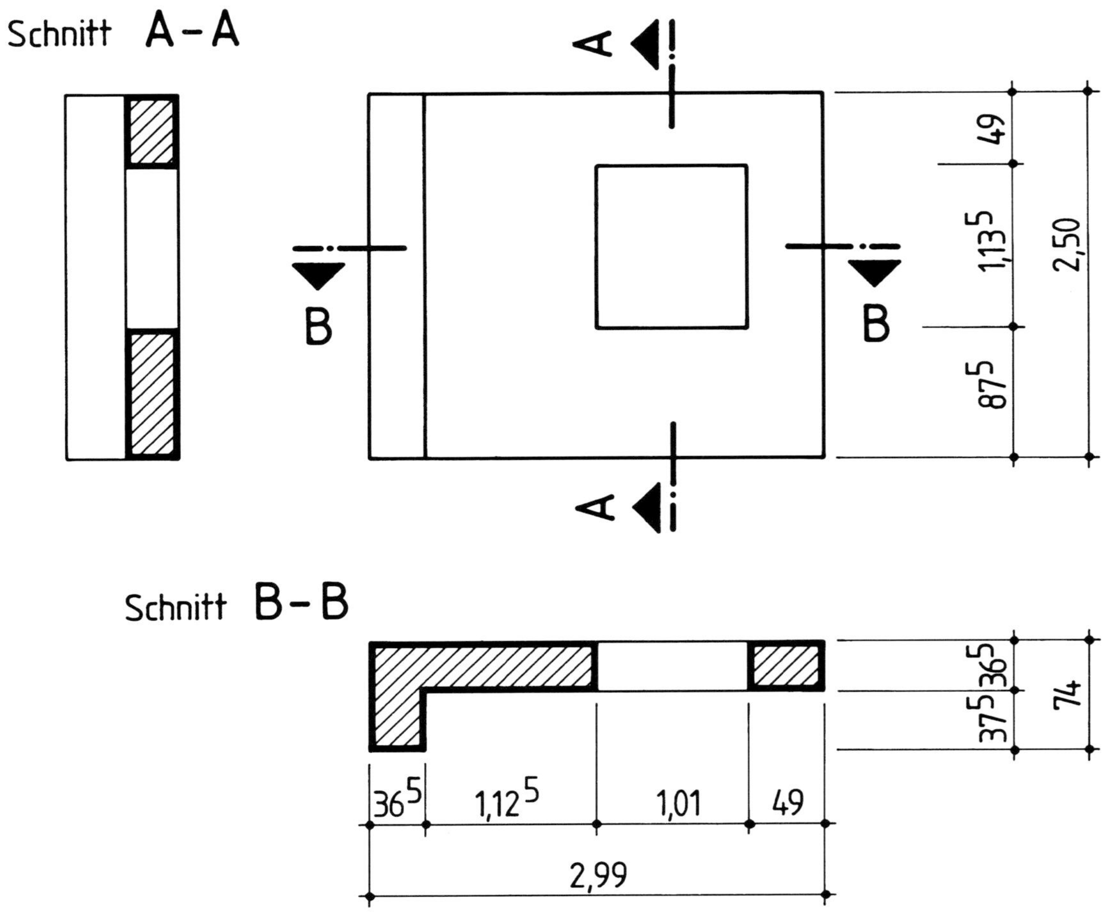

Beachten Sie:

1. Der Schnittverlauf (Schnittebene) wird durch Strichpunktlinien angedeutet.
2. Die Blickrichtung auf den Schnitt wird durch Dreieckpfeile angegeben.
3. Die Schnitte werden durch Kennbuchstaben an den Blickrichtungspfeilen gekennzeichnet, z.B. A–A.
4. Für Schnittflächenbegrenzungen werden breitere Volllinien verwendet (Tabelle Seite 8, Zeile 1 und 2).
5. Die geschnittenen Flächen (Schnittflächen) können entsprechend den verwendeten Baustoffen mit bestimmten Sinnbildschraffuren bzw. -zeichen versehen werden (siehe Seite 64). Wenn der Maßstab es erfordert, dürfen Schnittflächen auch geschwärzt werden.
6. Aneinander grenzende Schnittflächen verschiedener Teile werden in unterschiedlicher Richtung (z.B. 45° links, 45° rechts) schraffiert.
7. Kleine Schnittflächen werden enger schraffiert als große.
8. Für Schraffuren werden schmale Linien verwendet.
9. Über oder vor der Schnittebene (im Rücken des Betrachters) liegende Kanten werden gegebenenfalls durch Punktlinien dargestellt.

Aufgabe: Zeichnen Sie die in der Vorlage (M 1:25) angegebenen Schnitte (keine Bemaßung).

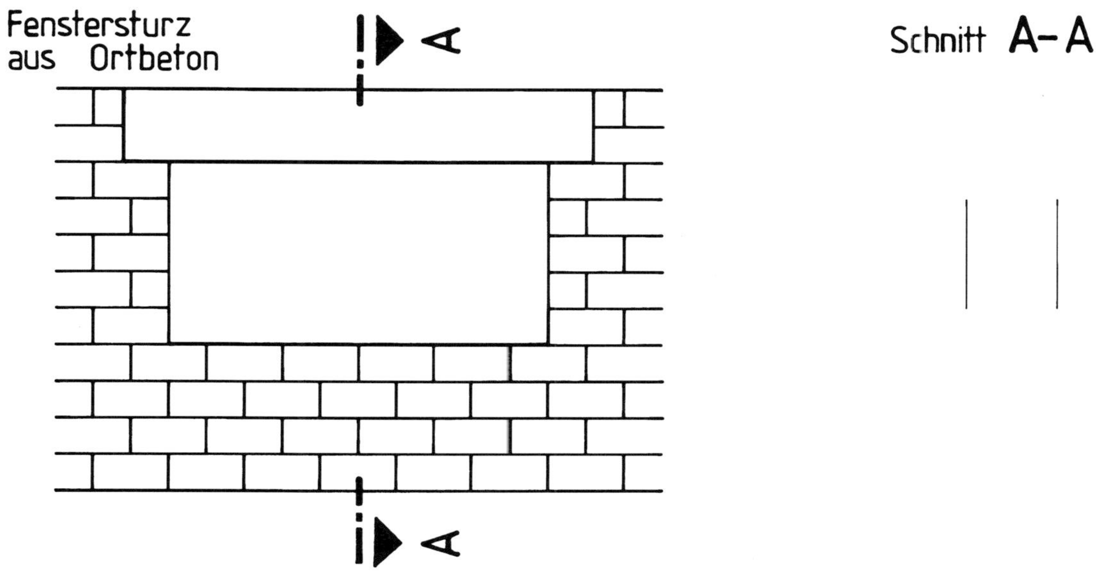

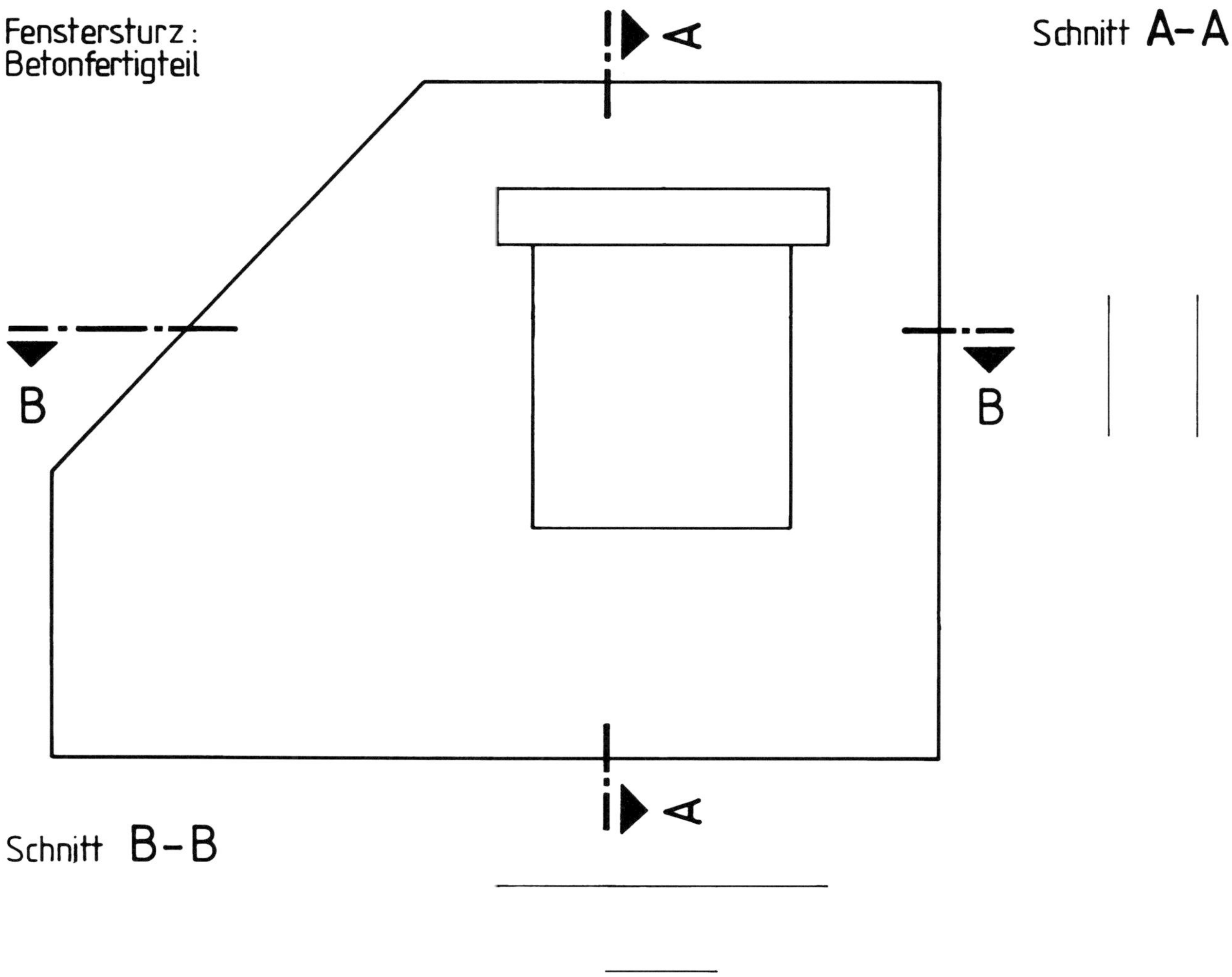

Name	Klasse	Blatt-Nr.		Geprüft	Note

Schnitt A–A

Schnitt B–B

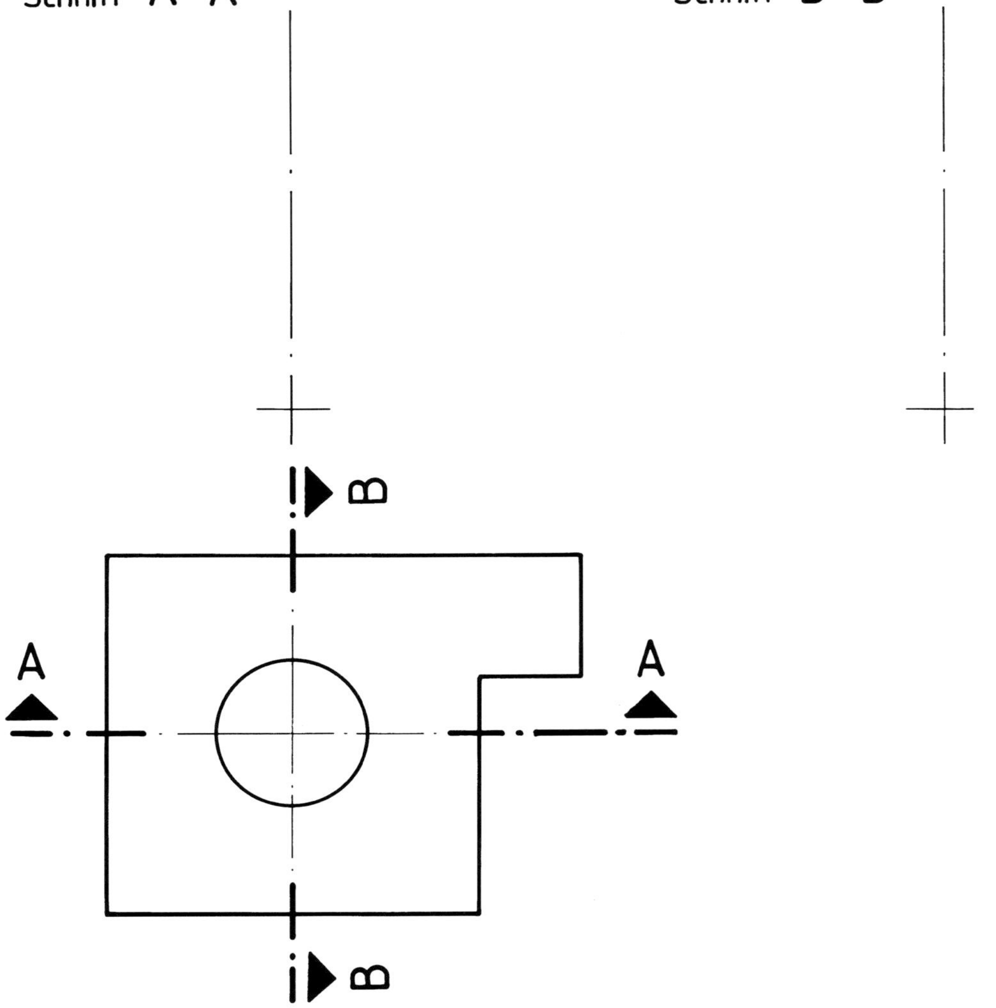

Schnitt A–A

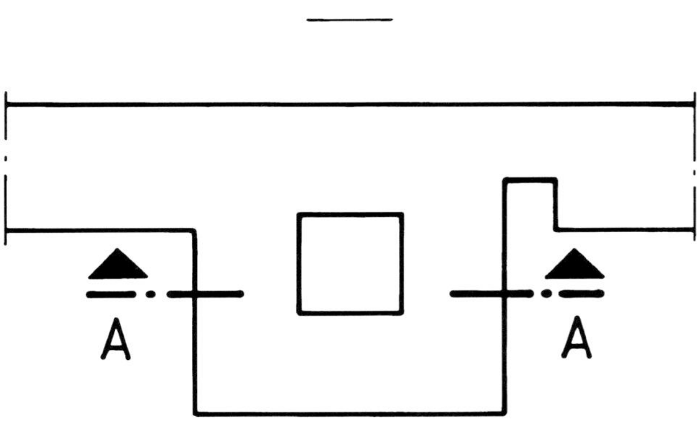

Aufgabe (oben):
Zeichnen Sie die Schnitte A–A und B–B durch das in der DS gegebene Schornsteinformstück (Höhe 50 cm, M 1:10, keine Bemaßung).

Aufgabe (links):
Zeichnen Sie den Schnitt A–A durch das 50 cm hohe Mauerstück mit Schornstein (M 1:20, keine Bemaßung).

Name	Klasse	Blatt-Nr.		Geprüft	Note

Aufgabe: Zeichnen Sie die Schnitte A–A und B–B durch den Schachtring (ohne Boden) mit Rohreinführung, M 1:20. Ringhöhe 1,00 m. Unterkante Rohreinführung in 30 cm Höhe. Schacht und Rohr aus Beton.

Schnitt A–A

Schnitt B–B

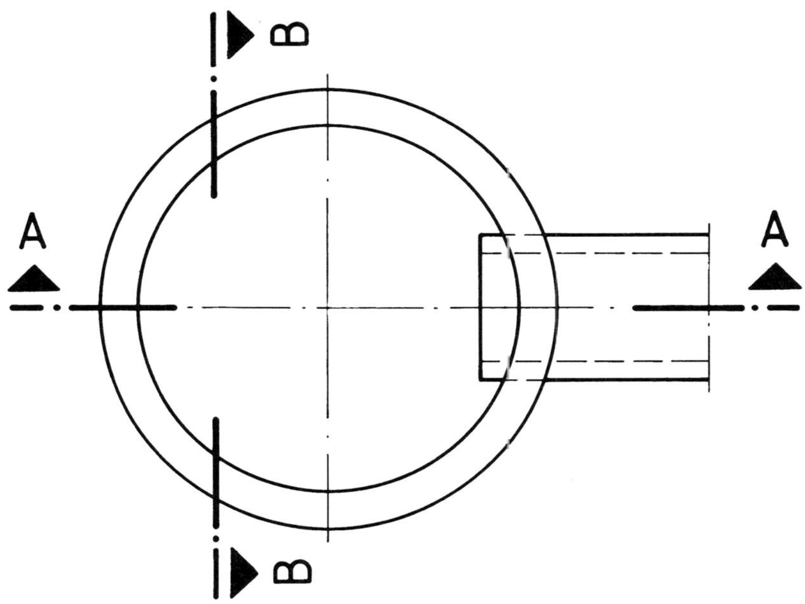

Name	Klasse	Blatt-Nr.		Geprüft	Note

Aufgabe: Zeichnen Sie die angegebenen Schnitte im M 1:50. (keine Bemaßung)
Anmerkung: Mauerwerk aus künstlichen Steinen, Decke Stahlbeton, Stütze über den Öffnungen Stahlbeton (24 cm hoch)

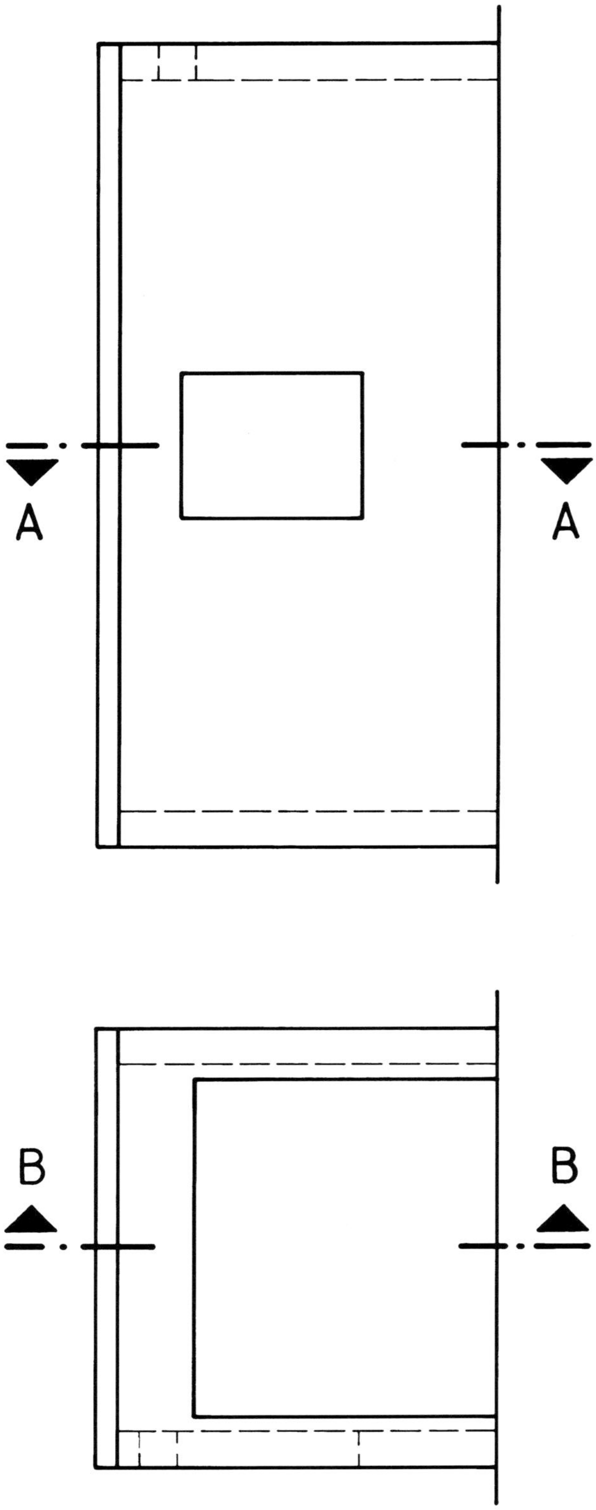

Name	Klasse	Blatt-Nr.		Geprüft	Note

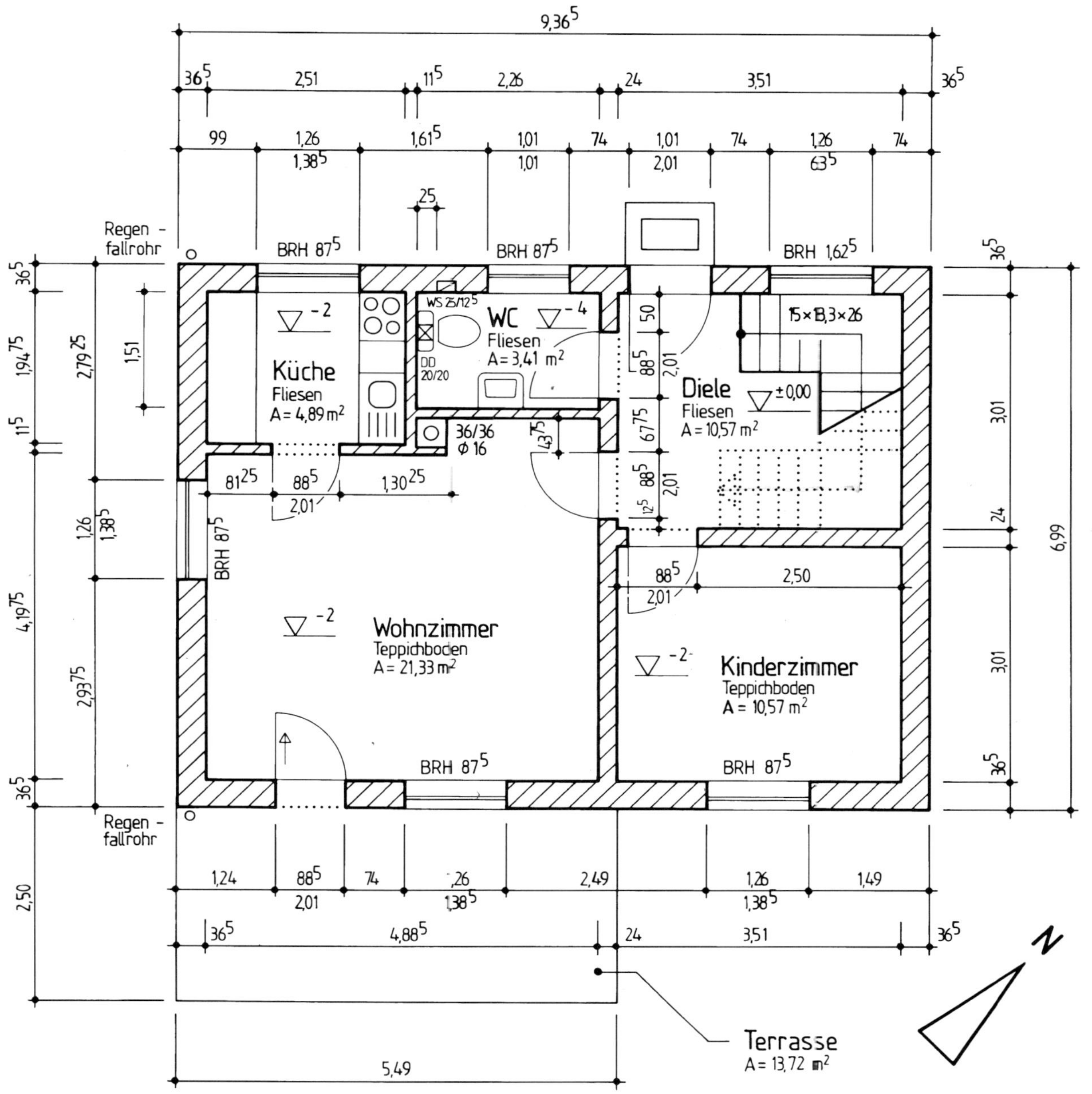

Aufgabe: Entnehmen Sie die verlangten Angaben aus der Zeichnung

1. Außenmaße des Erdgeschossgrundrisses: Länge ________ m; Breite ________ m
2. Dicke der Außenmauer ________ cm
3. Anzahl der Innentüren ________ Stck.
4. Anzahl der Innentüren DIN-Links ________ Stck.
5. Anzahl der Innentüren DIN-Rechts ________ Stck.
6. Brüstungshöhe der Fenster im Wohnzimmer ________ cm
7. Größe des Kinderzimmerfensters Breite ________ m; Höhe ________ m
8. Kaminquerschnitt ________ cm
9. Anzahl der Wandschlitze ________ Stck.
10. Höhenlage OK Fertigfußboden Wohnzimmer ________ cm
11. Größe der Haustüre Breite ________ m; Höhe ________ m
12. Fläche der Terasse ________ m²

Aus welchem Material bestehen folgende Bauteile?

13. Außenwand ________________
14. Kamineinsatz ________________
15. Innenmaße der Küche Länge ________ m; Breite ________ m
16. Anzahl der Außentüren ________ Stck.
17. Abstand der Küchentür von der Außenwand ________ cm
18. Höhenlage des Fertigfußbodens in der Diele ________
19. Wandschlitz im WC Breite ________ cm; Tiefe ________ cm
20. Größe des Deckendurchbruches im WC ________ cm

Zeichnung im Druck verkleinert

Name	Klasse	Blatt-Nr.		Geprüft	Note

Lesen von Bauzeichnungen
(Zusammenfassende Übungen zum Verständnis der Zeichennormen)

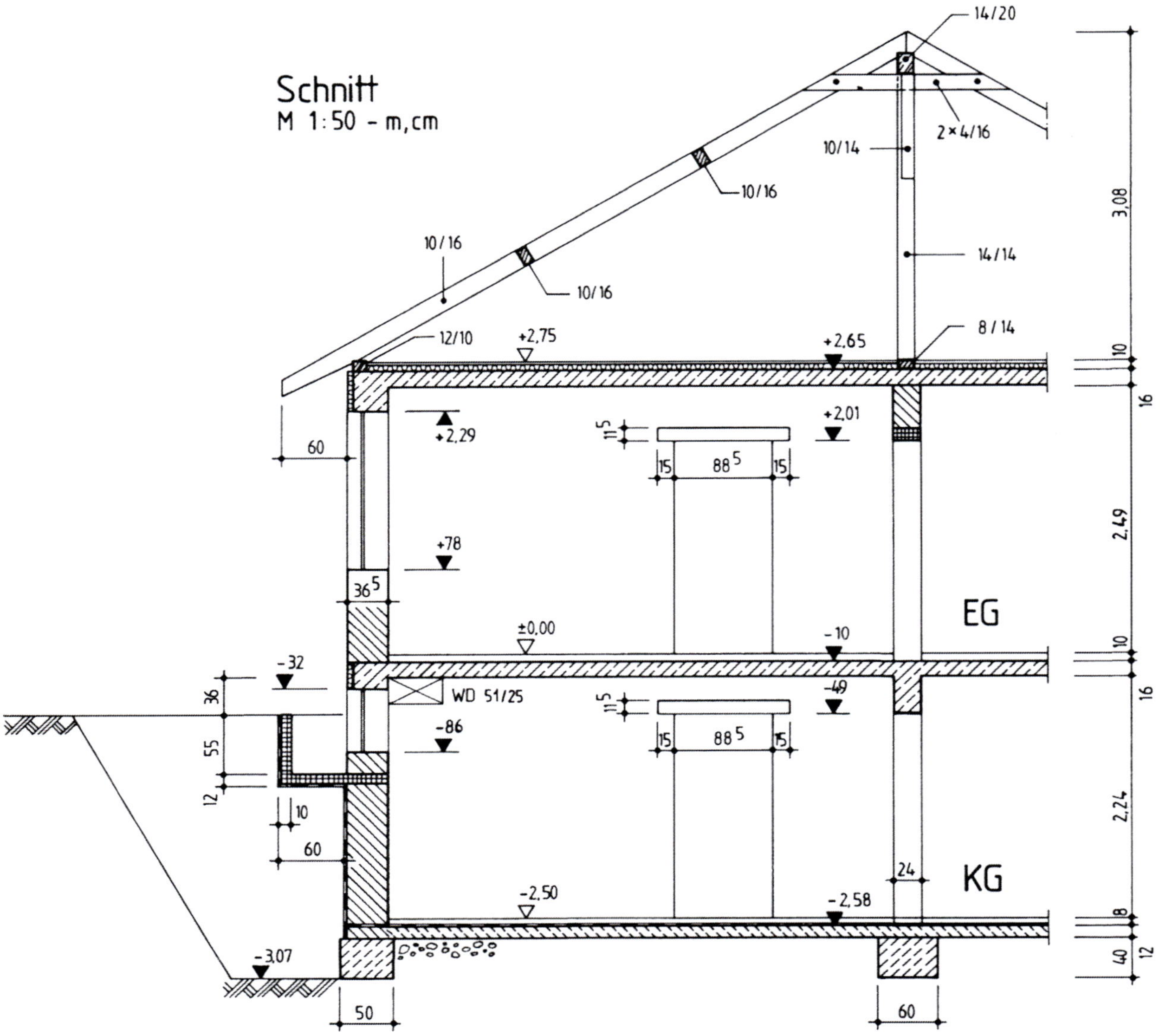

Zeichnung im Druck verkleinert

Aufgabe: Entnehmen Sie der obigen Zeichnung folgende Abmessungen und Angaben:

1. Dicke der Außenmauer ________ cm
2. Geschoßhöhe von OK Rohdecke Keller bis OK Rohdecke Erdgeschoss ________ m
3. Höhenlage OK fertiger Fußboden Keller ________ m
4. Dicke der Rohdecke Keller ________ cm
5. Höhe von OK Rohdecke Kellergeschoss bis OK Fensterbrüstung ________ cm
6. Dachvorsprung ________ cm
7. Wanddurchbruch Keller: Höhe ____ cm/Breite ______ cm
8. Höhe der Fensteröffnung im Erdgeschoss ________ m
9. Höhenlage Rohboden Keller ________ m
10. Höhenlage UK Türsturz Erdgeschoss ________ m
11. Innenfundament (Breite) ________ cm

Dachkonstruktion:

12. Fußpfette: Breite ______ cm / Höhe ________ cm
13. Querschnitt Dachstütze ________ cm
14. Querschnitt Kopfband ________ cm
15. Querschnitt Zangen ________ cm
16. Querschnitt Firstpfette ________ cm

Aus welchem Material bestehen folgende Bauteile?

17. Kellerlichtschacht ________________
18. Türsturz Erdgeschoss ________________
19. Türsturz Kellergeschoss ________________
20. Wo werden Abdichtungen gegen Feuchtigkeit (Sperrschichten) vorgesehen?

____
____
____
____
____
____

Name	Klasse	Blatt-Nr.	Geprüft	Note

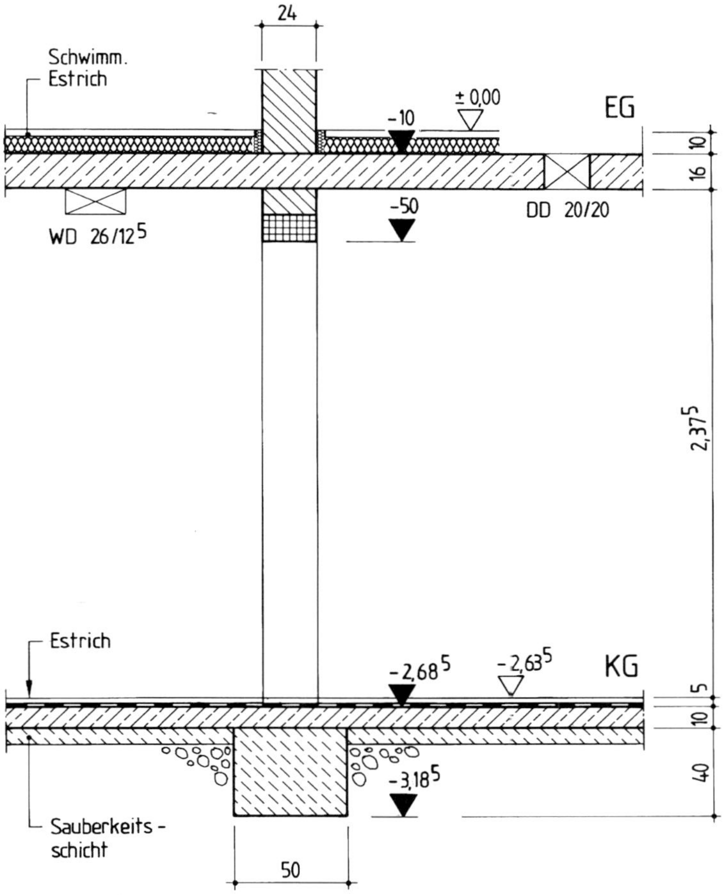

Aufgabe:
Entnehmen Sie die verlangten Angaben aus der Zeichnung.

1. Fundamentbreite ________ cm
2. Fundamenthöhe ________ cm
3. Estrichdicke im Keller (einschließlich Abdichtung) ________ cm
4. Türhöhe ________ m
5. Kellergeschossdecke Rohdicke ________ cm
6. Höhenlage OK Rohdecke Kellergeschoss ________
7. Höhenunterschied Rohfußboden Keller bis Rohfußboden Erdgeschoss ________ m
8. Mauerdicke ________ cm
9. Größe des Wanddurchbruches ________ cm
10. Größe des Deckendurchbruches ________ cm

Aus welchem Material bestehen folgende Bauteile?

11. Fundament ________
12. Kellerdecke ________
13. Türsturz ________
14. Tragwand ________
15. Höhenlage Unterkante Türsturz ________ cm
16. Höhenlage Unterkante Fundamentsohle ________ m

Aufgabe:
Entnehmen Sie die verlangten Angaben aus der Zeichnung.

1. Mauerdicke ________ cm
2. Stützenquerschnitt ________ cm
3. Lichter Abstand der Stützen ________ m
4. Dicke des Fußbodenaufbaues ________ cm
5. Höhenlage Rohfußboden ________ m
6. Größe des kleinen Wandschlitzes ________
   Breite ________ cm
   Tiefe ________ cm
7. Abstand des kleinen Wandschlitzes von der linken Stütze ________ m
8. Größe des Deckendurchbruches ________ cm

Abmessungen des großen Wandschlitzes
   Breite ________ cm
   Tiefe ________ cm

10. Abstand des großen Wandschlitzes von der rechten Stütze ________ cm
11. Höhenlage Fertigfußboden ________ m
12. Was bedeutet:
    Mz 20 ________
    MG II ________
    Aus welchem Material sind:
13. Stützen ________
14. Wand ________

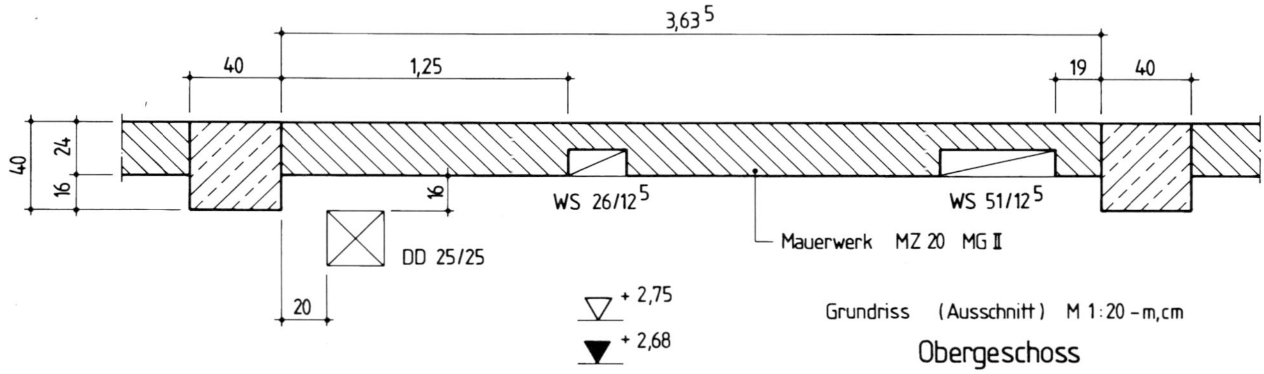

Grundriss (Ausschnitt) M 1:20 – m,cm

Obergeschoss

Zeichnungen im Druck verkleinert

Name	Klasse	Blatt-Nr.		Geprüft	Note

Straßenquerschnitt M 1:50 – m,cm

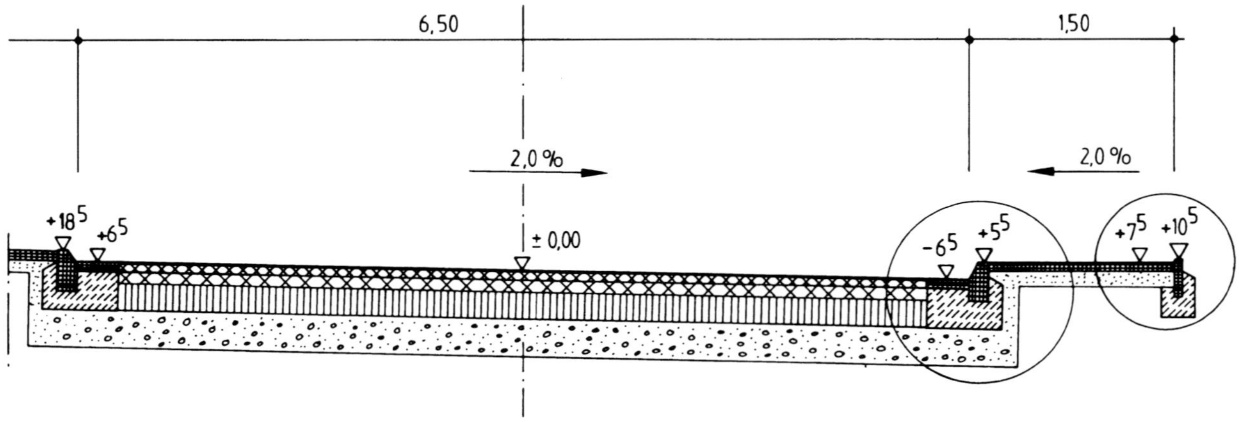

Aufgabe: Entnehmen Sie die verlangten Angaben aus der Zeichnung.

1. Straßenbreite __________ m
2. Gehwegbreite __________ m
3. Gefälle Straße __________ %
4. Gefälle Gehweg __________ %
5. Dicke der Deckschicht __________ cm
6. Dicke der Bindeschicht __________ cm
7. Material der Bordsteine __________
8. Material der unteren Tragschicht __________
9. Dicke der bitum. Tragschicht __________ cm
10. Material der Gehwegplatten __________
11. Dicke der Gehwegplatten __________ cm
12. Höhenlage Bordsteinoberkante (Gefälleseite) __________
13. Höhenlage Rasenbordsteinoberkante __________
14. Dicke der Rasenbordsteine __________ cm

Detail M 1:10 – m,cm

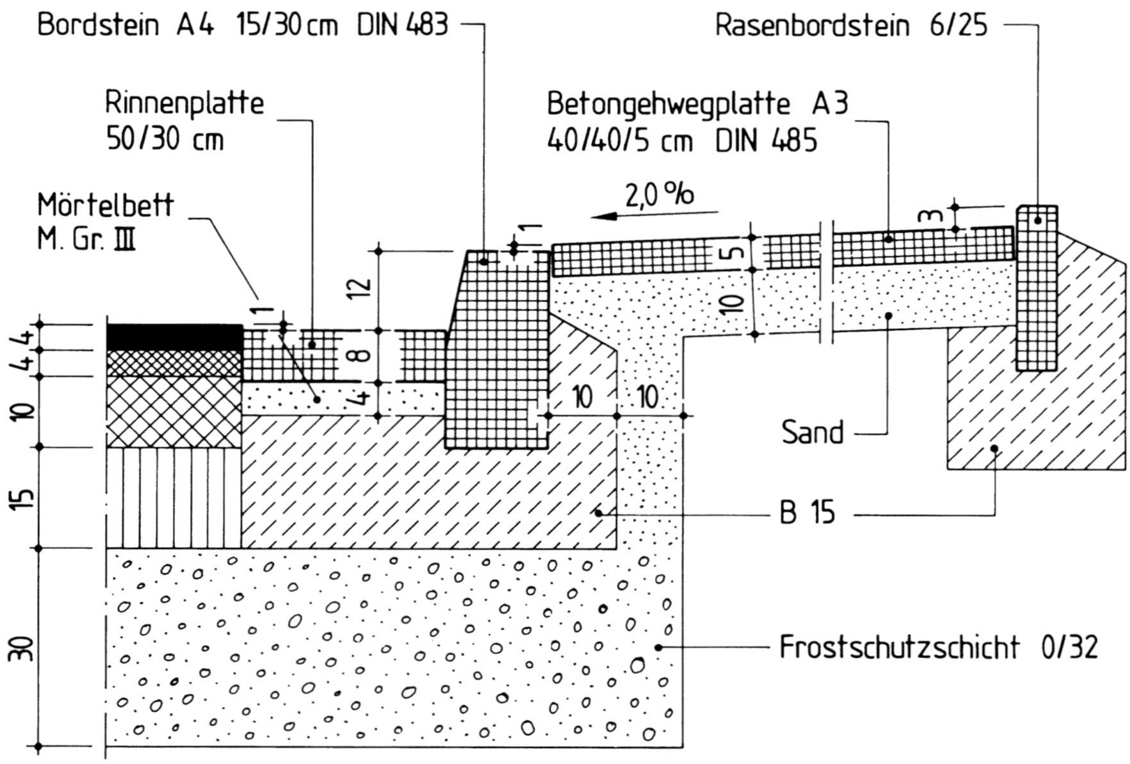

Name	Klasse	Blatt-Nr.		Geprüft	Note

Projekt: Kioskgebäude

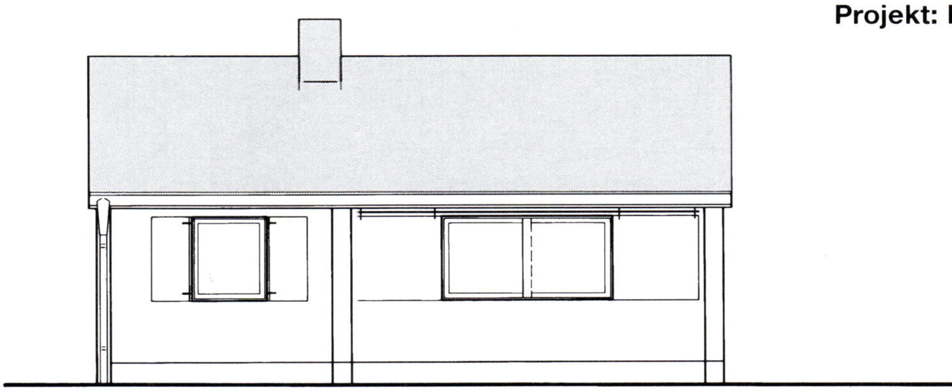

Ansicht von Süden

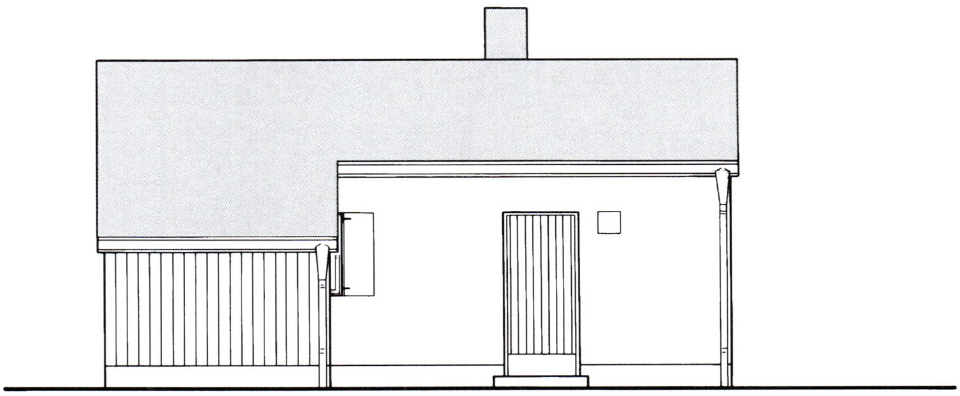

Ansicht von Norden

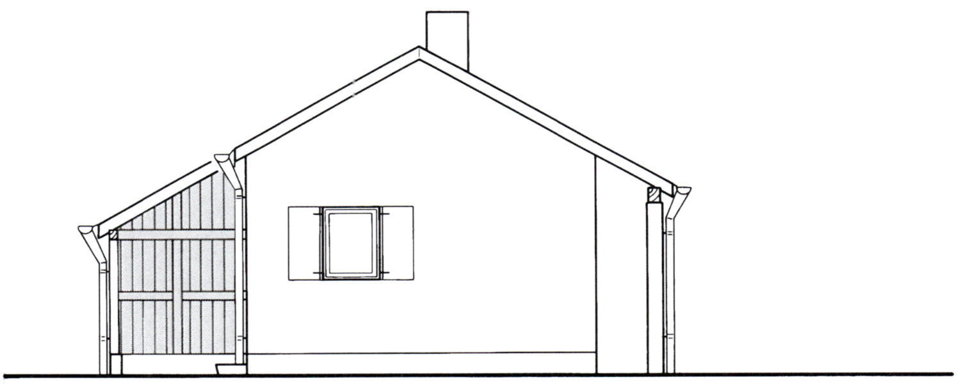

Ansicht von Westen

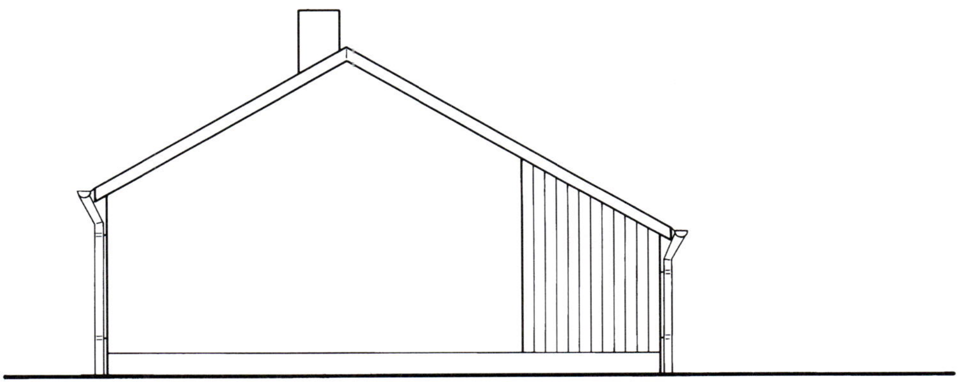

Ansicht von Osten

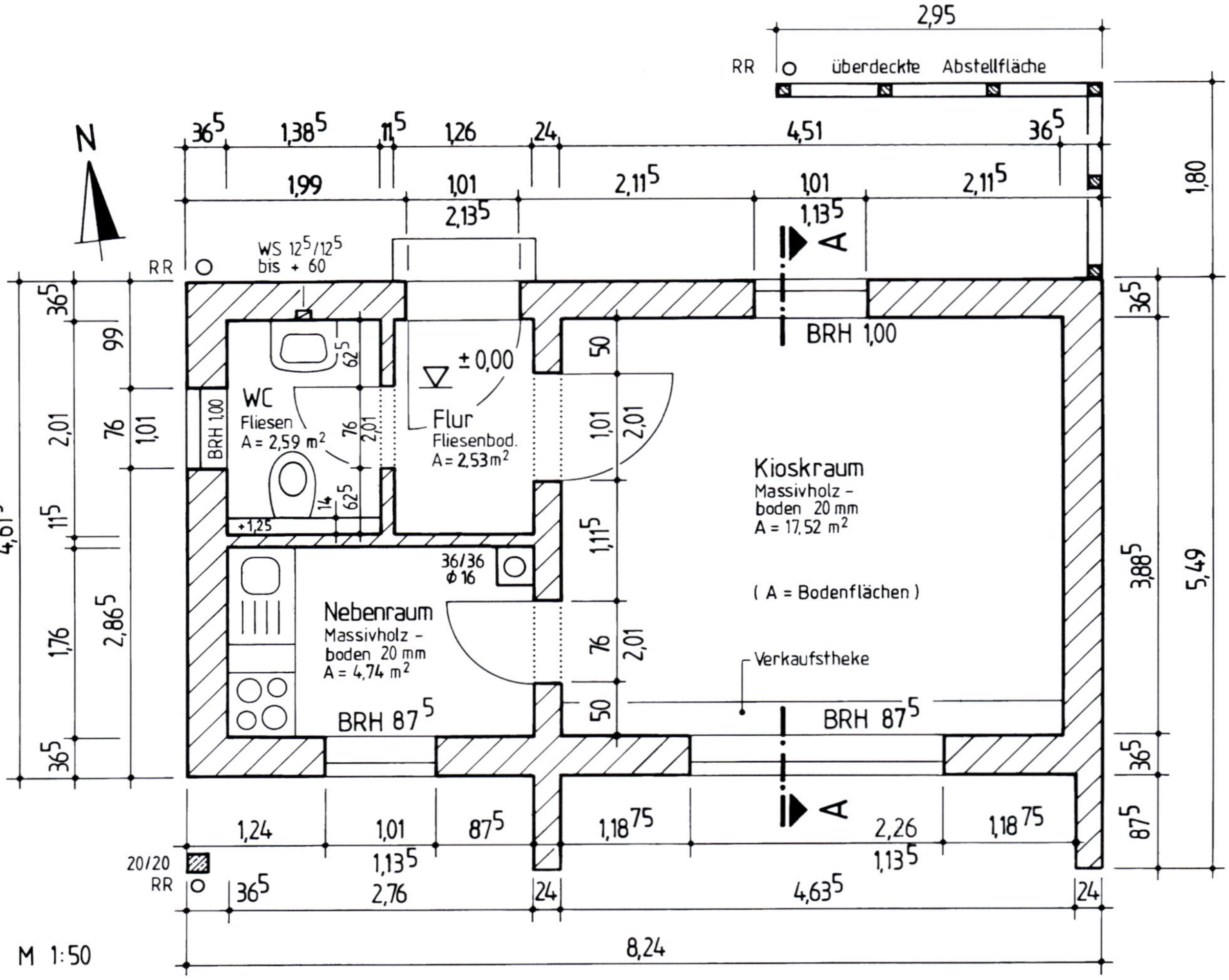

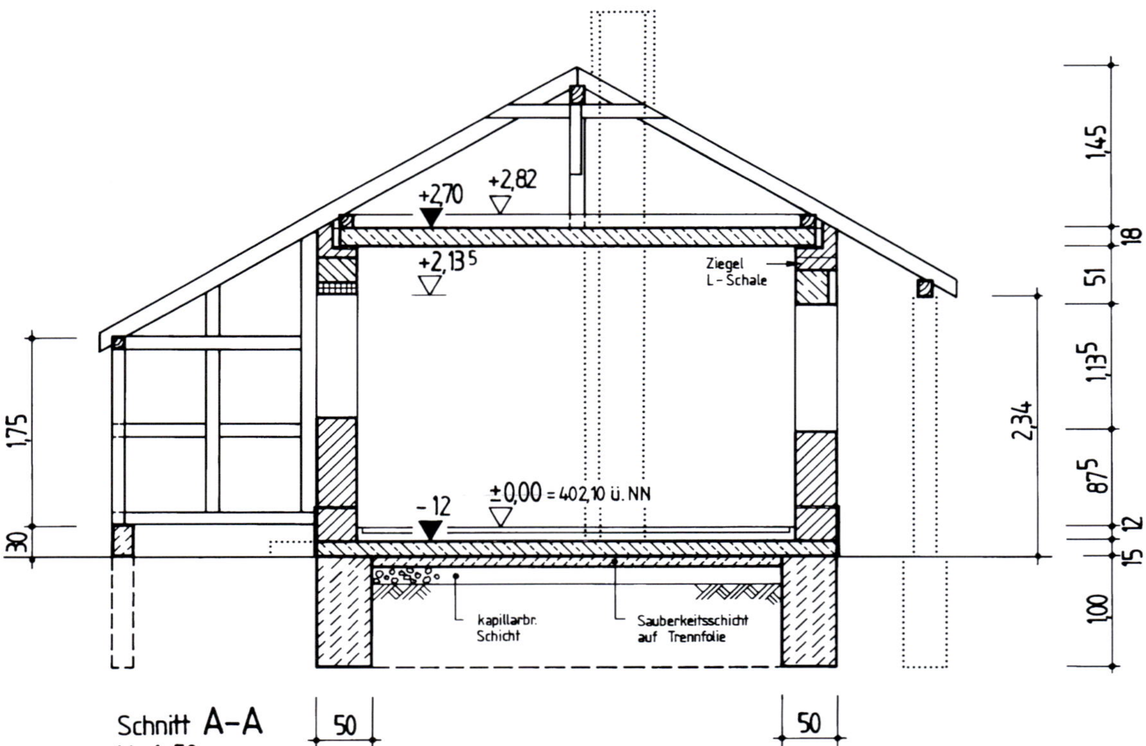

Zeichnungen im Druck verkleinert

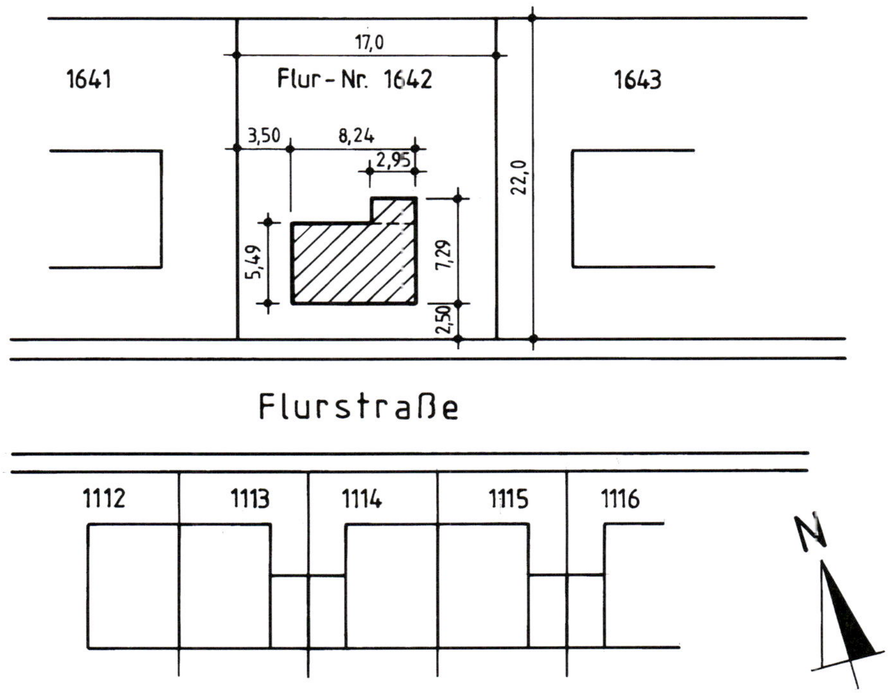

Lageplan M 1:500

Techn. Angaben zur Bauausführung

Fundamente:

Streifenfundamente, unbewehrt, B 15, 50 cm bzw. 40 cm breit, außen bündig mit Mauerwerk, Fundamentsohle – 1,27 m. Fundamenterder-Anschlussfahne an der Flursüdwand.

Bodenplatte:

Stahlbeton B 25, d=15 cm auf Sauberkeitsschicht (5 cm), PE-Folie als Trennlage über kapillarbrech. Schicht (d=15 cm, Splitt 11/32)

Mauerwerk:

Leichtziegel, HLz A-6-0, 8-6DF und 3DF

Decke:

Stahlbetonplatte B 25, d=18 cm, Randdämmung 5 cm, Vormauerung 11,5 cm (oder L-Schale 36,5/23,8).

Schornstein:

Systemformsteine, 3-schalig, ∅ 16 cm, Außenmaße 36/36 cm

Sperrschichten:

waagrecht: Dichtungsbahnen, Estrichtrennschicht, PE-Folie

senkrecht: Verputzfähige Dichtungsschlämme

Fenster- und Türüberdeckungen:

Große Fensteröffnung (2,26 m) Stahlbetonsturz mit Außendämmung, übrige Maueröffnungen mit Ziegelflachstürzen.

Wärmedämmschichten:

unter Estrich: 6 cm Hartschaum

über Decke: 12 cm Mineralwolle

Überdeckte Abstellfläche: Umfassung als Holzfachwerk mit Bretterverschalung

Auftrag (Handlungsziel):
Für das Projekt „Kioskgebäude“ ist die Baustelle einzurichten. Ziel der Einrichtungsplanung ist ein reibungsloser, rationeller Ablauf der Bauarbeiten. Da es sich um ein sehr kleines Bauvorhaben handelt, wird kein Baukran eingesetzt.

Planung (Handlungsvoraussetzungen, Hilfsmittel):

- **fachtheoretisch:** Informationen über wichtige Regeln für die Einrichtung und Sicherung einer Baustelle (Fachbuch, UVV...)

Wichtige Regeln für die Planung einer Baustelleneinrichtung: (bitte eintragen!)

____

____

____

____

____

____

- **zeichnerisch:** Zeichnen des Baustellen-Einrichtungsplanes (M 1:100).
- **rechnerisch:** für die zeichnerische Umsetzung: Umrechnen der vorgegebenen Lagerflächen in mögliche Seitenlängen.

Aufgabe: Zeichnen Sie den Baustelleneinrichtungsplan im M 1:100 auf die Seite 83

Vom Firmenbüro erhalten Sie folgende Angaben über die erforderlichen Flächen:

Für Mauersteine (Paletten) ca. 9 qm
Schüttgut (Kies, Splitt...) ca. 15 qm
Fertigteile (Stürze, Formteile) ca. 2 x 5 m
Bauwagen (Unterkunft, Magazin) 4,5 x 2,25 m

Trockenmörtel (Sackpaletten) ca. 6 qm
Rüst- u. Schalmaterial ca. 3 x 7 m
Lagerfläche für Oberboden ca. 20 qm
WC 1,0 x 1,0 m

Alle nicht aufgeführten Baustoffe u. Teile werden zeitgerecht zur unmittelbaren Verarbeitung angeliefert und nicht gelagert.

Größere Baustellen sind nur mit Baukran wirtschaftlich zu betreiben.
Informieren Sie sich und überlegen Sie, was bei einer Baustelle mit Kranbetrieb im Schwenkbereich des Kranes bzw. außerhalb liegen soll.

a) im Schwenkbereich	b) außerhalb des Schwenkbereiches

Name	Klasse	Blatt-Nr.		Geprüft	Note

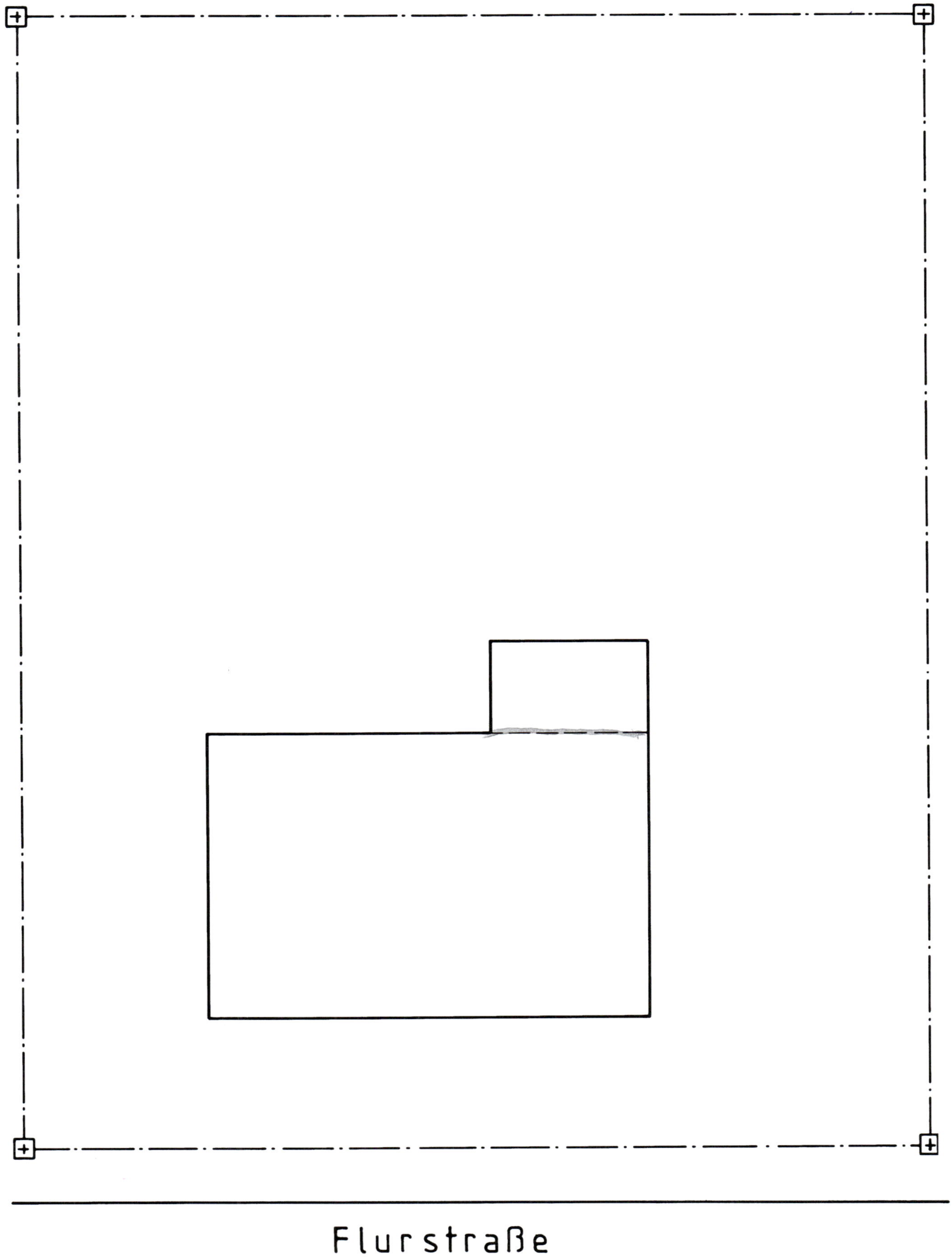

M 1:100

Name	Klasse	Blatt-Nr.		Geprüft	Note

Bei der Absteckung werden die Gebäude-Eckpunkte dem Lageplan entsprechend auf das Geäude übertragen.

4 (401,92 ü. NN)

3 (401,90 ü. NN)

Auftrag (Handlungsziel): Abstecken eines Gebäudes

Planung (Handlungsvoraussetzungen, Hilfsmittel):

- **fachtheoretisch:** Informationen über Zweck und Bedeutung der Gebäudeabsteckung, Funktion der optischen Hilfsmittel, Messfehler u. ihre Vermeidung.
- **zeichnerisch:** Absteckplan M 1:100 mit Angabe der Bezugslinien. Messpunkte und Höhenangabe.
- **rechnerisch:** Rechtwinkliges Dreieck (Pythagoras), Herstellen eines rechten Winkels, Diagonale.
- **fachpraktisch:** Planen der Arbeitsschritte, Auswählen von Werkzeug und Gerät, Gerätehandhabung, Vermeiden von Messfehlern.

Ausführung – Ergebniskontrolle – Bewertung: Nachkontrolle der Messpunkte und Bezugshöhe, Diagonalkontrolle.

Aufgabe: a) Entwickeln Sie aus dem Lageplan den Absteckplan für das Kioskgebäude. M 1:100

b) Berechnen Sie die Länge der Kontrolldiagonalen und tragen Sie diese in den Absteckplan ein.

1 (401,80 ü. NN)

2 (401,82 ü. NN)

Name	Klasse	Blatt-Nr.		Geprüft	Note

Neigungen (Gefälle) bei Rohrgräben, Baugruben, Böschungen

Neigungen (Gefälle) werden in Bauzeichnungen

a) entweder in Prozent (%) der Grundlänge angegeben, bei Rohrleitungen auch in Promille (‰)

oder

b) als Zahlenverhältnis (Neigungsverhältnis), z.B. 1:5, wobei die Zahl 1 stets für die **Höhe** angegeben ist.

Aufgabe: Tragen Sie die fehlenden Zahlen für die Neigungshöhe bzw. Grundlänge ein.

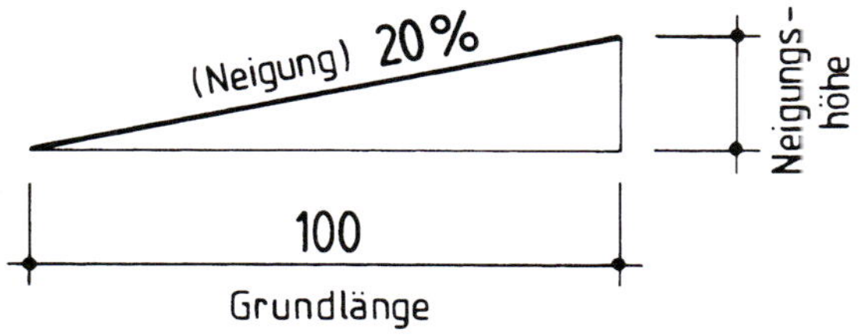

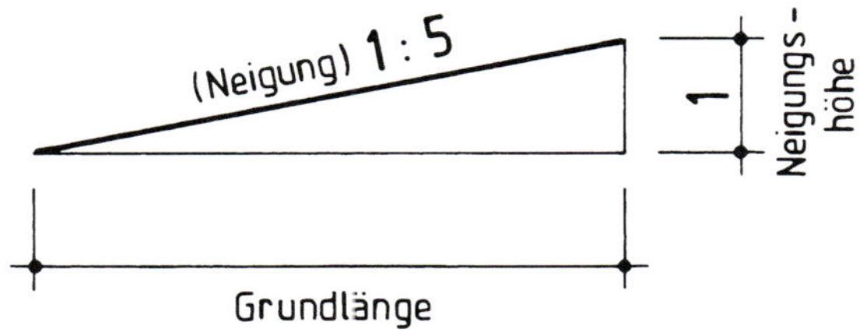

Aufgabe: Zeichnen Sie die folgenden Neigungen als einfache Neigungsdreiecke. M 1:50 – m, cm

(1) Neigung 1:8,5
Grundlänge 6,40 m

(2) Neigung 11 %
Grundlänge 5,40 m

(3) Neigung 5 %, Neigungshöhe 37,5 cm

(4) Neigung 1:1,6
Höhe 1,4 m

(5) Neigung 1:0,8
Höhe 1,8 m

Name	Klasse	Blatt-Nr.		Geprüft	Note

Baugrubenpläne werden für das Anlegen von Baugruben u. das Ermitteln der Aushubmassen benötigt.

Auftrag (Handlungsziel): Herstellen einer Baugrube, Bodenklasse 5 / Baugrubenplan

Planung (Handlungsvoraussetzungen, Hilfsmittel):

- **fachtheoretisch:** Informationen über Bodenklassen und zulässige Böschungswinkel, Baugrubensicherung (UVV), Arbeitsräume, Höhenmessung.
- **zeichnerisch:** Darstellung der Baugrube, Sinnbilder für Böschungen, Angabe von Neigungen und Höhen in der Zeichnung
- **rechnerisch:** Berechnen der Neigungen, Grundlängen u. Böschungshöhen

Ausführung – Ergebniskontrolle – Bewertung: Kontrolle der Höhenangaben und Neigungen.

Aufgabe:
a) Zeichnen bzw. ergänzen Sie den Schnitt A-A und die Draufsicht auf das angegebene Teilstück der abgeböschten Baugrube. M:1:100 (Böschungswinkel nach Bodenklasse 5)
b) Bemaßen Sie zusätzlich die Böschungsdreiecke (Grundlängen u. Höhen).
c) Bestimmen Sie das Neigungsverhältnis des Geländes zwischen den Punkten B und C. (Beachten Sie als Hilfestellung das unten angegebene Bsp. für die Darstellung von Böschungen!).

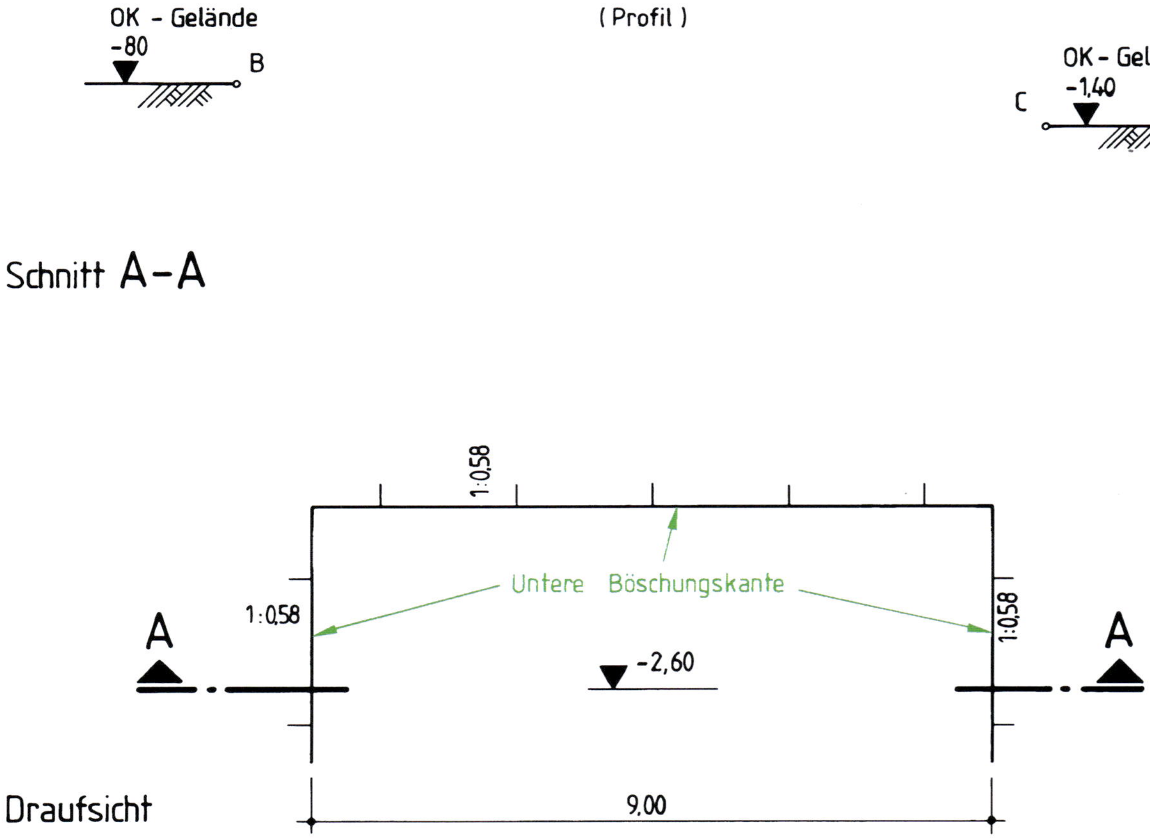

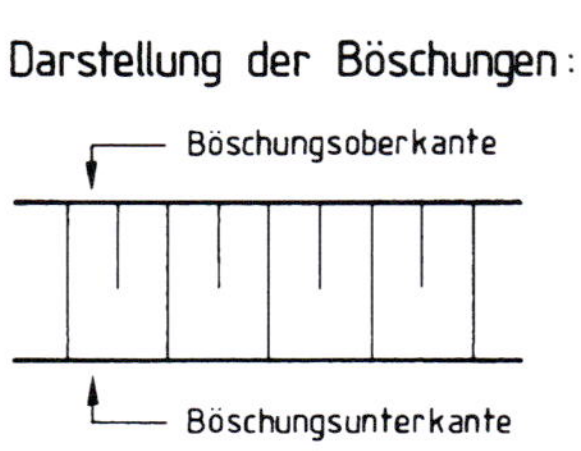

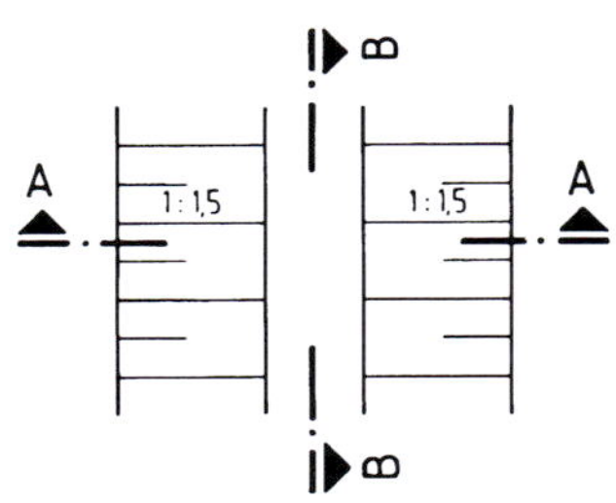

Draufsicht

Beispiel:

Abgeböschter Rohrleitungsgraben

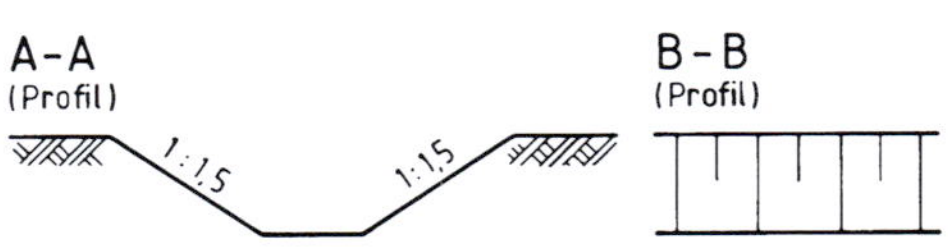

Name	Klasse	Blatt-Nr.		Geprüft	Note

Aufgabe:
Zeichnen und bemaßen Sie im M 1:100 – m, cm
a) die Baugrube in der DS
b) den Schnitt A–A der Baugrube!

Angaben:
1. Fundamentgraben: Breite = 40 cm
   Tiefe = 40 cm
2. Arbeitsraum: Breite = 50 cm
3. Baugrubentiefe: 1,60 m
4. Böschungsneigung: 1:0,625

Die Baugrube befindet sich in ebenem Gelände.

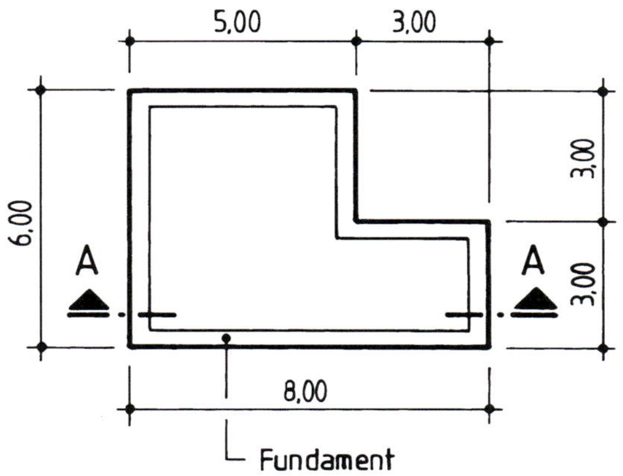

Name	Klasse	Blatt-Nr.		Geprüft	Note

Aufgabe: siehe Seite 89!

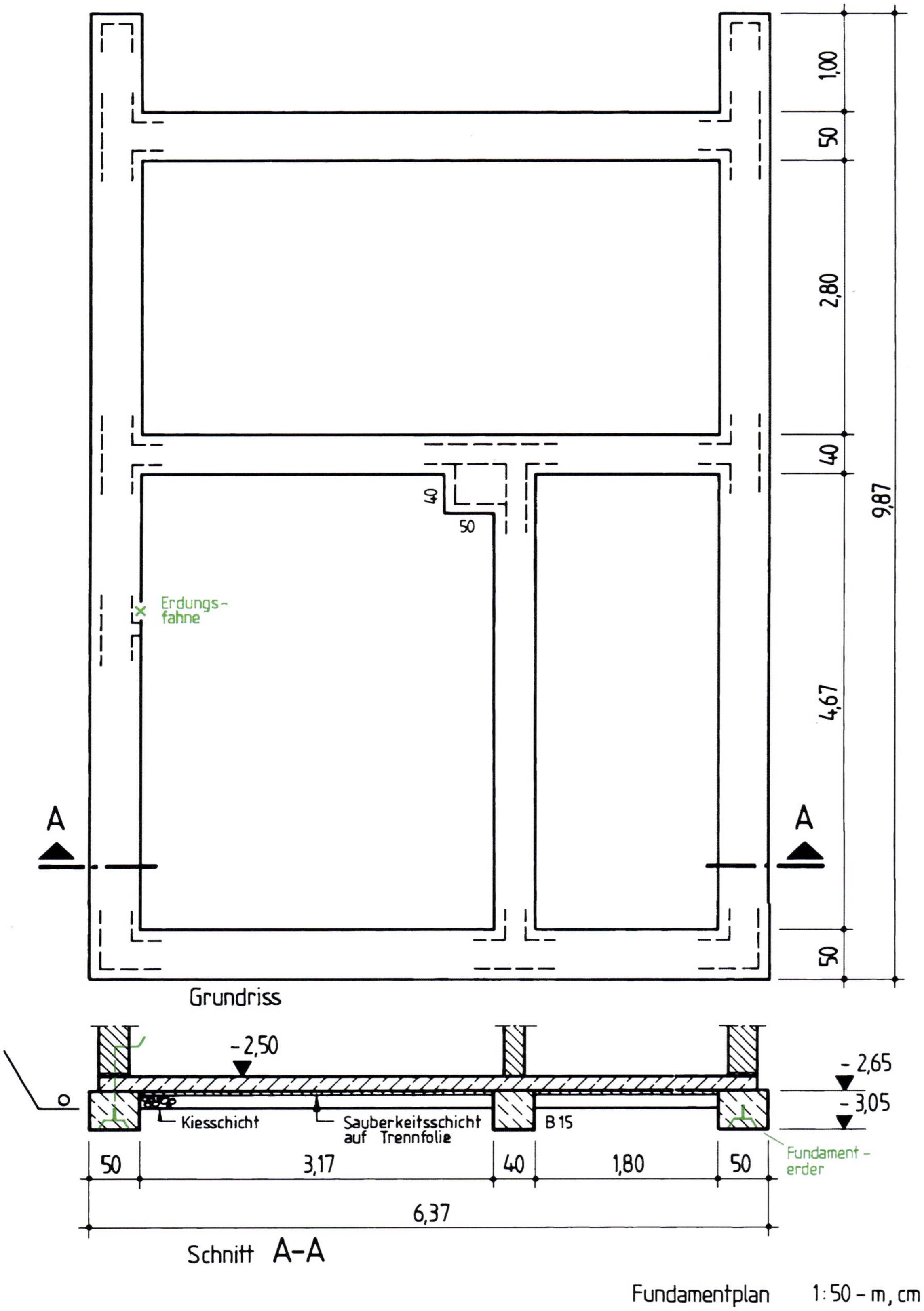

Zeichnung im Druck verkleinert

Name	Klasse	Blatt-Nr.		Geprüft	Note

Für die Herstellung eines Fundamentes braucht man genaue Informationen. Die meisten dieser Informationen lassen sich durch eine Zeichnung (einen Fundamentplan) einfacher und eindeutiger darstellen als etwa durch eine Beschreibung. Voraussetzung ist, dass Sie diesen Fundamentplan richtig „lesen", d.h. alle enthaltenen Informationen richtig deuten und bei der Herstellung des Fundamentes plangerecht umsetzen können.

Auftrag (Handlungsziel):
Lesen eines Fundamentplanes (Seite 88)

Planung (Handlungsvoraussetzungen, Hilfsmittel):
- **fachtheoretisch/zeichnerisch:** Informationen über den Sinn und die Bedeutung der im Plan enthaltenen Sinnbilder, Abkürzungen, Anmerkungen (Arb.Buch, Fachbuch)

Ausführung – Ergebniskontrolle – Bewertung: Tragen Sie die Ergebnisse unter 1. – 10. ein. Gegenseitige Ergebniskontrolle der Schüler.

1. Außenmaße der Fundamentierung : Länge .... m Breite .... m
2. Äußere Streifenfundamente: Breite .... cm Höhe .... cm
3. Innere Streifenfundamente: Breite ....cm Höhe ....cm
4. Höhenlagen : Fundamtsohle .... OK-Fundament ....
5. Bodenplatte : Dicke .... cm Höhenlage OK-Bodenplatte ....
6. Was bedeutet die Angabe B 15) ____________________

____
7. Welchen Zeck hat die Kiesschicht zwischen den Streifenfundamenten? ____________________

____
8. a) Welche Bedeutung hat der Einbau eines Fundamenterders? ____________________

____

b) Woraus besteht der Fundamenterder? ____________________

____
9. Welchen Zweck hat die Trennfolie?

____
10. Was bedeutet die Angabe 398,10 m ü. NN?

____

____

Baustoffbedarf: Wieviel Beton B 15 (Festbetonmenge) müssen Sie für die Herstellung der Fundamentierung anfordern?

Name	Klasse	Blatt-Nr.		Geprüft	Note

Aufgabe: Zu dem Kioskgrundriss (gemauerter Teil) Seite 80 ist der Fundamentplan anzufertigen. Zeichnen bzw. ergänzen Sie den Plan 1:50. Fundamentbreite für die 36,5er Wände = 50 cm, für die 24er Wände = 40 cm. Für die nichttragenden Zwischenwände (11,5 cm) und den Schornstein sind keine Fundamente vorgesehen (Lastaufnahme durch die Bodenplatte). Bei den Außenmauern liegen die Fundamente bündig mit den Außenkanten des Mauerwerks.

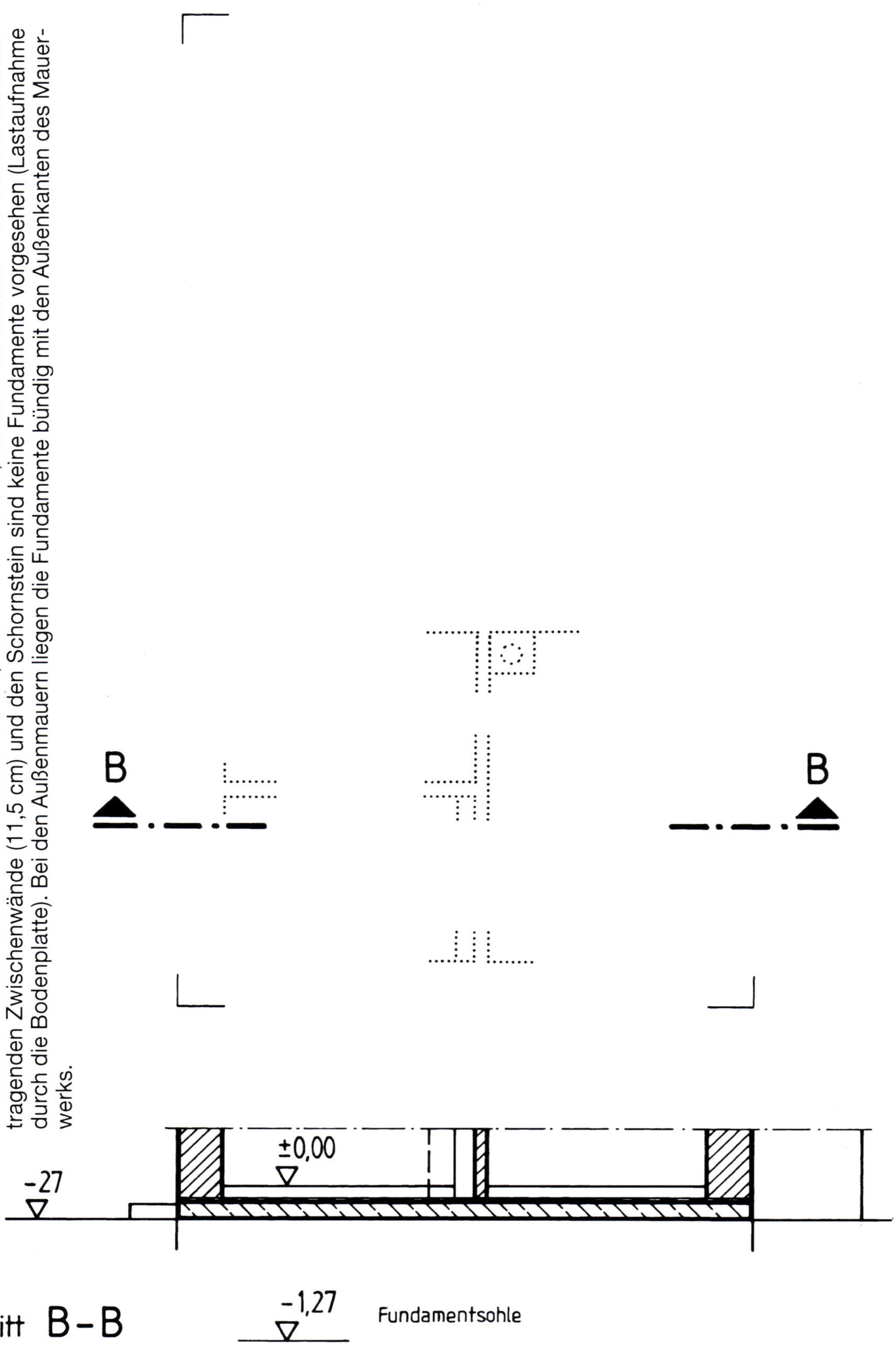

Schnitt B – B

Name	Klasse	Blatt-Nr.		Geprüft	Note

Für die Herstellung der Entwässerungsleitungen eines Gebäudes erhalten Sie einen Entwässerungsplan. Dieser enthält wichtige Informationen, die Sie für die Herstellung der Entwässerungsleitungen brauchen.

Auftrag:
Lesen eines Entwässerungsplanes

(Voraussetzungen / Hilfsmittel)
Informationen über die Bedeutung der im Plan enthaltenen Sinnbilder und Zeichen (Fachbuch, Normauszug)

Ausführung und **Kontrolle:**
Tragen Sie die Bedeutung der Sinnbilder u. Zeichen unten ein und erstellen Sie die erforderliche Rohr- und Formstückliste. (Maßstab des Entwäss.-Planes 1:100)

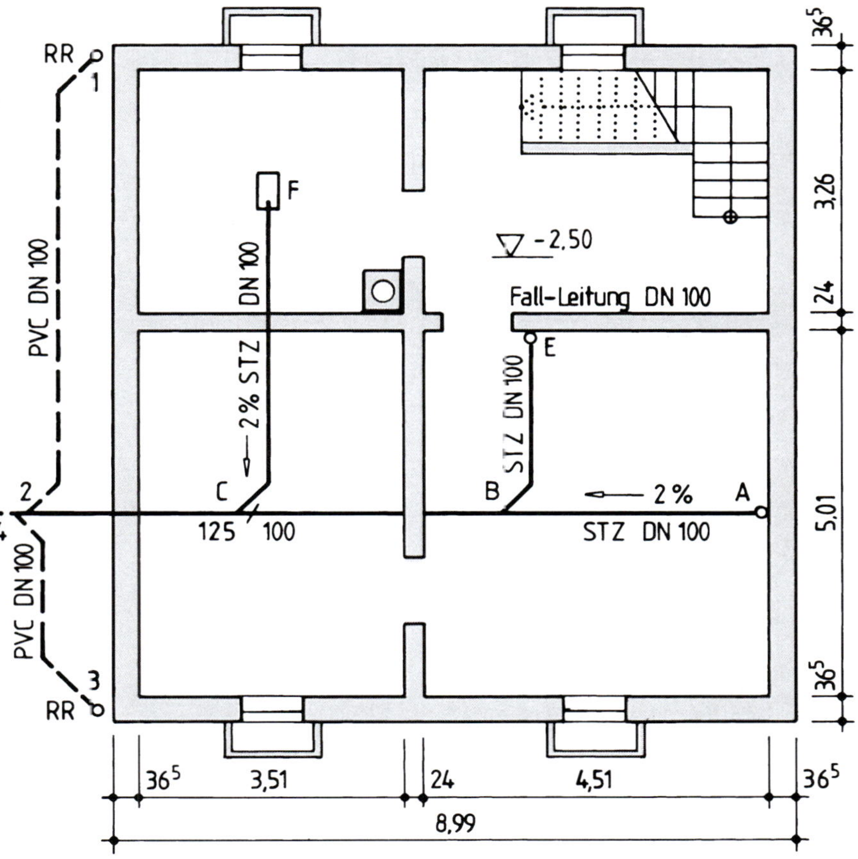

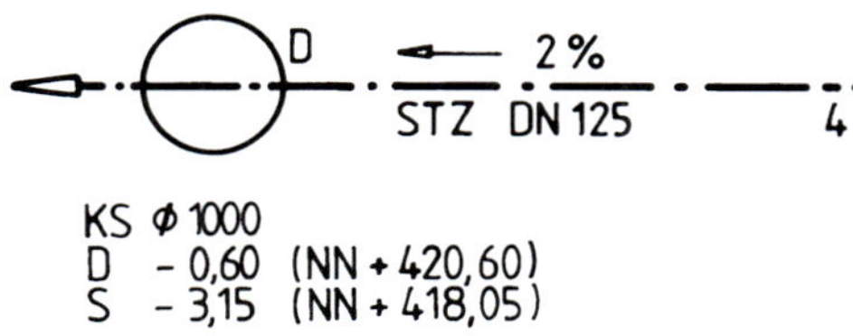

Sinnbilder und Zeichen für Entwässerungszeichnungen nach DIN 1986

		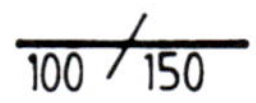		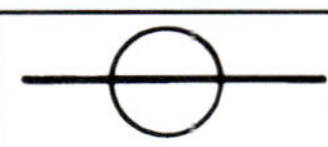	
		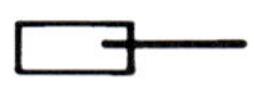		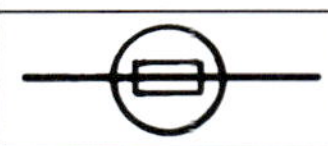	
		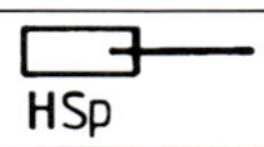			
DN	Nenndurchmesser	STZ	Steinzeug	PVC	Kunststoffleitung
KS	Kontrollschacht	D	Schachtdeckel	S	Schachtsohle

Rohrliste

Leitungsabschnitt	STZ DN 100 m	STZ DN 125 m	PVC DN 100 m
Gesamt			

Formstücke

STZ	PVC
Bögen DN 100	DN 100
90° ______	______
45° ______	______
Abzweige 45°	
100/100 ______	______
125/100 ______	______
Übergangsstücke 125/100 ______	______

Name	Klasse	Blatt-Nr.		Geprüft	Note

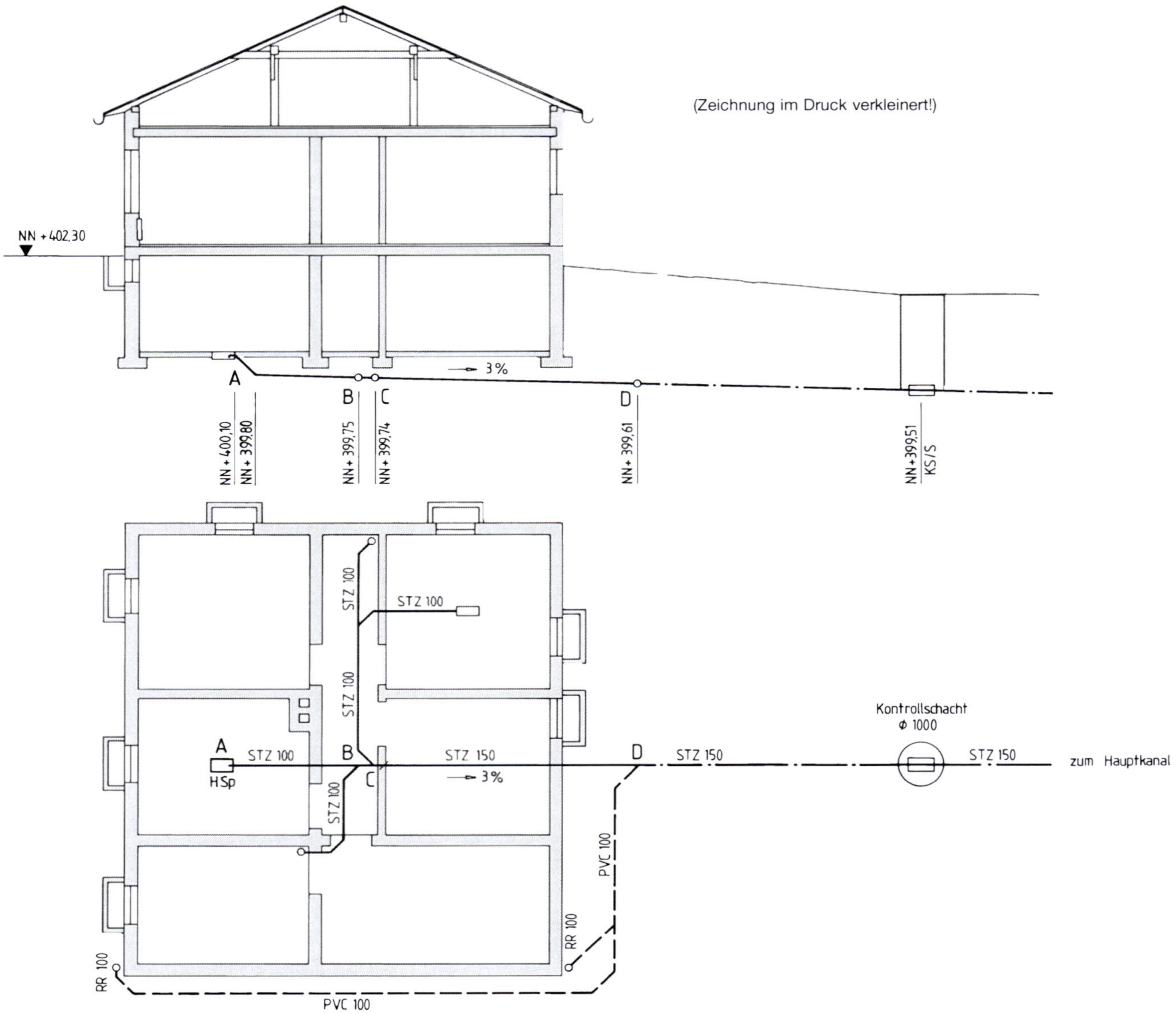

Aufgabe: Entnehmen Sie die verlangten Angaben aus der Zeichnung.

1. Nach welchem Verfahren erfolgt die Entwässerung? ____________________
2. Welche Abwasserleitung (Misch-, Regen- oder Schmutzwasser) wird durch folgende Sinnbilder gekennzeichnet?
   a) ________ b) — — — — c) —·—·—·—
   a) ____________________
   b) ____________________
   c) ____________________
3. Was bedeutet die Abkürzung NN? ____________________
4. Welchen Durchmesser hat die Regenfallleitung? ____________________
5. Aus welchem Material besteht die Regenwasserleitung? ____________________
6. Auf welcher Höhenlage liegen folgende Punkte der Entwässerung?
   A ____________ C ____________ D ____________
7. Aus welchem Material besteht die Schmutzwasserleitung? ____________________
8. Welchen Durchmesser hat die Grundleitung außerhalb des Gebäudes? ____________________
9. Auf welcher Höhenlage liegt die Geländeoberkante? ____________________
10. Welcher Höhenunterschied ergibt sich zwischen den Anschlusspunkten A – D? ____________________
11. Welchen Durchmesser hat der Kontrollschacht? ____________________
12. Welchen Durchmesser hat die Grundleitung zwischen den Anschlusspunkten A – B? ____________________

Name	Klasse	Blatt-Nr.		Geprüft	Note

Für das Projekt „Kioskgebäude“ sollen die Entwässerungsleitungen verlegt werden. Die örtliche Entwässerung efolgt im Mischsystem. Im LV (Leistungsverzeichnis) sind Steinzeugrohre (für Schmutzwasser) und Kunststoffrohre (für Regenwasser) vorgeschrieben.

Auftrag (Handlungsziel): Machen Sie einen Vorschlag für die Leitungsführung (Entwässerungsplan).

Planung (Voraussetzungen, Hilfsmittel):

- **fachtheoretisch:** Informationen über techn. Vorschriften wie Leitungsführung, Richtungsänderungen, Einmündungen, Mindestgefälle, Kontrollöffnungen, Besonderheiten des Mischsystems. (Fachbuch, …)
- **zeichnerisch:** Informationen über Darstellung, Sinnbilder, Zeichen. Orientieren Sie sich auch an den Darstellungen auf den Seiten 91 und 92.
- **rechnerisch:** Errechnen der Rohrlängen (Umrechnung ausdem M 1:75). Berechnen der Höhenunterschiede von den Kontrollschächten bis zu den Anfangspunkten der Grundleitungen. Erstellen einer Rohr- u. Formstückliste.

Ausführung u. Kontrolle: Einzeichnen der Leitungen in den vorgegebenen Grundriss, einschließlich der Kurzzeichenangaben für Rohrmaterial und Gefälle.

M 1:75

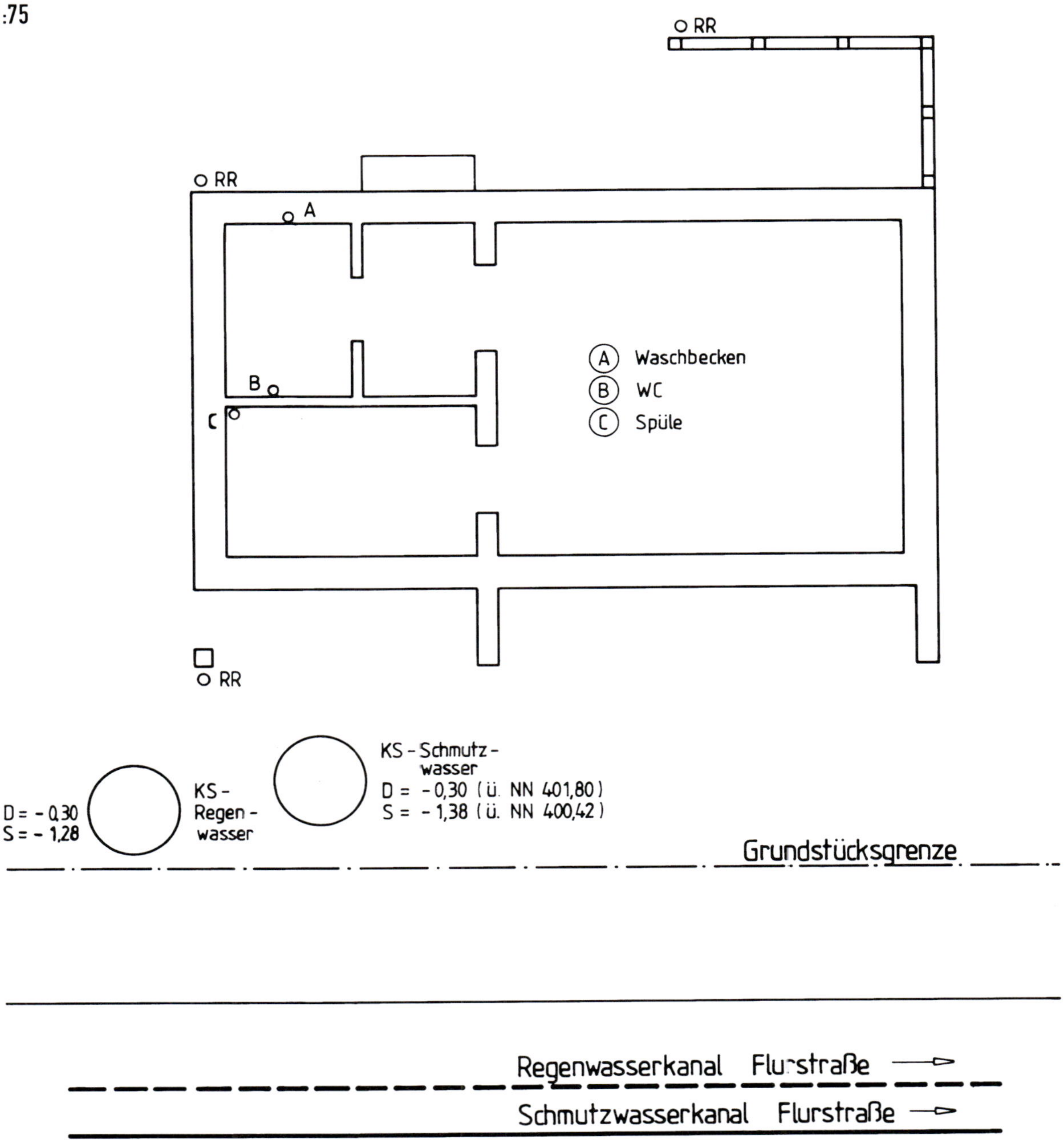

Name	Klasse	Blatt-Nr.		Geprüft	Note

Auftrag (Handlungsziel):
Die angegebene Fläche vor dem Kioskgebäude soll mit Betonplatten belegt und an den Seiten mit Rasenbordsteinen eingefasst werden. Vorgesehen sind: Betonplatten 40/40/5 cm, Trag- und Frostschutzschicht 20 cm, Rasenbordsteine 100/25/6 cm im Betonstützbett, Gefälle senkrecht zum Gebäude 2 cm, symmetrische Fugeneinteilung in beiden Verlegerichtungen.

Planung (Handlungsvoraussetzungen, Hilfsmittel):
- **fachtheoretisch:** Informationen über den Aufbau eines Pflaster- oder Plattenbelages (Fachbuch)
- **zeichnerisch:** Darstellung des Fugenbildes und des Belagaufbaues (Schnitt M 1:20)
- **rechnerisch:** Ermitteln der Platteneinteilung (Fuge 0,5 cm) und der Teilplatten, Baustoffbedarf
- **fachpraktisch:** Planen der Arbeitsschritte, Auswahl der Geräte und Werkzeuge, UVV.

Ausführung – Ergebniskontrolle – Bewertung: (Überprüfen der Maße, der ebenen Verlegung und des Gefälles).

Aufgabe: Zeichnen Sie den Verlegeplan (Ausschnitt) und den Schnitt durch den Belagaufbau, M 1:20. (Überlegen Sie, wo am zweckmäßigsten mit dem Verlegen begonnen wird!)

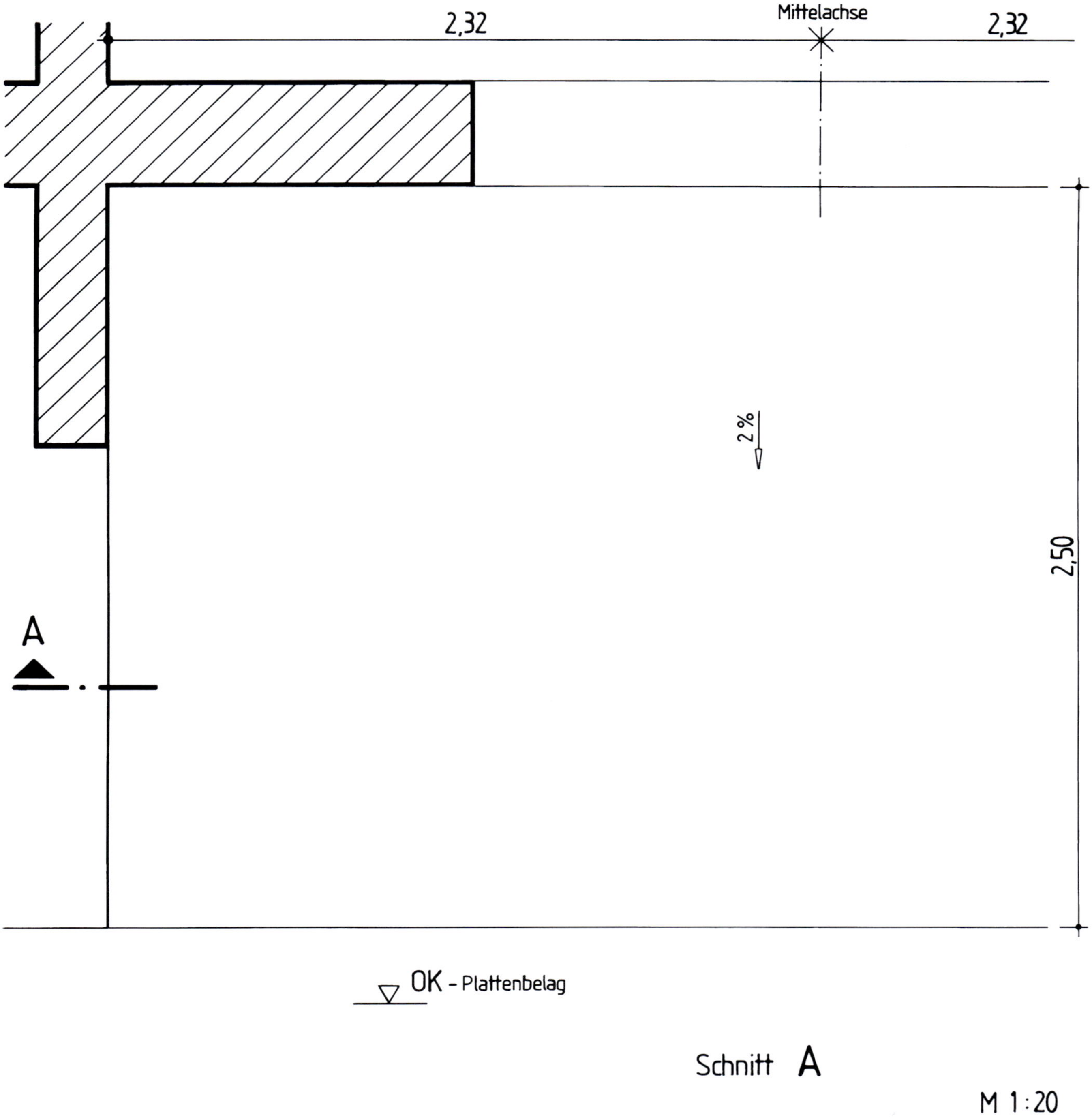

Name	Klasse	Blatt-Nr.		Geprüft	Note

Aufgabe:
Die gezeichnete Fläche soll mit Betonplatten 30 x 30 x 5 belegt und an den freien Außenkanten mit Rasenbordsteinen 100 x 25 x 8 eingefasst werden. (Rasenfläche, Plattenbelag und Bordsteinoberkante auf gleicher Höhe). Zeichnen Sie

a) Draufsicht auf den Belag mit Einfassung.
   (Beachten Sie, dass möglichst wenige Platten und Bordsteine geteilt werden müssen und die Teilplatten soweit möglich an wenig auffälligen Stellen angeordnet werden!)
b) Schnitt A–A durch den Aufbau des Belages.

Aufbau:
Beton-Gehwegplatten 30 x 30 x 5
Feinsplitt 5 cm
Frostschutzschicht (Kies)
12 cm dick auf gewachsenem Boden
Rasenbordsteine im Kiesbett

M 1:20

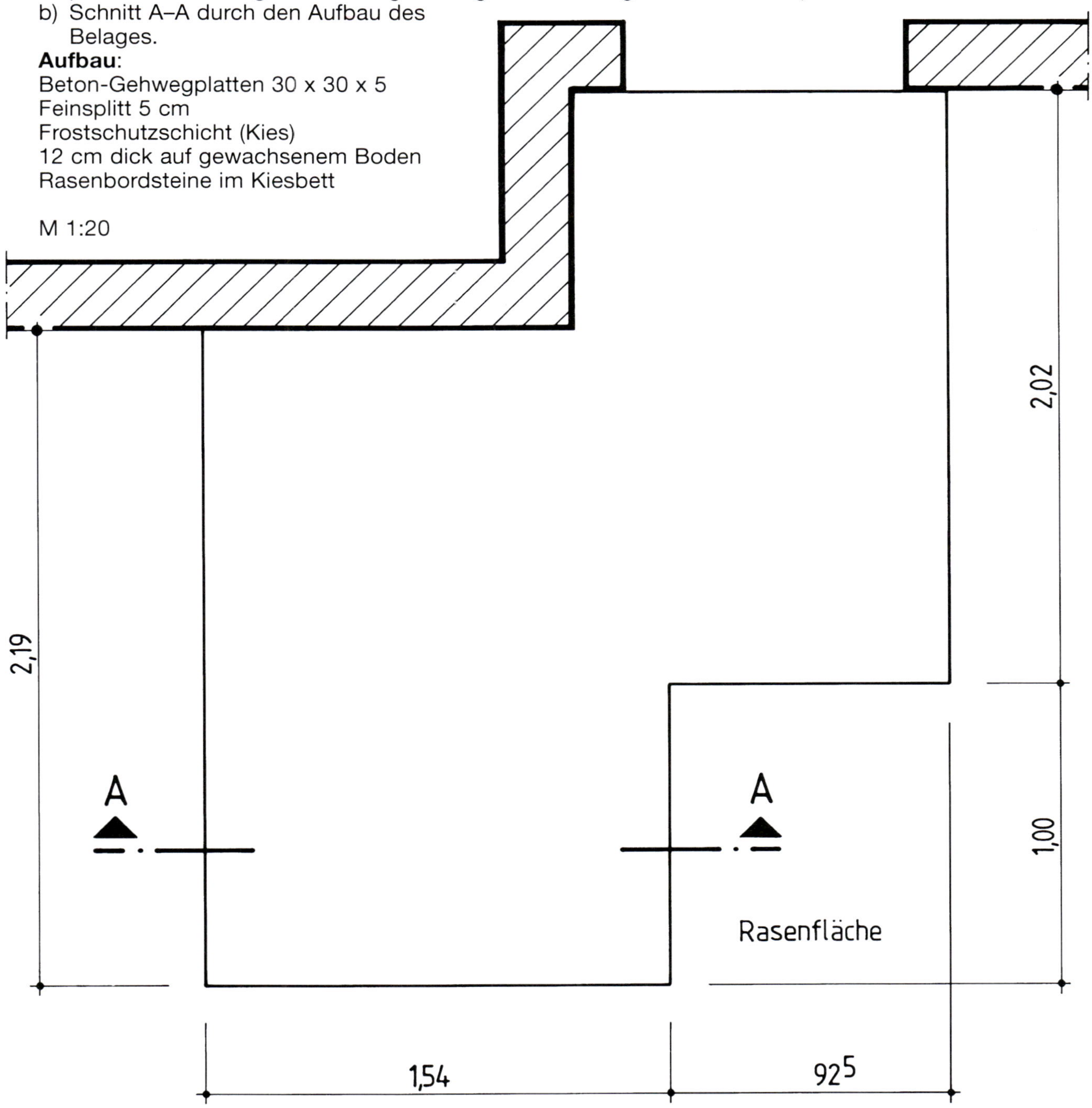

Name	Klasse	Blatt-Nr.		Geprüft	Note

Aufgabe: Ergänzen Sie den Querschnitt durch den Gehweg „Flurstraße" im M 1:10.

Gehwegaufbau: 8 cm Betonverbundpflaster (Steinlänge 17,5 cm)
4 cm Splitt-Feinschicht oder Sand
20 cm Kiestragschicht auf gewachsenem Boden.
Betonbordsteine A4 12/15/30 cm und B8 8/20 in
20 cm Betonbettung, Rinne aus Betonwürfel-
steinen 14/12, Gehweggefälle 2 %.

Name	Klasse	Blatt-Nr.		Geprüft	Note

Auftrag (Handlungsziel):
Mauern einschaliger Mauerkwerkskörper mit klein- und mittelformatigen Steinen

Planung (Handlungsvoraussetzungen, Hilfsmittel):

- **fachtheoretisch:** Informationen über Verbandsregeln, Steinformate, Baurichtmaße, Rohbaumaße, Schutz gegen aufsteigende Feuchtigkeit (Fachbuch…)
- **zeichnerisch:** Skizzieren der Verbandslösungen für verschiedene einschalige Mauerwerkskörper und Steinformate
- **rechnerisch:** Ermitteln von Mauerlängen, Achtelmetermaßen, Kopfzahlen, Mauerhöhen, Steinschichten, Baustoffbedarf.
- **fachpraktisch:** Einrichten des Arbeitsplatzes, Planen der Arbeitsschritte Auswahl der Geräte und Werkzeuge, Gerüste u. UVV.

Ausführung – Ergebniskontrollen – Bewertung: (Maßgenauigkeit, Lot, Waage, Vollfugigkeit, Mauerverband, Gerüstbau / UVV)

Die drei wichtigsten Verbandsregeln:

1. ______________________________

2. ______________________________

3. ______________________________

____

Wichtige Bezeichnungen zum Mauerverband:

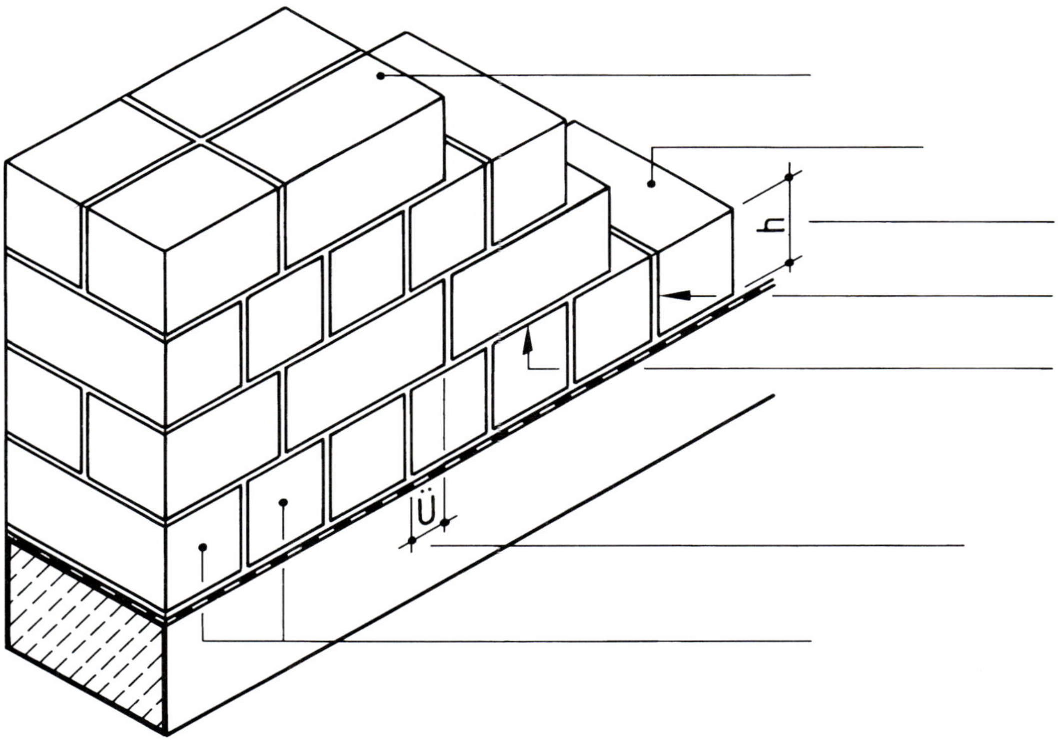

Name	Klasse	Blatt-Nr.		Geprüft	Note

Aufgabe: Skizzieren Sie den Mauerverband in zwei Schichten. Die Fugen sollen nur als einfache Linie dargestellt werden.

Maßstab: ⊞ } = 1 Achtelmeter

Anstelle der angegebenen Steinformate können jeweils auch andere Formate gewählt werden!

① 2 DF

② 3 DF + 2 DF

24

③ 3 DF + 2 DF

30

④ 5 DF = 24/30/11^3 + 2 DF

⑤ 2 DF (DF, NF)

36^5

⑥ 3 DF + 2 DF

⑦ 6 DF + 2 DF (3 DF)

36^5

⑧ 6 DF = 24/36^5/11^3 + 2 DF

36^5

Aufgabe: Zeichnen bzw. skizzieren Sie die Mauerwerkskörper ⑤ und ⑧ in der Vorder- und Seitenansicht, von rechts (siehe Seite 103) u. ⑤ auch in der Isometrie (siehe Seite 104), jeweils 6 Mauerschichten.

Name	Klasse	Blatt-Nr.		Geprüft	Note

Aufgabe: Skizzieren Sie den Mauerverband in zwei Schichten. Die Fugen sollen nur als einfache Linie dargestellt werden.

Maßstab: ⊞ } = 1 Achtelmeter

Anstelle der angegebenen Steinformate können jeweils auch andere Formate gewählt werden!

① 2 DF

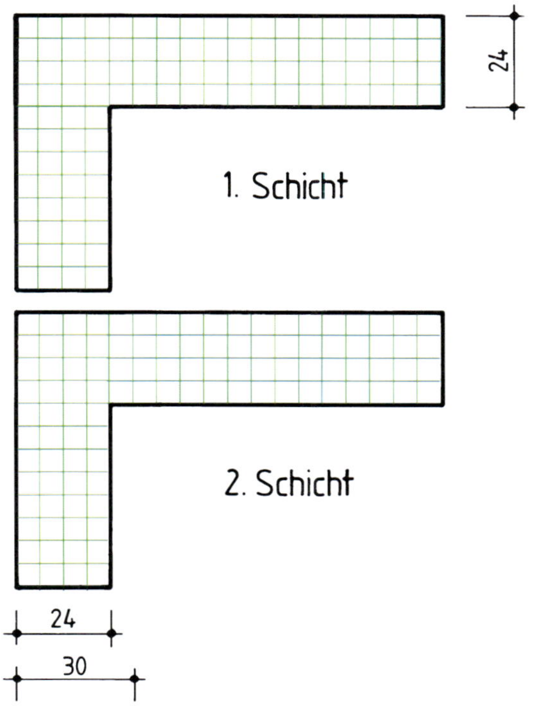

② 3 DF + 2 DF

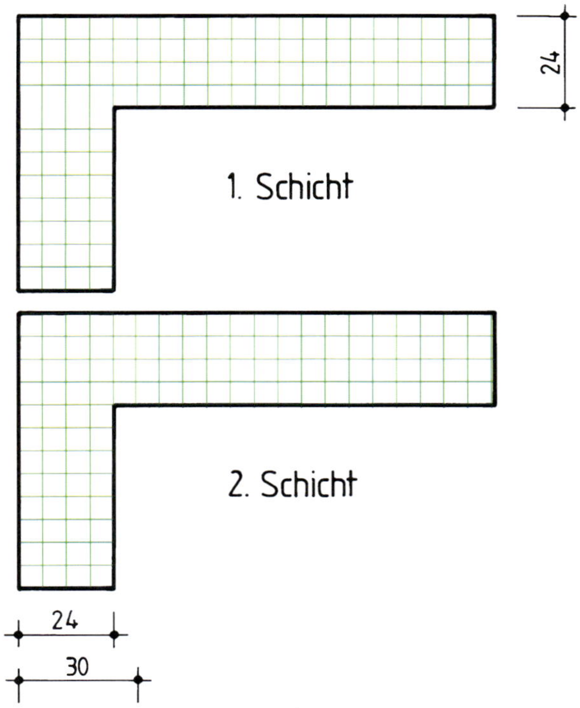

③ 3 DF + 2 DF

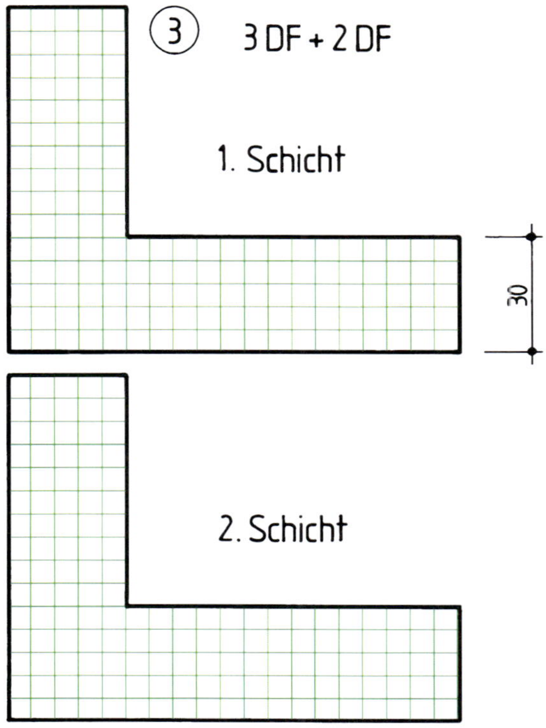

④ 5 DF = 24/30/11³

Ergänz.-Formate
3 DF + 2 DF

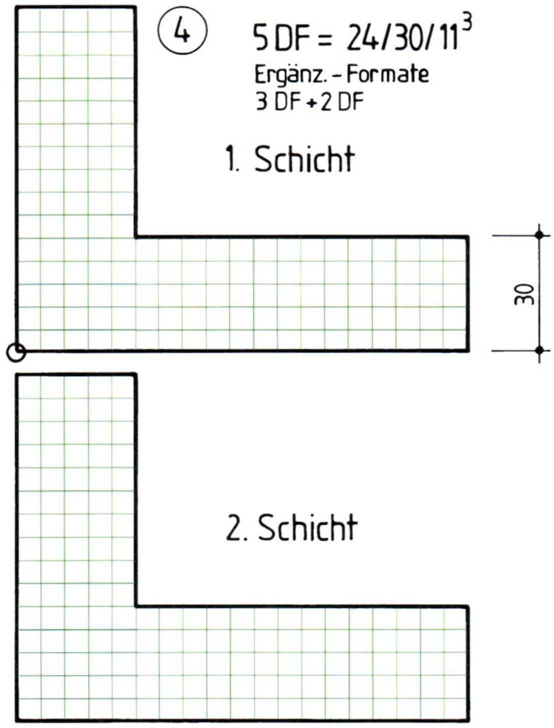

Aufgabe: Zeichnen bzw. skizzieren Sie den Mauerwerkskörper ④ in der Vorder- und Seitenansicht von rechts (siehe Seite 103) und in der Isometrie (siehe Seite 104), jeweils 6 Mauerschichten.

Name	Klasse	Blatt-Nr.		Geprüft	Note

(5) 2 DF (DF, NF)

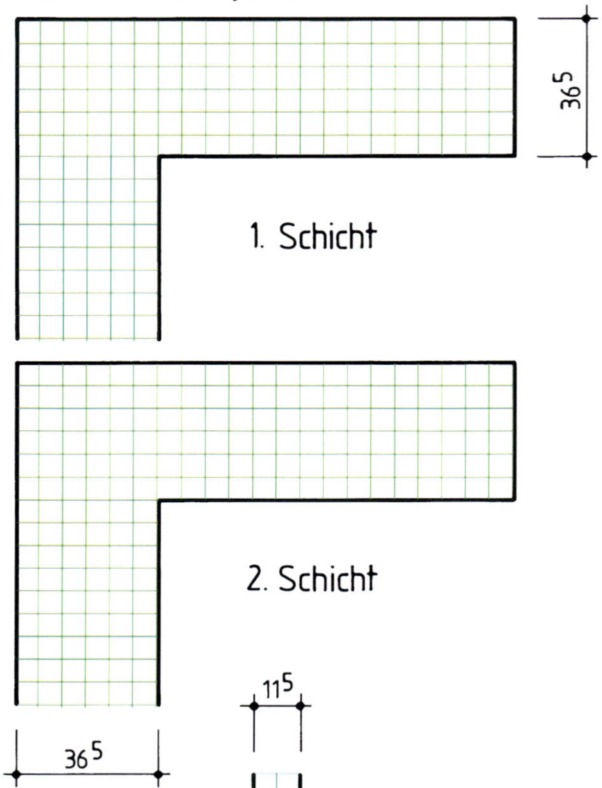

(6)

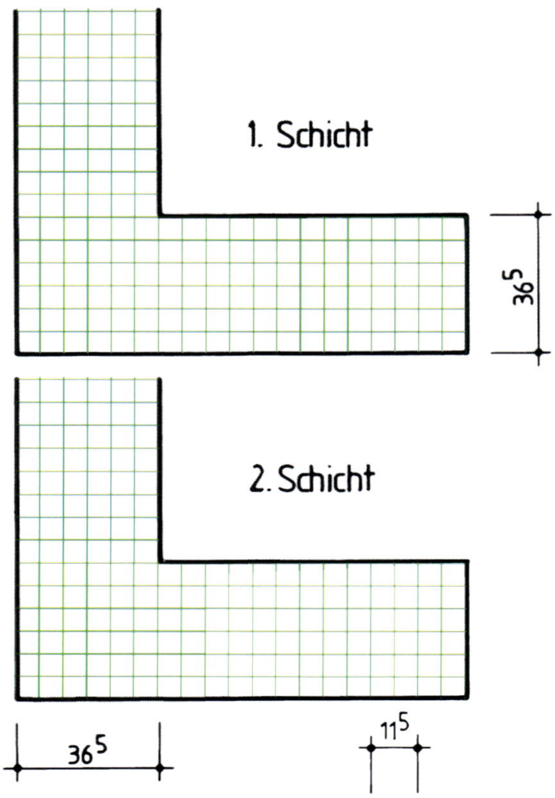

(7)

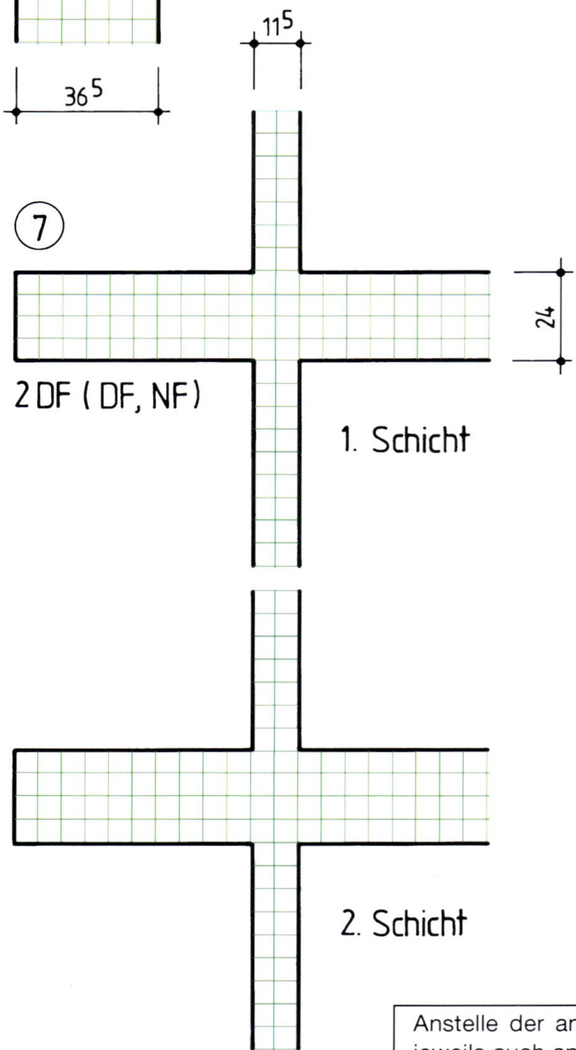

(8) 3 DF + 2 DF

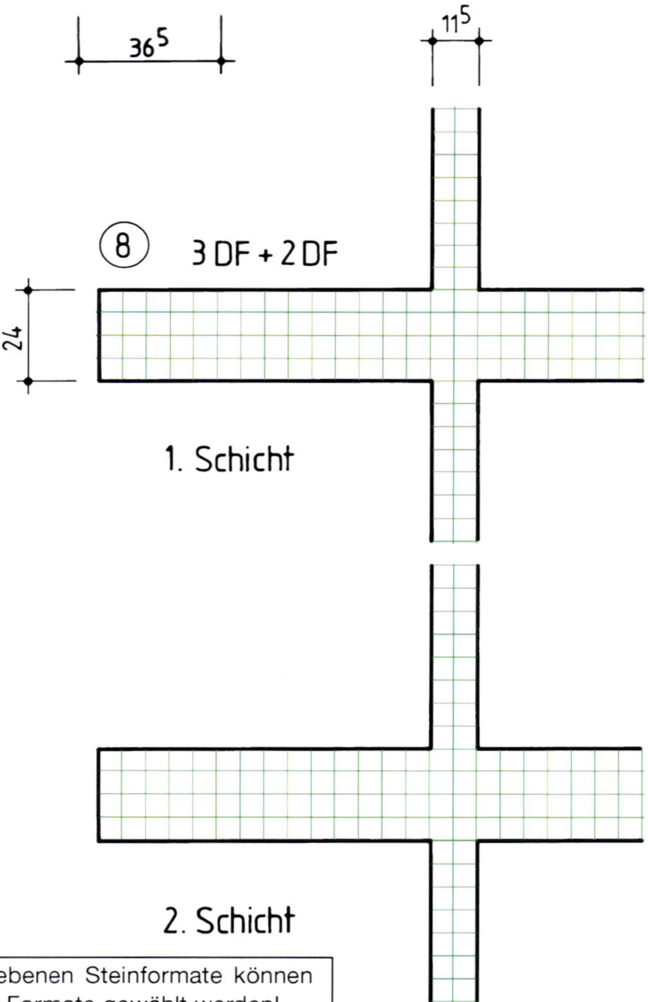

Anstelle der angegebenen Steinformate können jeweils auch andere Formate gewählt werden!

Name	Klasse	Blatt-Nr.		Geprüft	Note

⑨

$5\,DF = 24/30/11^3$

Ergänz.-Formate
3 DF + 2 DF

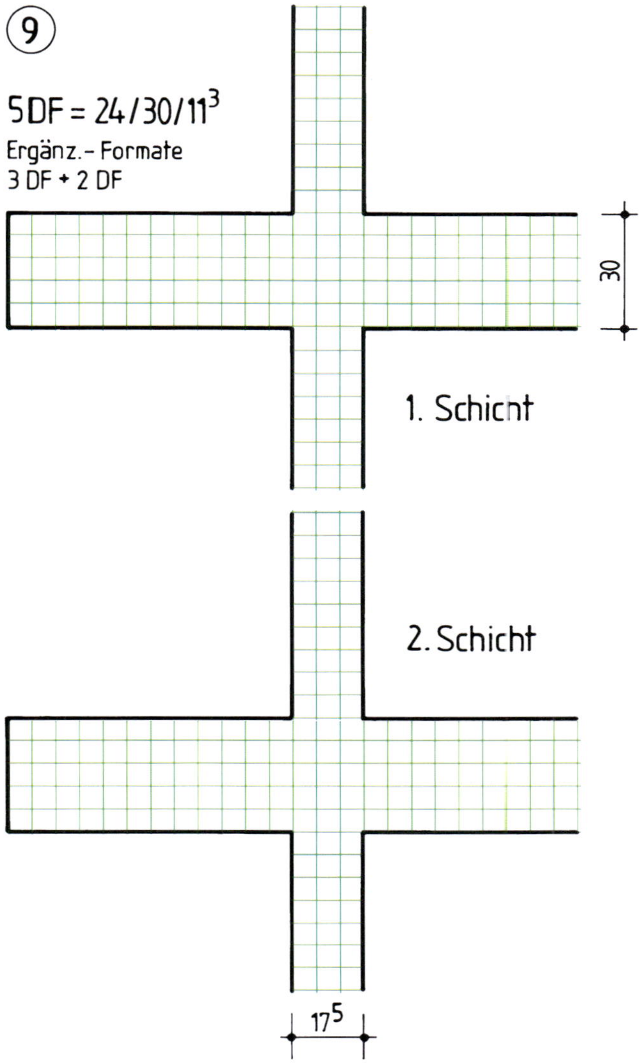

⑩

3 DF + 2 DF

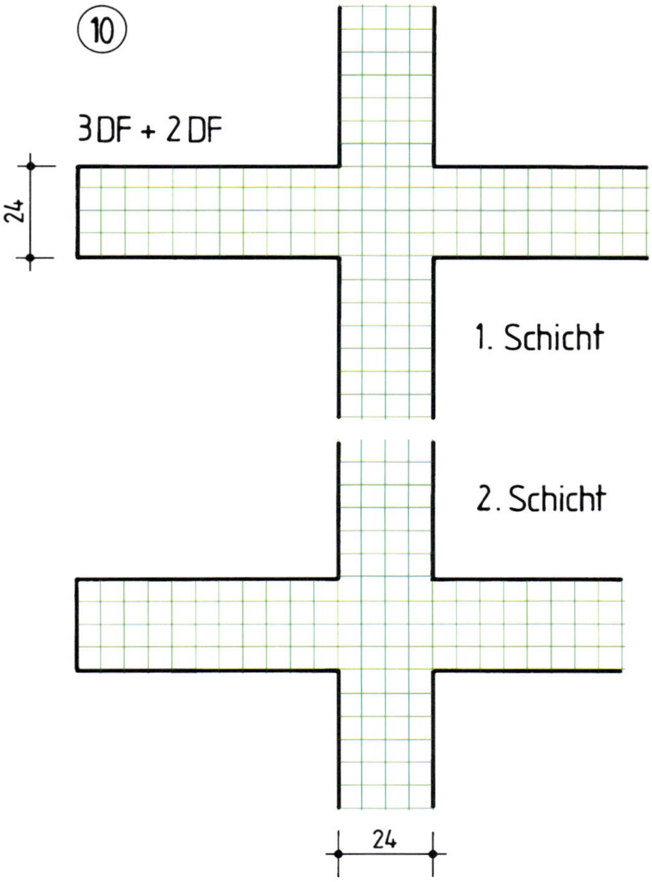

⑪

3 DF + 2 DF

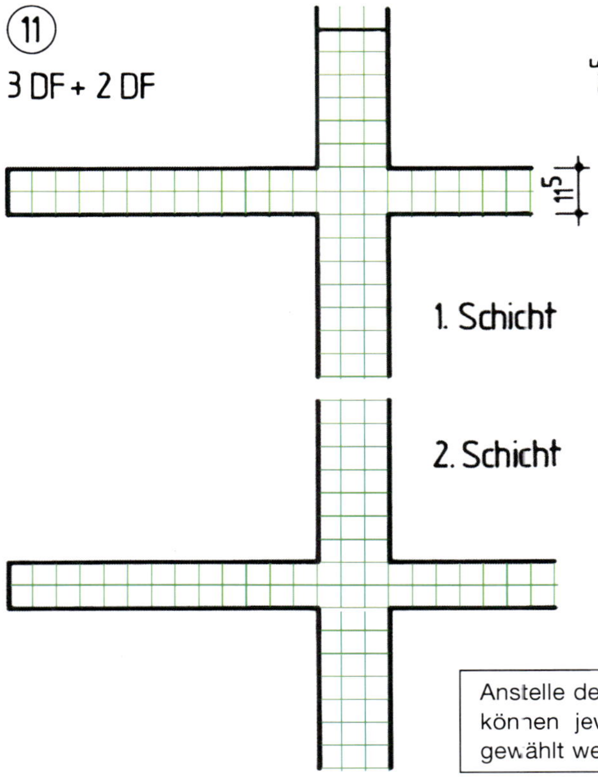

⑫

$6\,DF = 24/36^5/11^3$

Ergänz. - Formate
3 DF + 2 DF

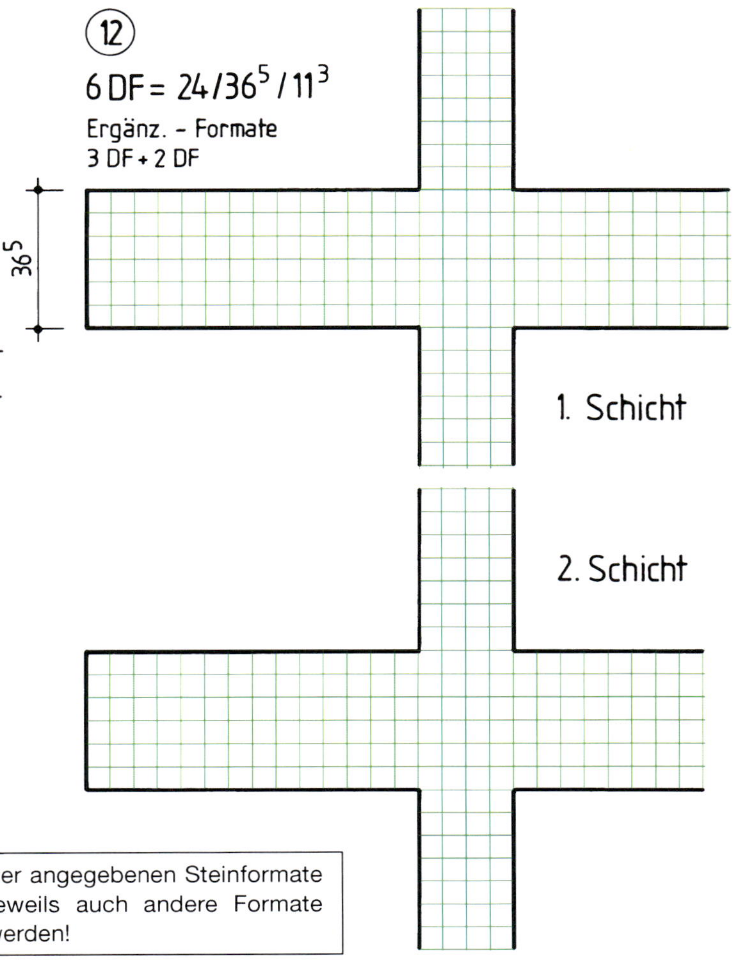

Anstelle der angegebenen Steinformate können jeweils auch andere Formate gewählt werden!

Name	Klasse	Blatt-Nr.		Geprüft	Note

Aufgabe: Skizzieren Sie den Mauerverband in zwei Schichten. Die Fugen sollen nur als einfache Linie dargestellt werden.

Maßstab: } = 1 Achtelmeter

Anstelle der angegebenen Steinformate können jeweils auch andere Formate gewählt werden!

① 2 DF (DF, NF)

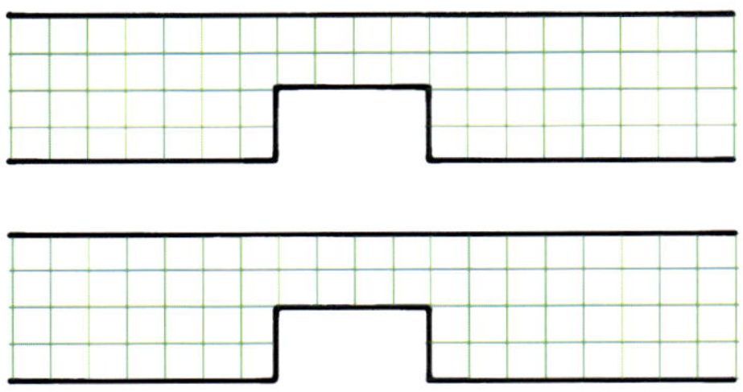

② 3 DF + 2 DF

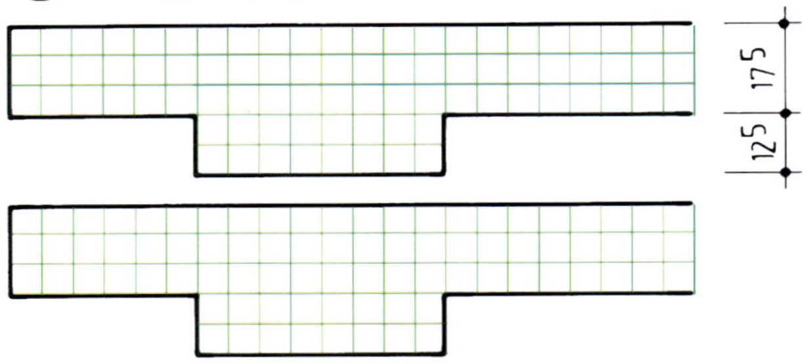

③ 3 DF + 2 DF

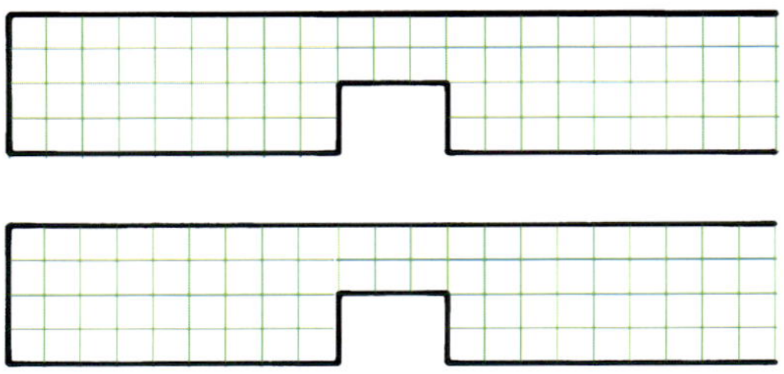

④ 2 DF (DF, NF)

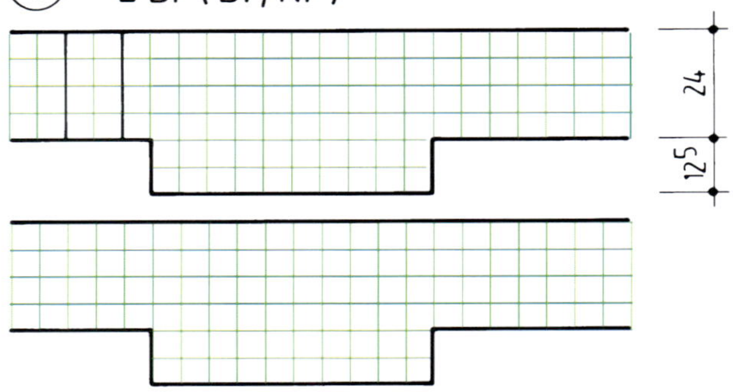

⑤ 6 DF + 2 DF

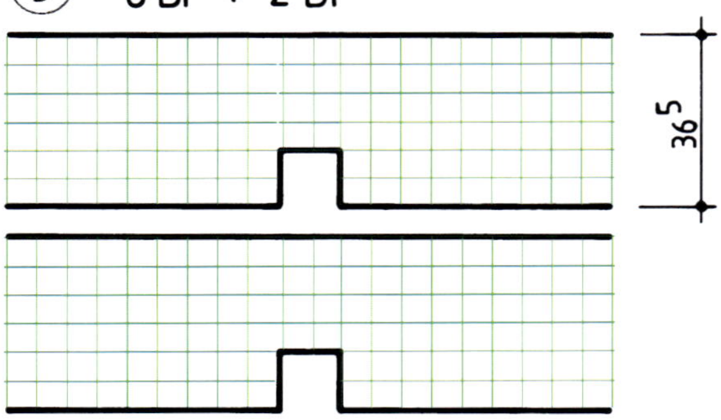

⑥ 3 DF + 2 DF

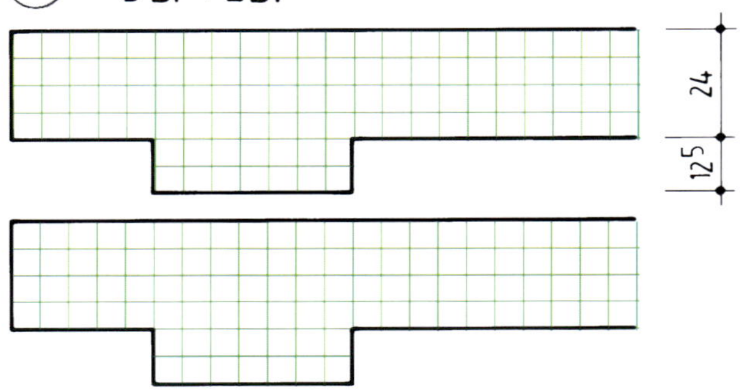

⑦ 2 DF (DF, NF)

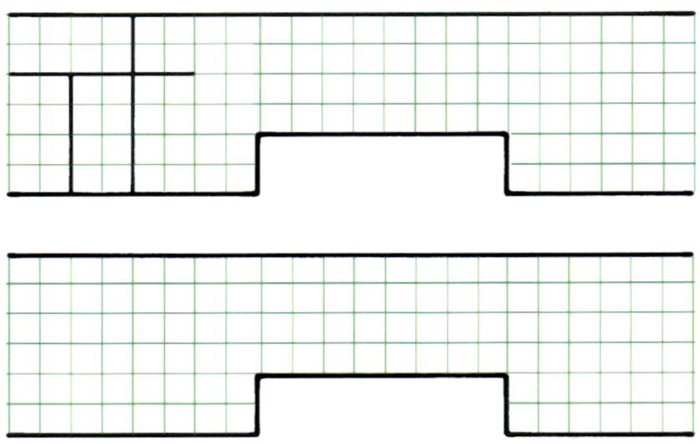

⑧ 6 DF + 3 DF + 2 DF

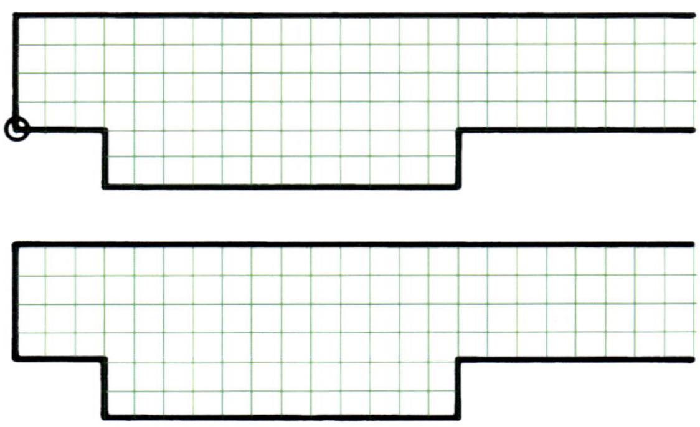

Aufgabe: Zeichnen bzw. skizzieren Sie die Mauerwerkskörper ⑦ und ⑧ in der Vorder- und Seitenansicht von rechts (siehe Seite 103) und ⑧ auch in der Isometrie (siehe Seite 104), jeweils 6 Mauerschichten.

Name	Klasse	Blatt-Nr.		Geprüft	Note

Aufgaben zu den Seiten 98, 99 und 102: Zeichnen oder skizzieren Sie die angegebenen Mauerwerkskörper in Vorder- und Seitenansicht von rechts (bzw. Schnitt), jeweils 6 Schichten im Mauerverband.

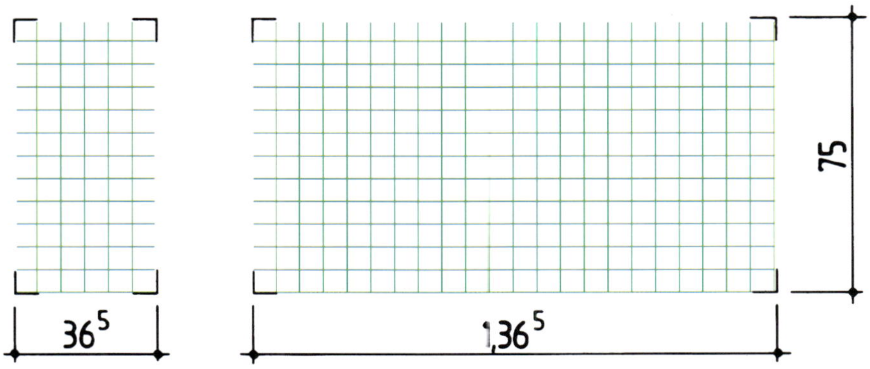

Seite 98 (5) mit 2 DF

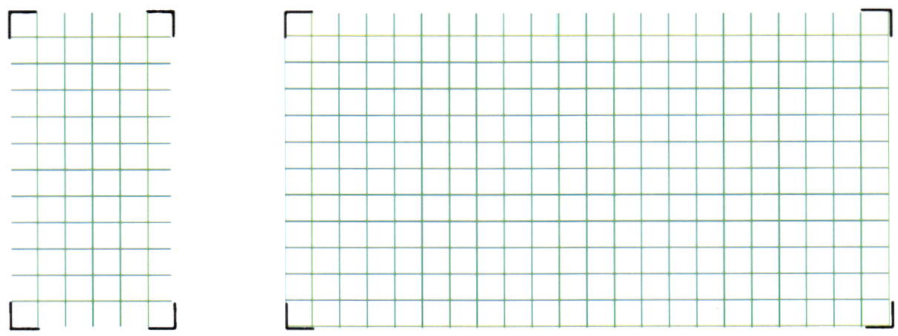

Seite 98 (8)

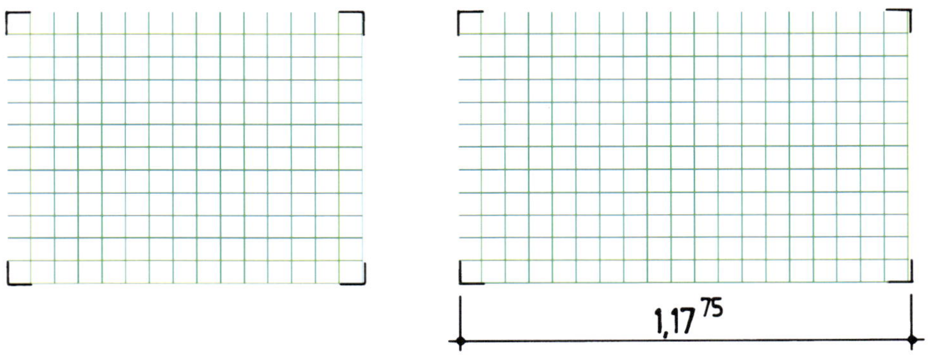

Seite 99 (4)

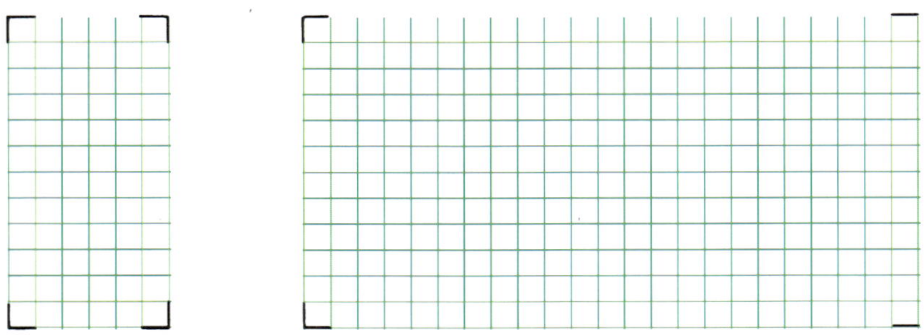

Seite 102 (8)

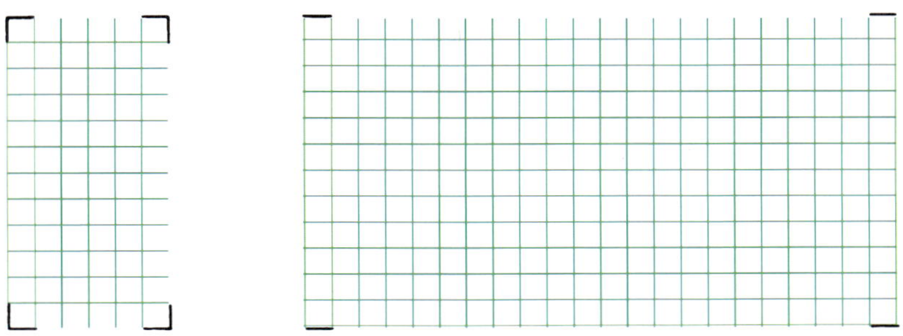

Seite 102 (7)

Name	Klasse	Blatt-Nr.		Geprüft	Note

Lernfeld 3	Mauern einschaliger Baukörper (aus klein- u. mittelformatigen Steinen)	Mauerwerkskörper in isometrischer Darstellung

Aufgaben zu den Seiten 98, 99 und 102: Zeichnen oder skizzieren Sie die angegebenen Mauerwerkskörper in isometrischer Darstellung, jeweils 6 Schichten im Mauerverband.

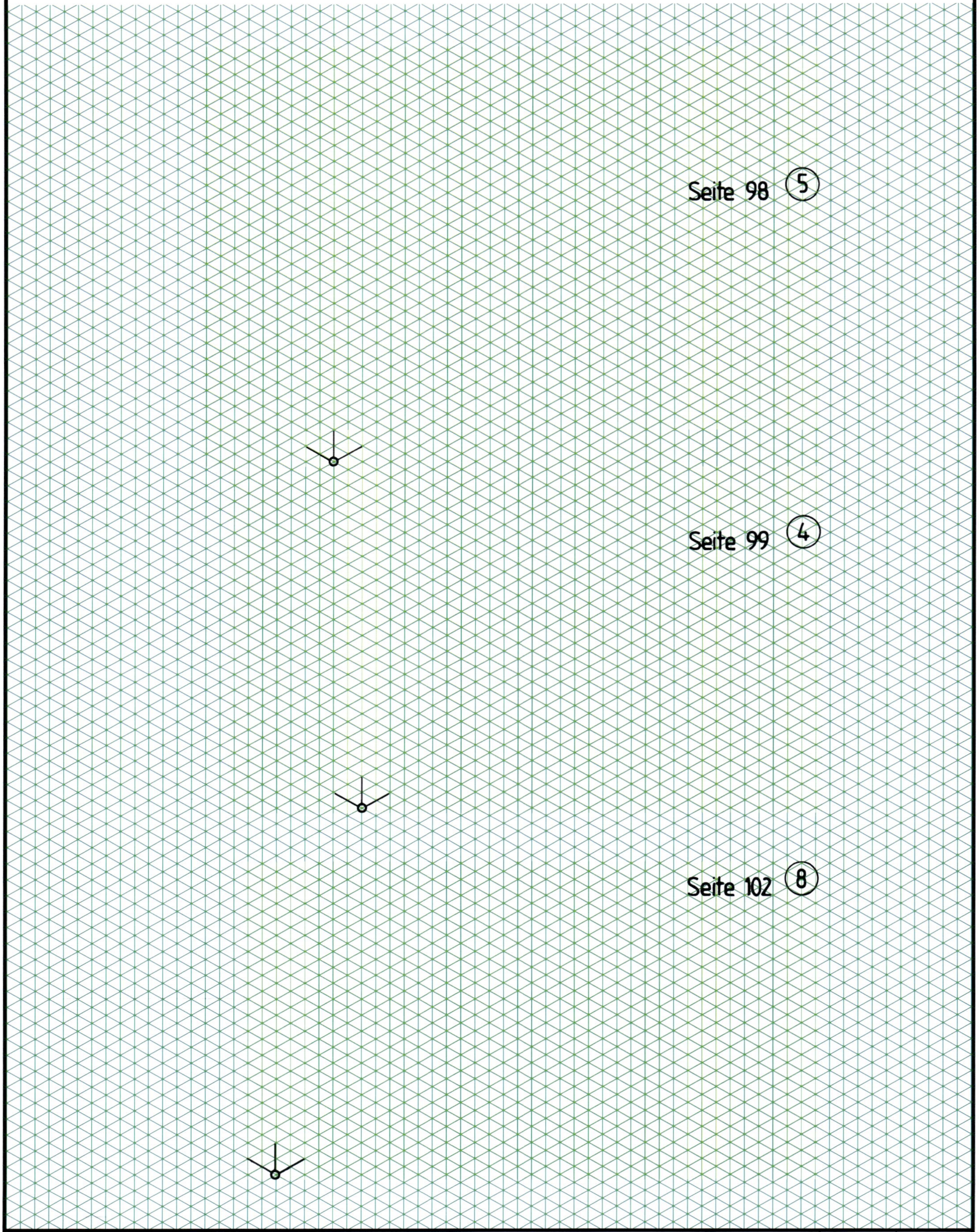

Name	Klasse	Blatt-Nr.	Geprüft	Note

Aufgabe: Skizzieren Sie den Mauerverband in zwei Schichten. Die Fugen sollen nur als einfache Linie dargestellt werden.

Maßstab: ⊞ } = 1 Achtelmeter

Anstelle der angegebenen Steinformate können jeweils auch andere Formate gewählt werden!

(1) 2 DF (DF, NF)

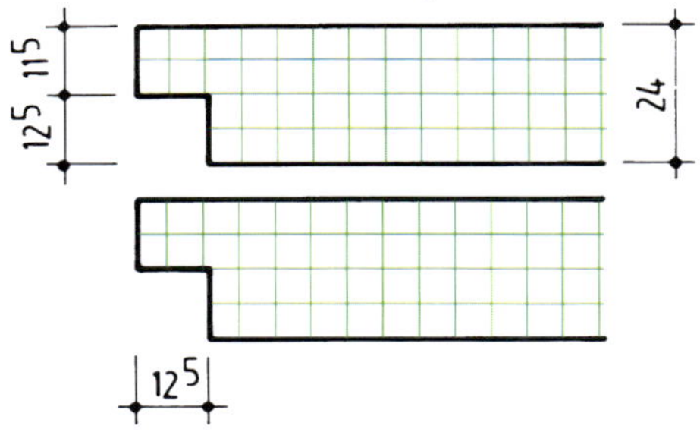

(2) 2 DF (DF, NF)

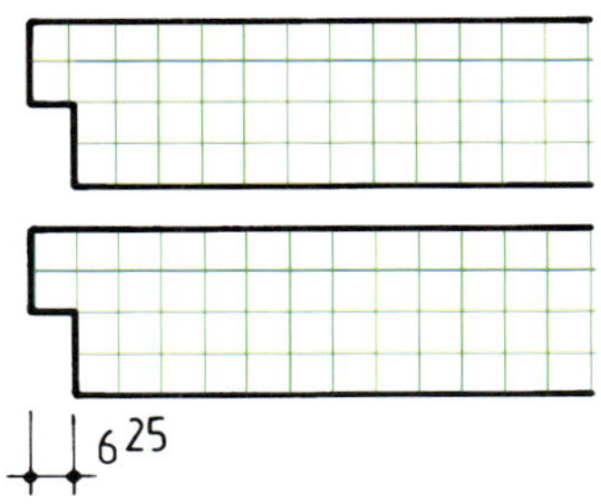

(3) 3 DF + 2 DF als Ergänzungsstein

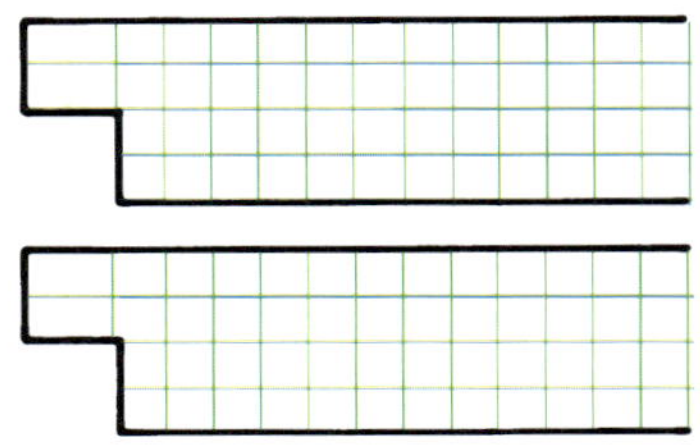

(4) 3 DF + 2 DF als Ergänzungsstein

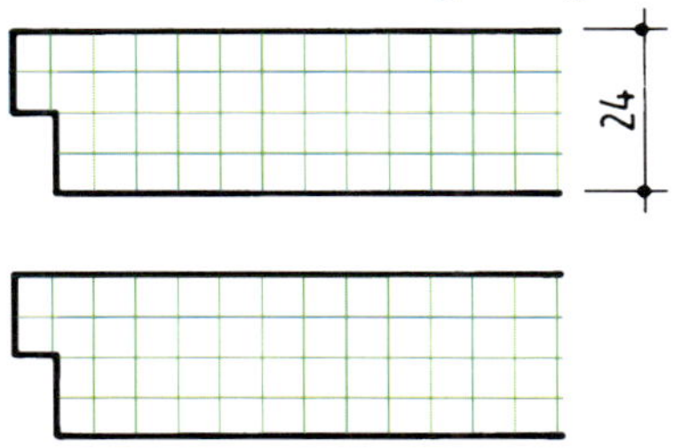

(5) 3 DF + 2 DF

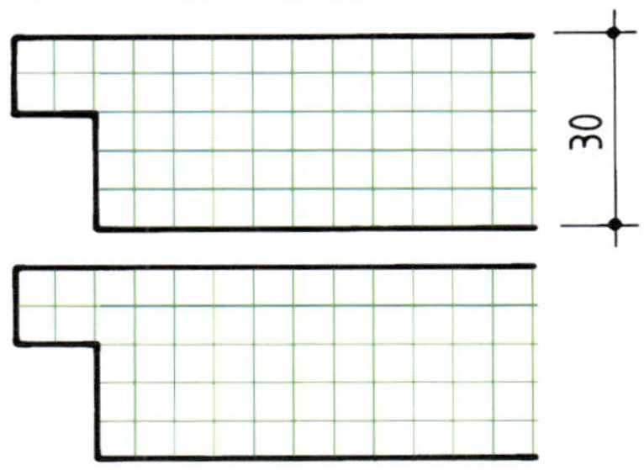

(6) 3 DF + 2 DF

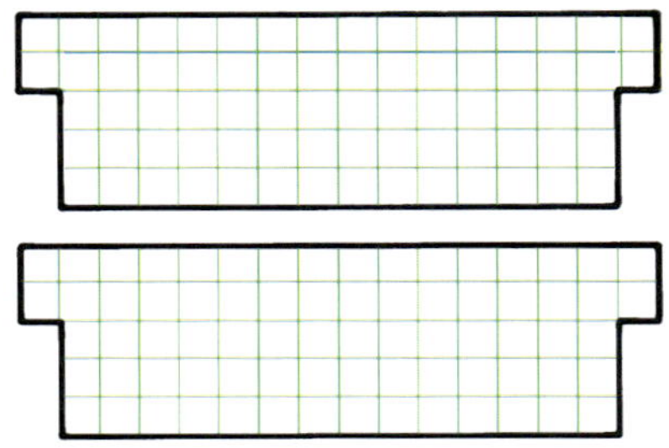

(7) 2 DF (DF, NF)

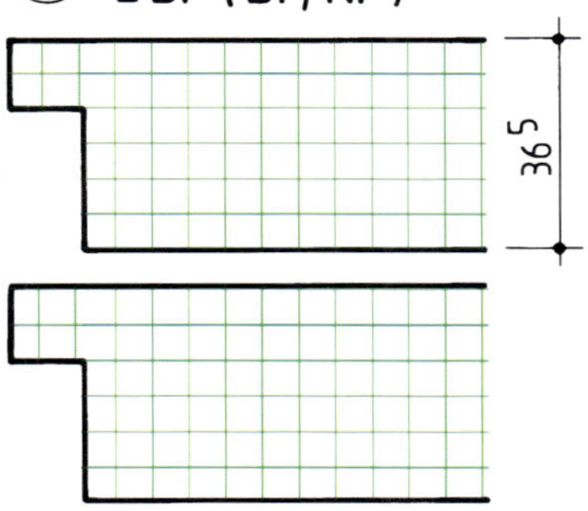

(8) 2 DF (DF, NF)

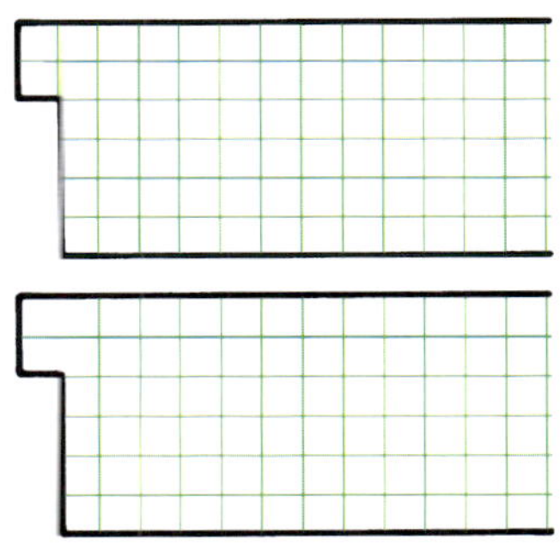

(9) 6 DF + 2 DF

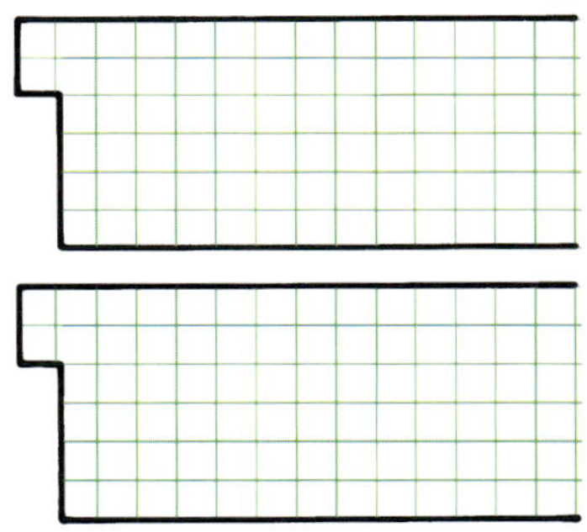

(10) 2 DF (DF, NF)

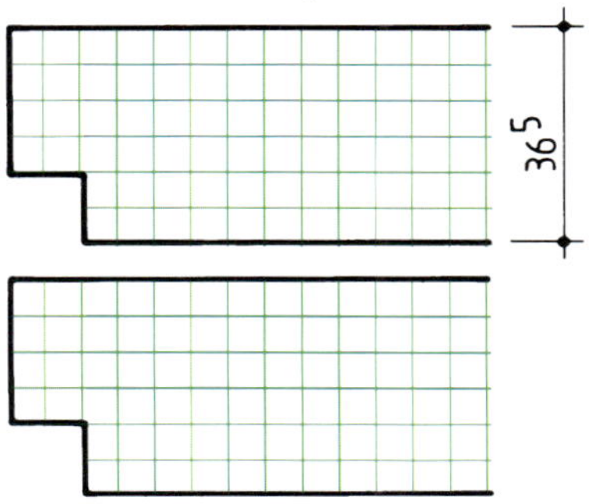

(11) 6 DF + 2 DF (3DF)

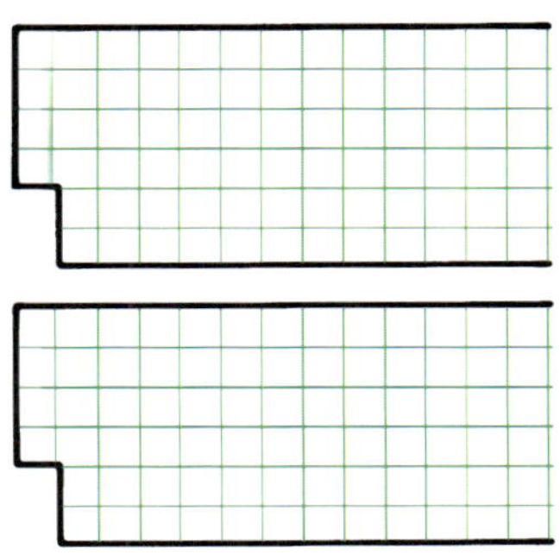

(12) 6 DF + 2 DF

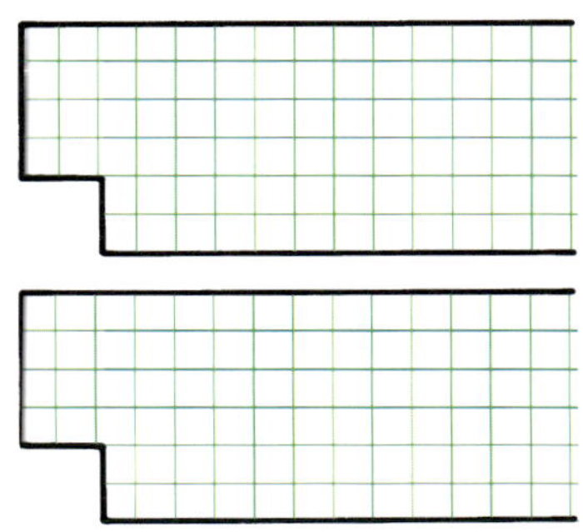

Name	Klasse	Blatt-Nr.		Geprüft	Note

(13) Steinformate: **5 DF + 3 DF + 2 DF**

Anstelle der angegebenen Steinformate können jeweils auch andere Formate gewählt werden!

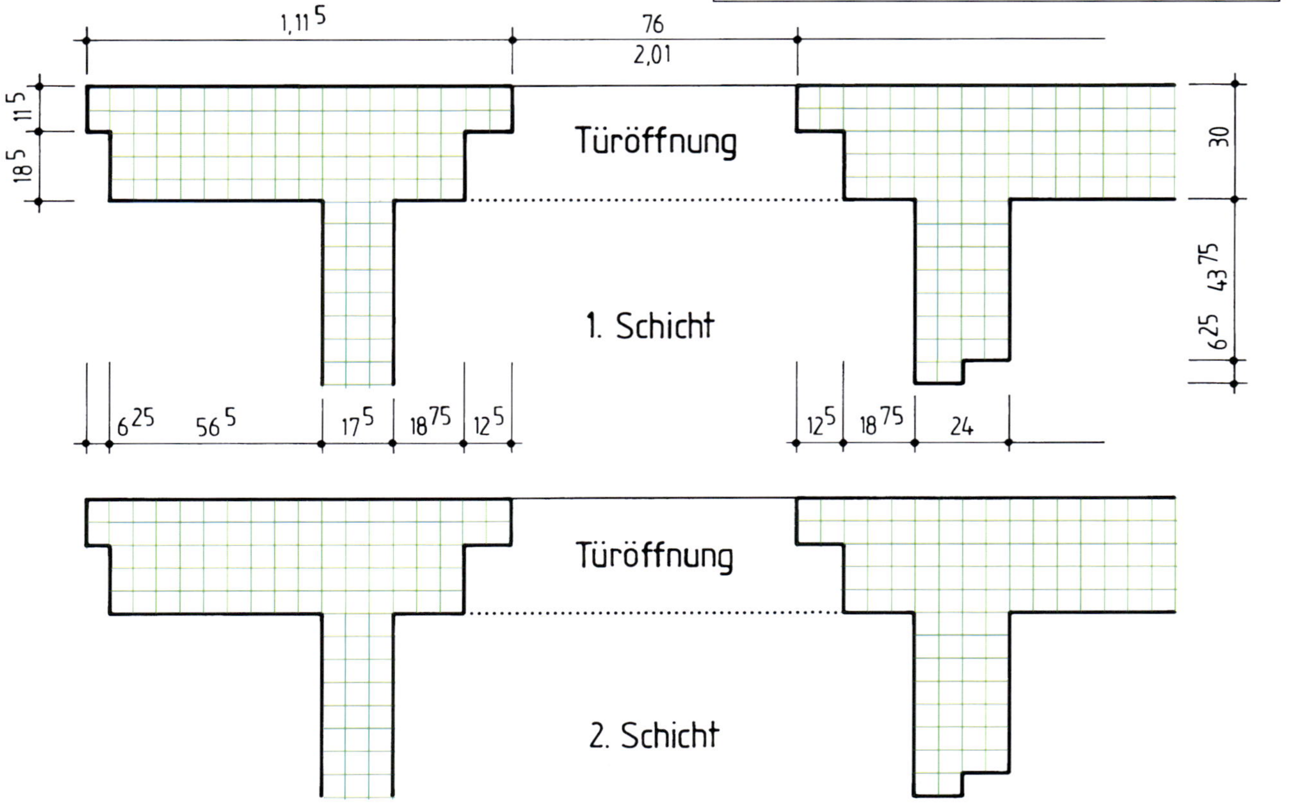

(14) Steinformate: **6 DF + 3 DF + 2 DF**

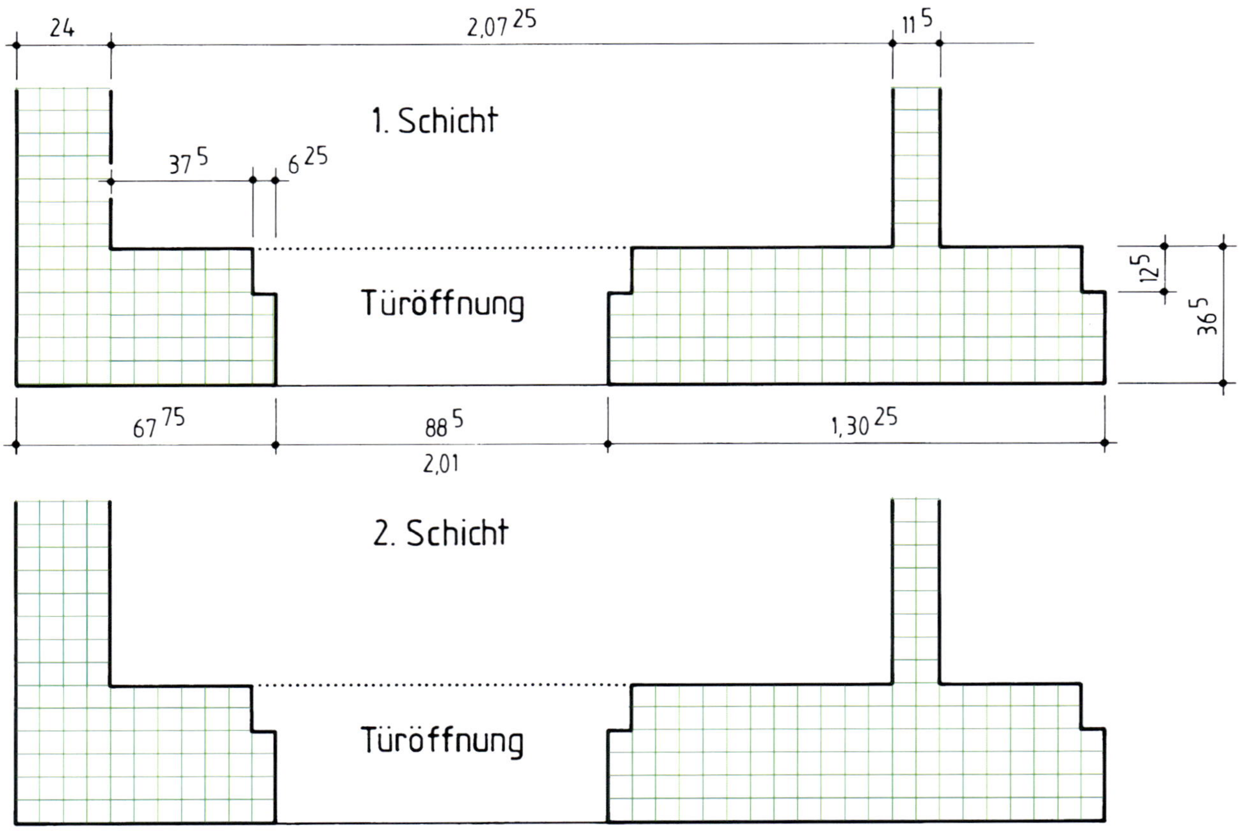

Name	Klasse	Blatt-Nr.		Geprüft	Note

Vergleich: Ⓐ **Verbandgerechte Einbindungen**
Ⓑ **Stumpfstoßtechnik mit Flachankern**

Anstelle der angegebenen Steinformate können jeweils auch andere Formate gewählt werden!

Ⓐ

1. Schicht

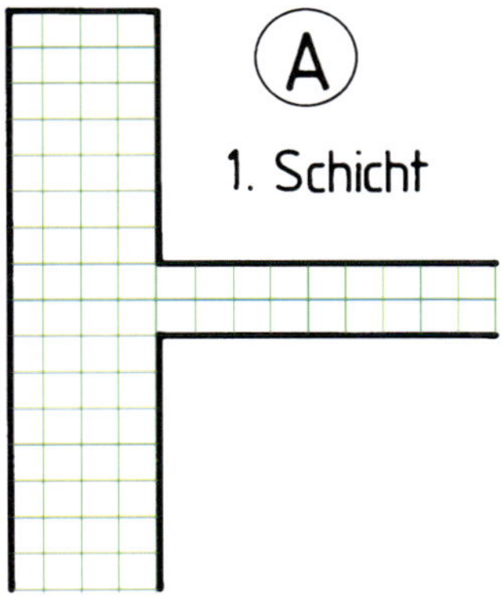

2. Schicht

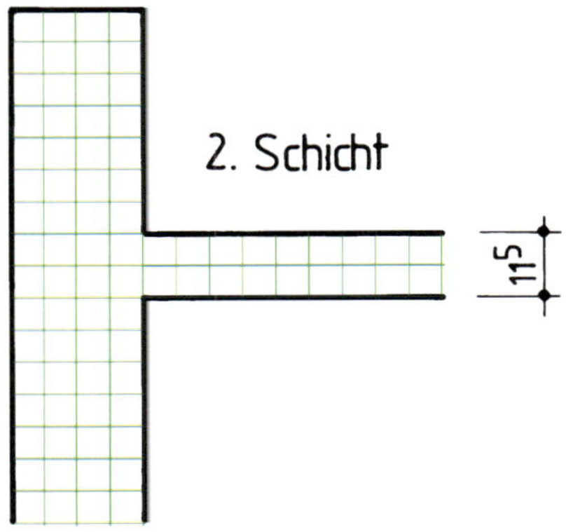

Steinformate:

3 DF 2 DF

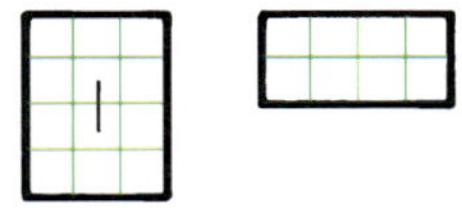

Ⓑ

1. Schicht

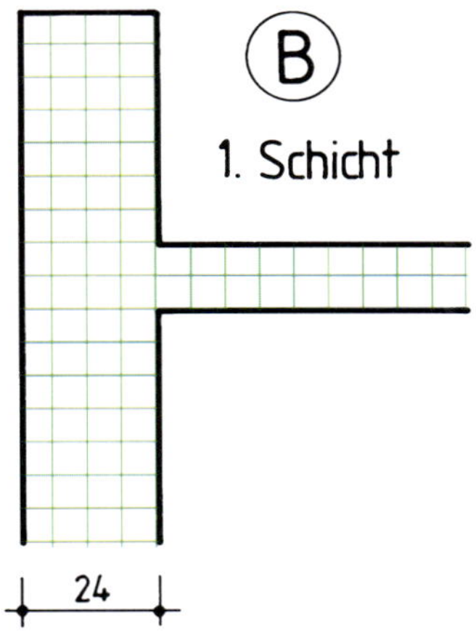

2. Schicht

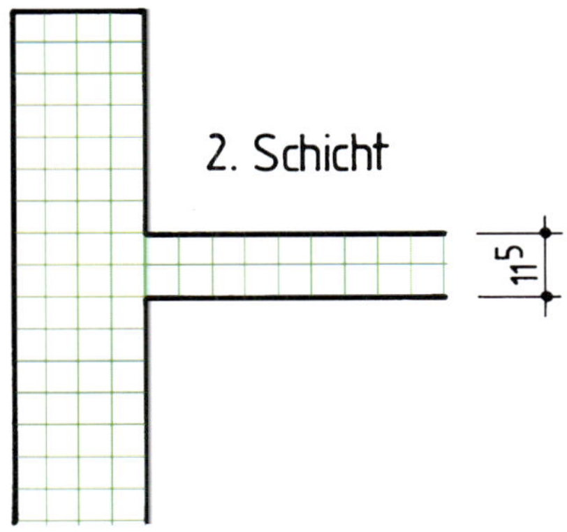

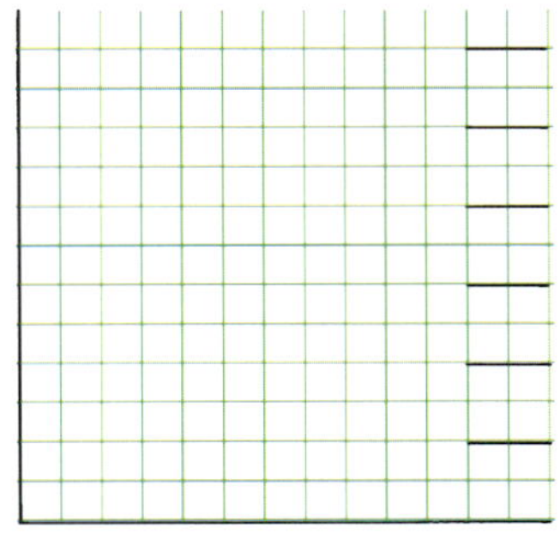

Ansicht △ (6 Schichten)

Ⓐ

1. Schicht

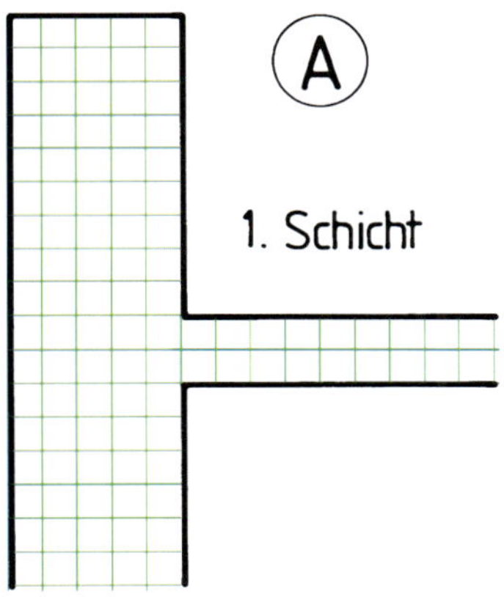

2. Schicht:

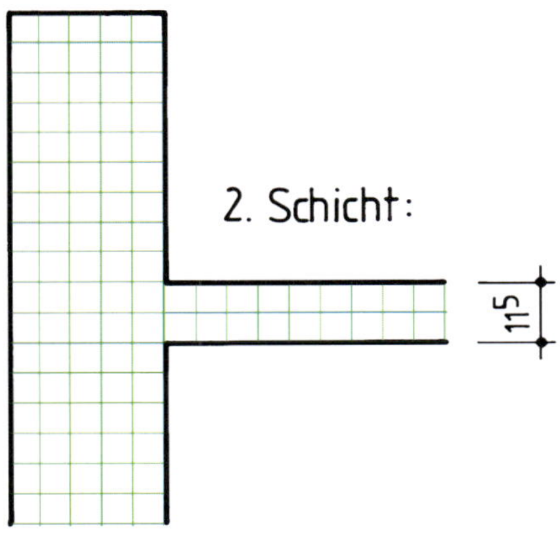

Steinformate:

3 DF 2 DF

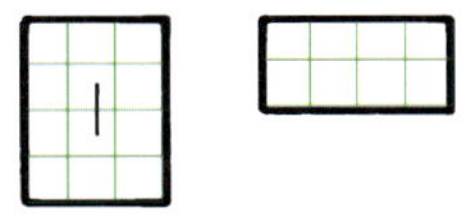

Ⓑ

1. Schicht

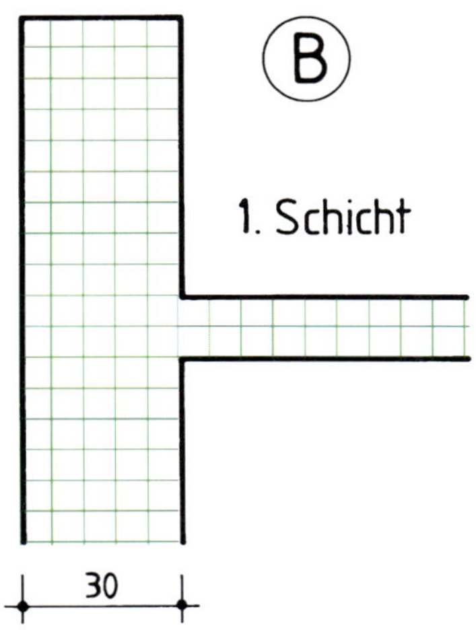

2. Schicht:

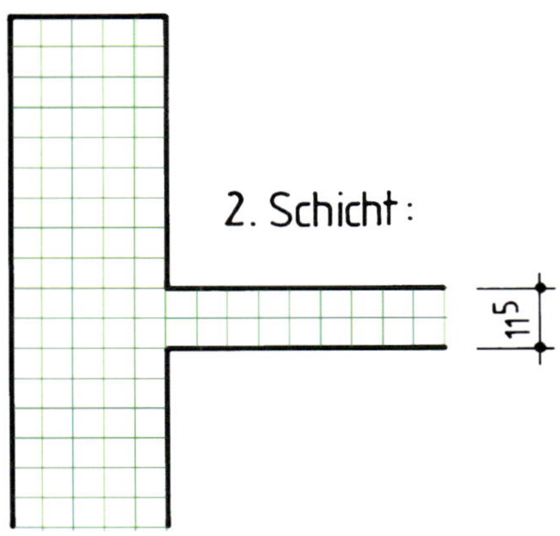

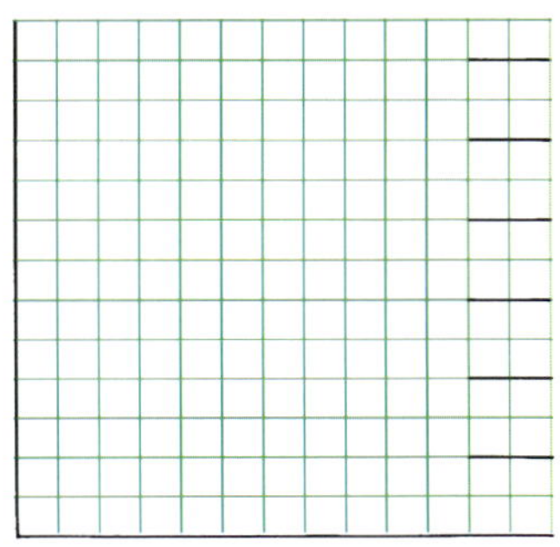

Ansicht △ (6 Schichten)

Name	Klasse	Blatt-Nr.		Geprüft	Note

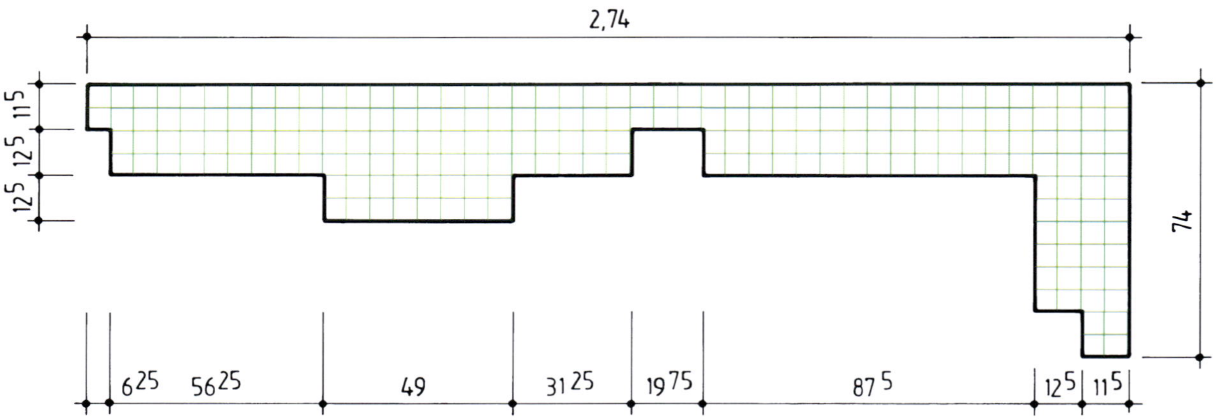

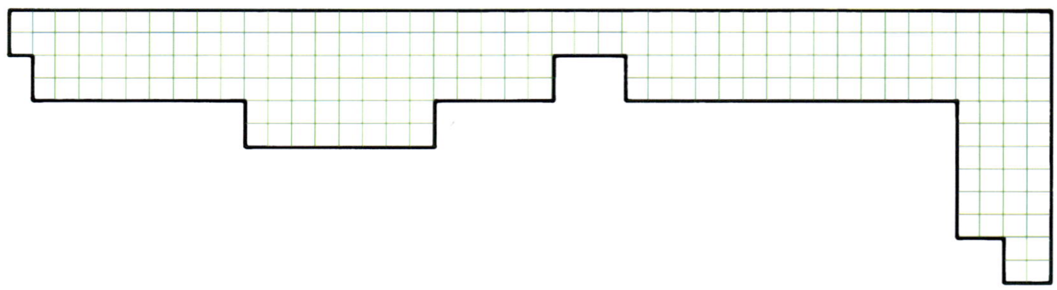

① Stein - formate:

2 DF (NF, DF)

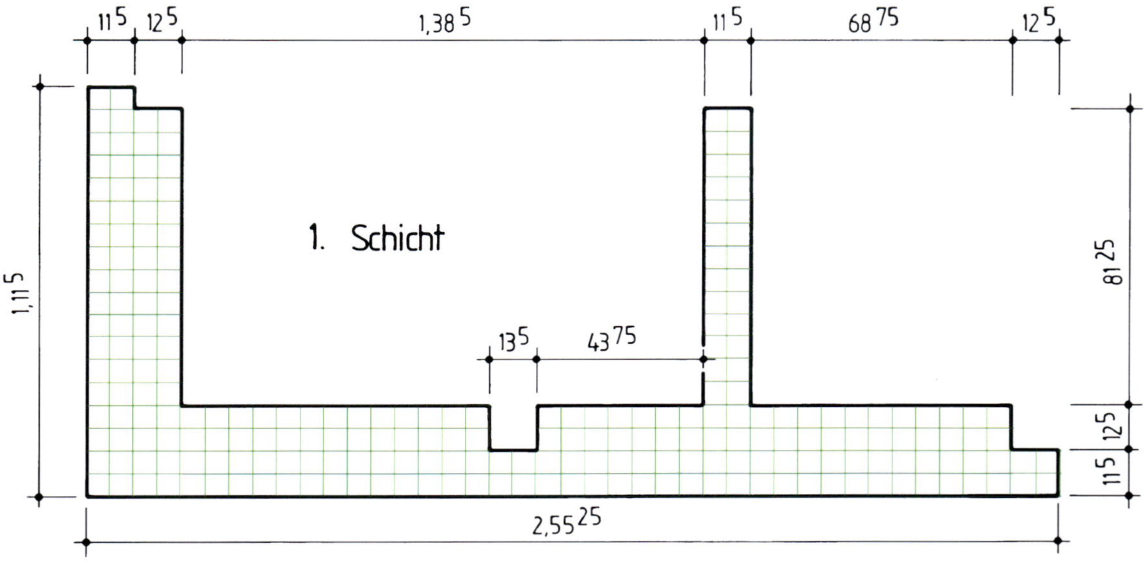

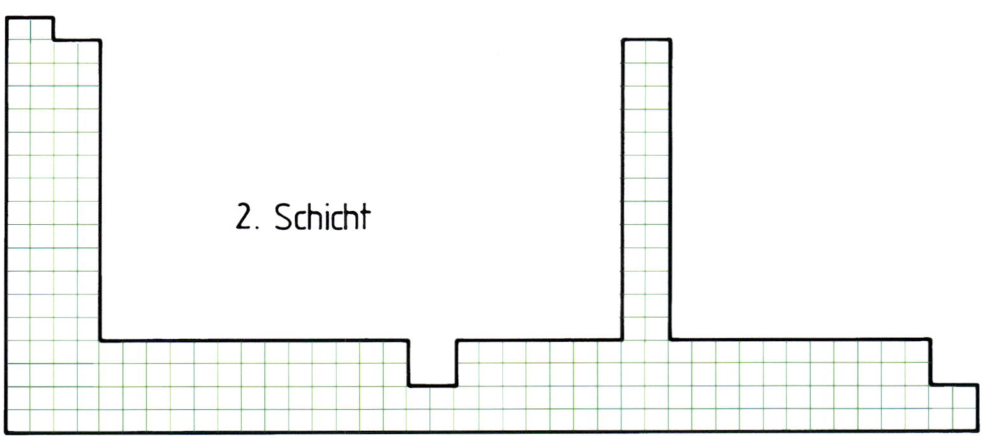

② Steinformate:

3 DF + 2 DF

Anstelle der angegebenen Steinformate können jeweils auch andere Formate gewählt werden!

Name	Klasse	Blatt-Nr.		Geprüft	Note

Aufgabe: Tragen Sie zu den Längenmaßen des Mauerwerks die entsprechenden AM (Achtelmeter) in die vorgegebenen Klammern ein.

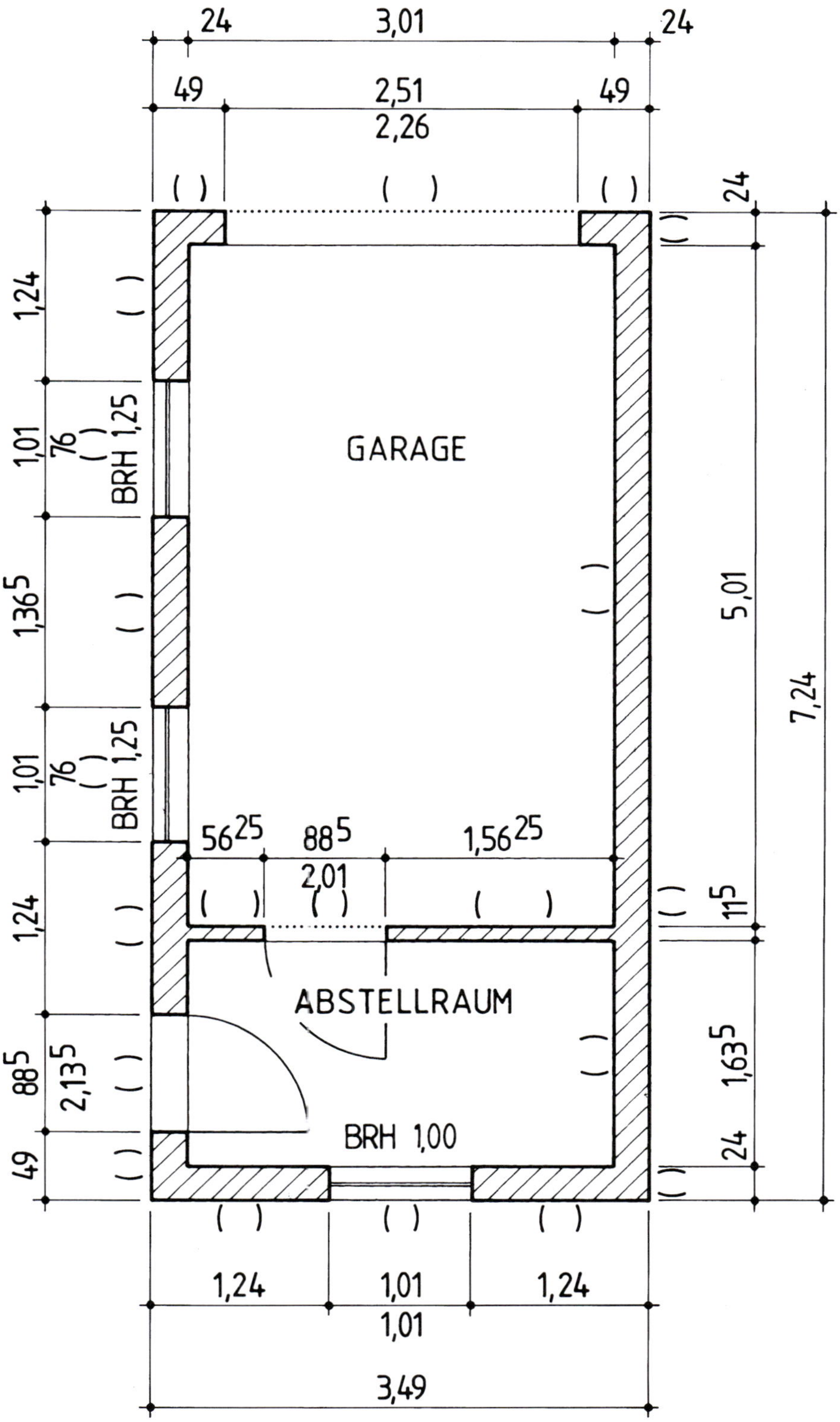

Name	Klasse	Blatt-Nr.		Geprüft	Note

Projekt: Kioskgebäude

Aufgabe:
Zeichnen oder skizzieren Sie den Mauerverband in zwei Schichten mit den angegebenen Steinformaten. Die Fugen sollen nur als einfache Linien dargestellt werden.

Maßstab:

} = 1 Achtelmeter

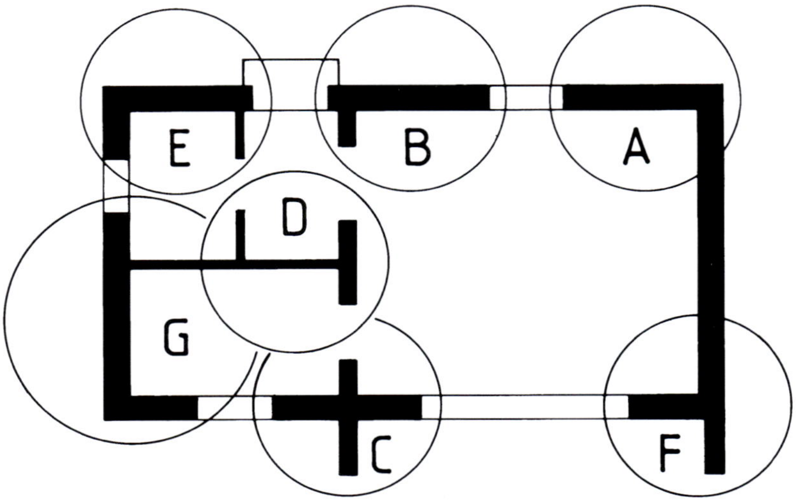

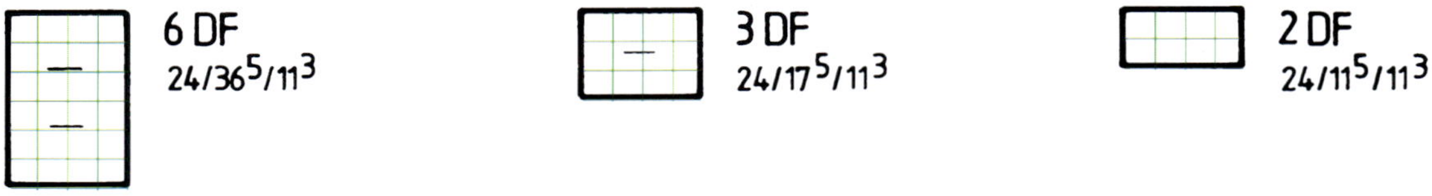

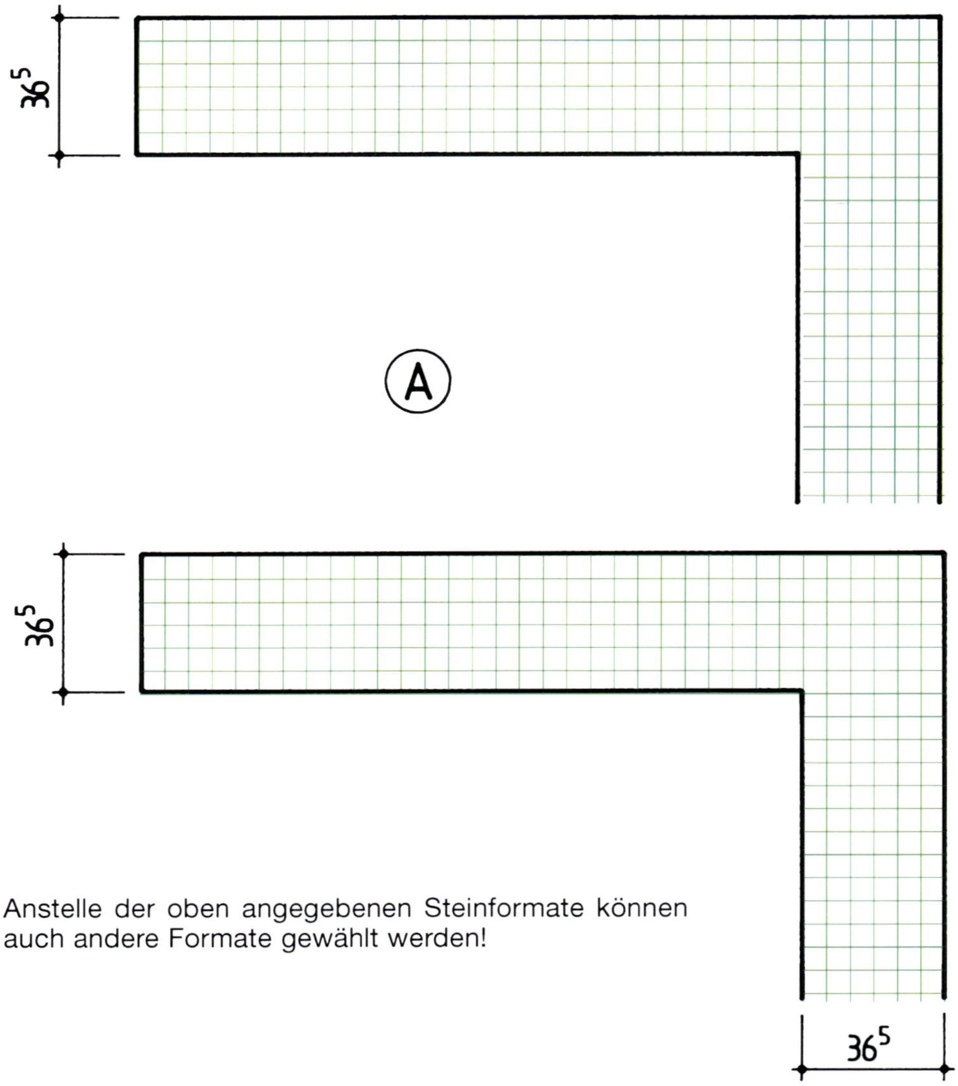

Anmerkung: Anstelle der oben angegebenen Steinformate können auch andere Formate gewählt werden!

Name	Klasse	Blatt-Nr.		Geprüft	Note

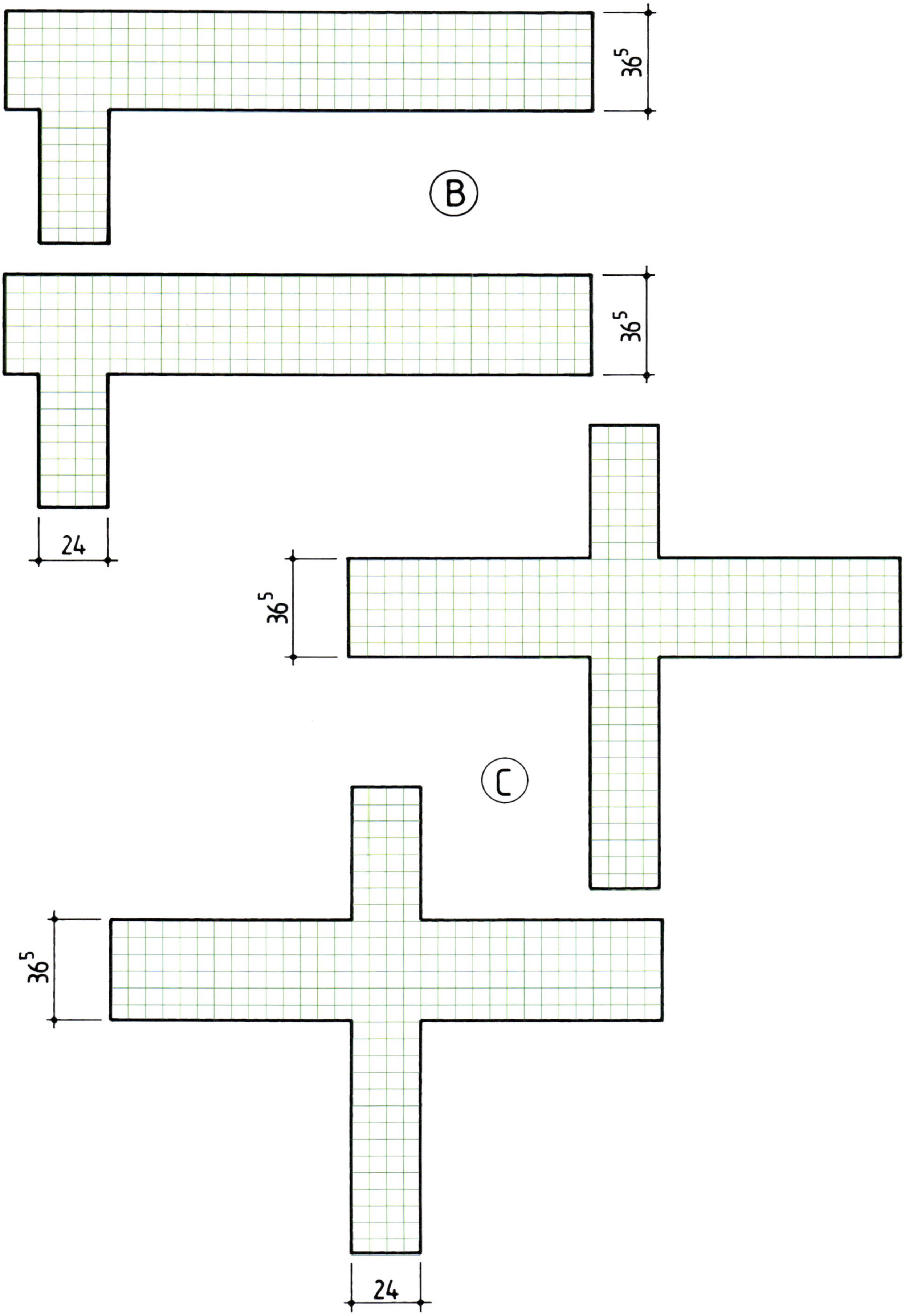

Name	Klasse	Blatt-Nr.		Geprüft	Note

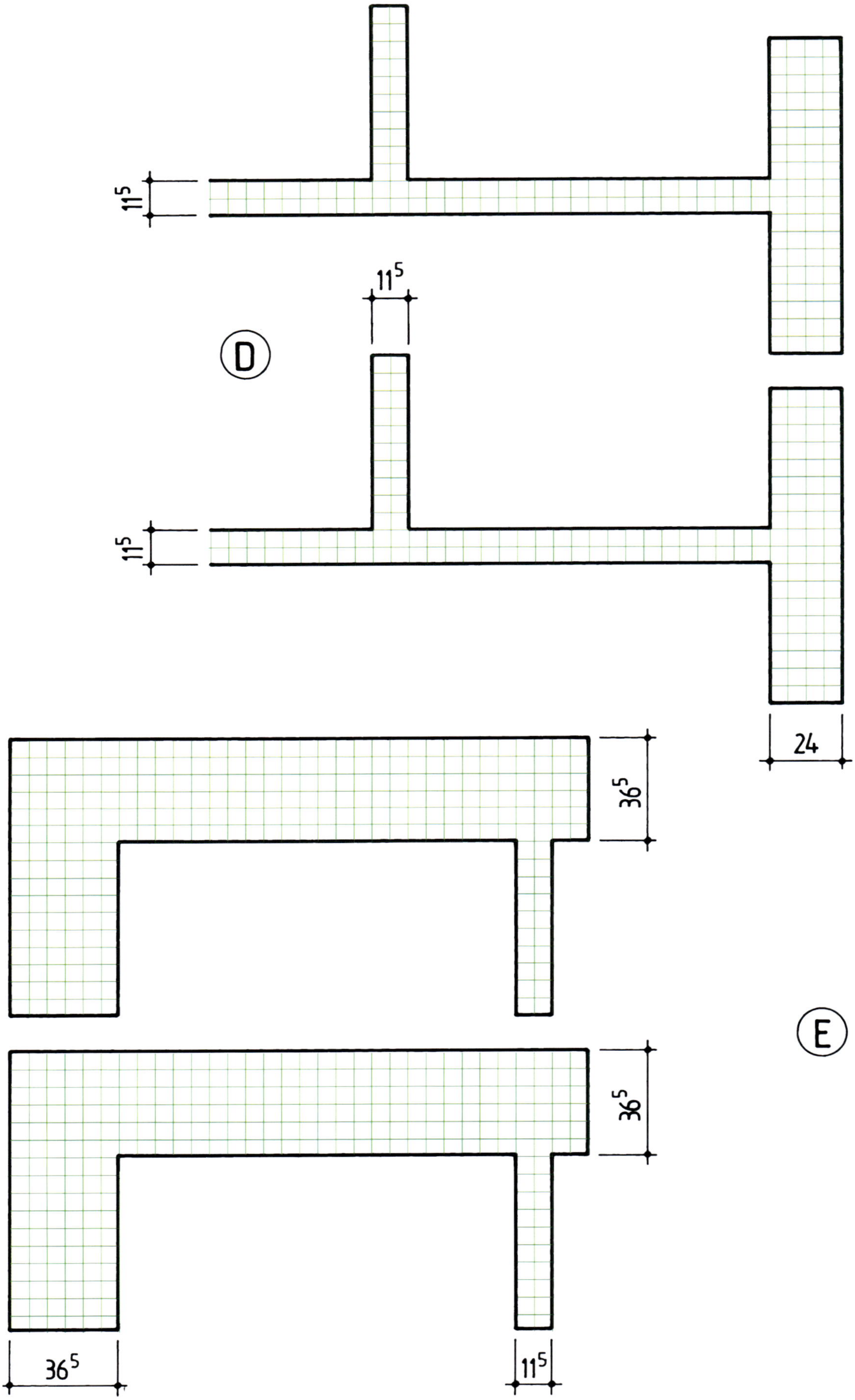

Name	Klasse	Blatt-Nr.		Geprüft	Note

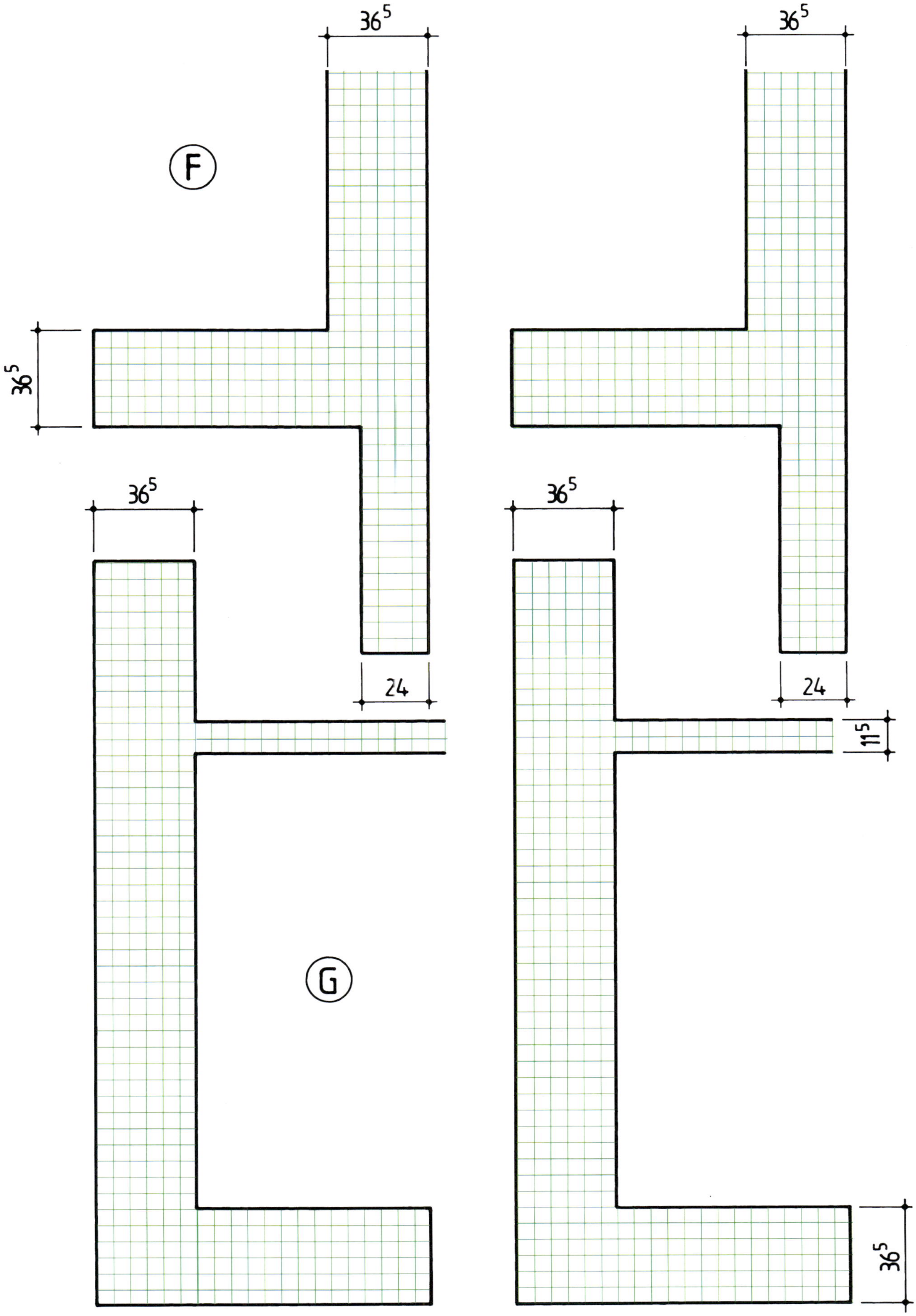

Name	Klasse	Blatt-Nr.		Geprüft	Note

Lernfeld 4	Herstellen eines Stahlbetonbauteiles	Stahlbetonstütze (Schalung)

Die Stütze an der Südwest-Ecke des Kioskgebäudes soll aus Stahlbeton hergestellt werden.

Auftrag (Handlungsziel): Herstellen der Stützenschalung

Planung (Handlungsvoraussetzungen, Hilfsmittel):

- **fachtheoretisch:** Informationen über die Anforderungen an eine Schalung, Schalungsteile, wirksame Kräfte, Befestigungs- und Stabilisierungsmittel
- **zeichnerisch:** Schalungsplan M 1:10
- **rechnerisch:** Materialbedarf (Holzliste)
- **fachpraktisch:** Einrichten des Arbeitsplatzes, Holzauswahl, Planen der Arbeitsschritte, Auswahl von Werkzeug und Gerät.

Ausführung – Ergebniskontrolle – Bewertung: Maßgenauigkeit, Stabilität, Berücksichtigung der Brettseiten.

Anforderungen an eine Schalung: ______________________

____

____

____

Schalungsteile: (einer Stützenschalung): ______________________

____

Überlegen Sie: a) In welchem Bereich ist der Frischbetondruck auf die Schalung am größten?

____

b) Wie wird dies bei der Schalung berücksichtigt?

____

Materialbedarf (Holzliste)

Nr.	Bezeichnung	Stck	Querschnitt cm	Länge einzeln m	Länge gesamt m	Nettomenge m^2
				Gesamt		
				+ Verschnitt		
				Bruttomenge		

Aufgabe: Zeichnen Sie auf die nächste Seite den Schalungsplan im M 1:10. Stützenquerschnitt 20/20 cm, Stützenhöhe 2,34 m. Schalbrettdicke 24 mm. Zu zeichnen sind:
a) Innen- und Außenschild
b) Waagr. Schnitt durch die zusammengebaute Schalung
c) Draufsicht auf den Brettkranz

Name	Klasse	Blatt-Nr.		Geprüft	Note

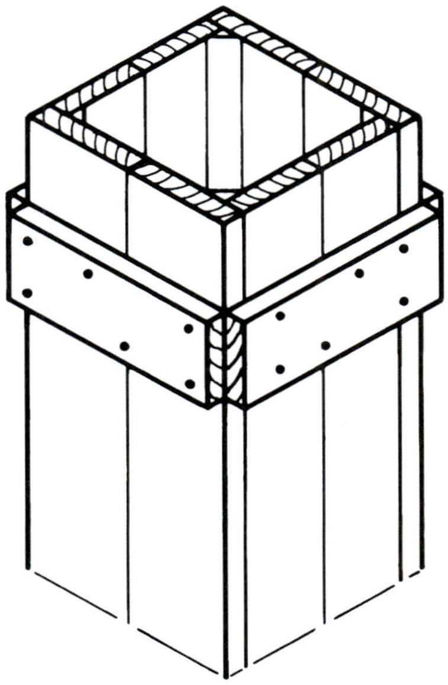

waagr. Schnitt

Fußkranz

Innenschild

Außenschild

Name	Klasse	Blatt-Nr.		Geprüft	Note

Lernfeld 4	Stahlbetonstütze (Bewehrung)

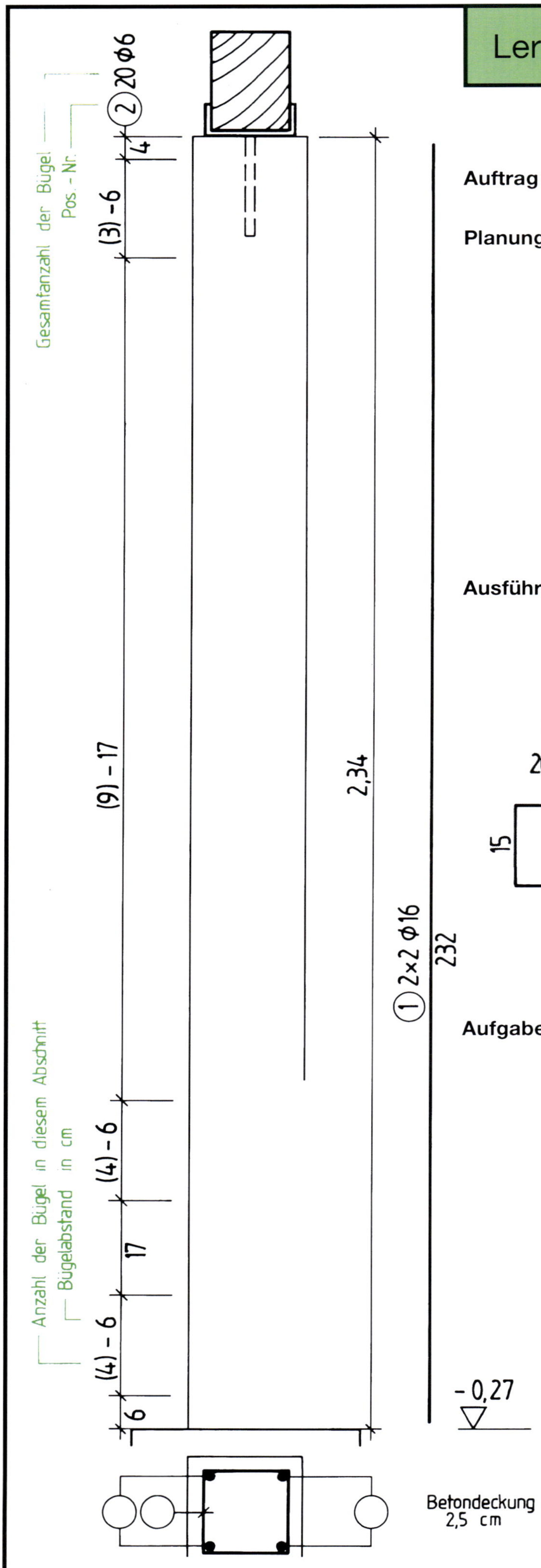

Auftrag (Handlungsziel):
Herstellen der Stützenbewehrung

Planung **(Handlungsvoraussetzungen, Hilfsmittel):**

- **fachtheoretisch:** Informationen über die auftretenden Kräfte, Zusammenwirken von Stahl und Beton, Betonstahl, Aufg. der Bügel, Betondeckung (Fachbuch, Arb.-Buch...)
- **zeichnerisch:** Bewehrungsplan, Darstellung von Bewehrungen nach DIN 1356/Teil 10.
- **rechnerisch:** Materialbedarf / Betonstahlliste
- **fachpraktisch:** Vorbereiten einer Bewehrung, Planen der Arbeitsschritte, Auswahl der Werkzeuge, Vorbereitung des Arbeitsplatzes, Vorschriften für das Binden und den Einbau der Bewehrung in die Schalung beachten.

Ausführung – Ergebniskontrolle – Bewertung:
genaues Einhalten des Bewehr.-Planes, Kontrolle der Hakenschlüsse, der Bindungen u. der Abstandhalter, UVV.

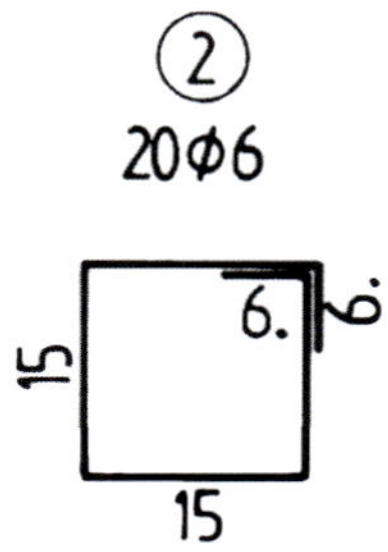

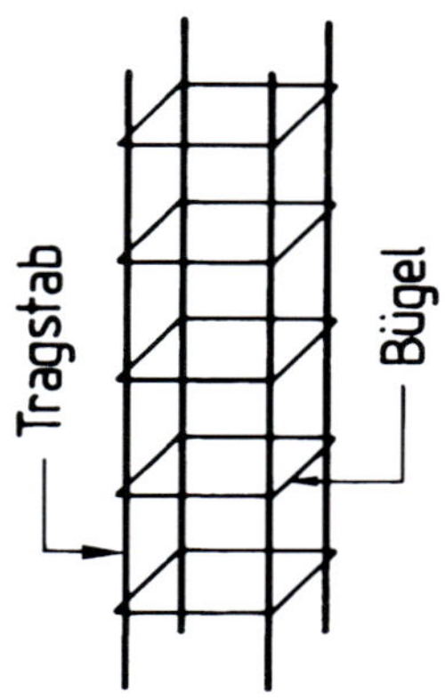

Aufgabe: **a)** Zeichnen Sie die Bewehrung für die Stütze ein.
(Diese Aufgabe soll das Verständnis für die Anordnung der Bewehrung fördern. Zeichnen Sie deshalb – in Abweichung von DIN 1356/Teil 10 – auch alle Bügel ein.)

b) Ergänzen Sie im waagr. Schnitt die Positions-Nummern.

c) Ergänzen Sie die Betonstahlliste.

Pos.	Stück	∅	Einzel-länge	Gesamtlänge m BSt. IV S	
		mm	m	∅ 6	∅ 16
Gesamtlängen (m)					
Masse je m (kg/m)				0,222	1,58
Masse je ∅ (kg)					
Gesamtmasse (kg)					

Name	Klasse	Blatt-Nr.

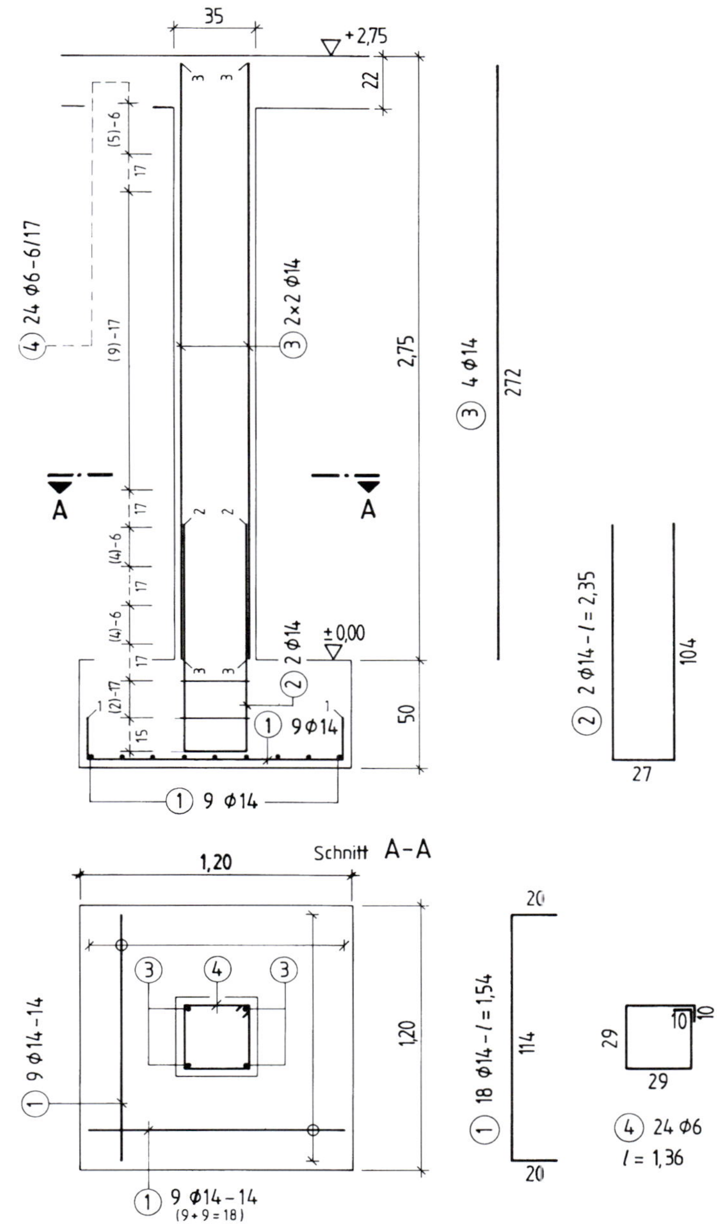

Betondeckung: Stützenfundament 3,0 cm
Stütze 2,5 cm

Zeichnung im Druck verkleinert

Aufgabe:

a) Ordnen Sie die Positionen des Bewehrungsplanes und der Stahlliste durch farbiges Anlegen oder farbiges Umranden der Positionsnummern einander zu (gleiche Positionen in gleicher Farbe).
b) Überprüfen und ergänzen Sie die Stahlliste.
c) Entnehmen Sie dem Bewehrungsplan bzw. der Stahlliste folgende Angaben:

1. Fundament: Breite _______ m Höhe _______ cm
2. Mit welchen Zwischenabständen sind die Bügel anzuordnen? _______ cm bzw. _______ cm
3. Welche Positionsnummer haben die Bügel? _______
4. Abmessungen der geschlossenen Bügel? Länge _______ cm Breite _______ cm
5. Was bedeutet die Angabe (4) – 6? _______
6. Welchen Abstand hat der 1. Bügel der Pos. 4 vom unteren Ende der Anschlußbewehrung? _______ cm
7. Wieviele Bügel der Pos. 4 sind nötig? _______ Stück
8. Wie lang sind die Winkelhakenaufbiegungen der Position 1? _______ cm
9. Welche Betondeckungen sind einzuhalten? Fundament: _______ cm Stütze _______ cm
10. Wieviele Stäbe mit welchem Durchmesser liegen an der Schnittstelle A–A? Stäbe _______ Stück Durchmesser _______ mm
11. In welchen Abständen liegen die Stäbe der Position 1? _______ cm
12. Bei welcher Position sind keine Biegearbeiten notwendig? Pos. _______
13. Welche Betonstahlsorte ist für die Bewehrung vorgesehen? _______

Pos.	Stück	∅	Einzel-länge	Gesamtlänge m BSt. IV S	
		mm	m	∅ 8	∅ 14
1		14		–	27,72
2	2		2,35	–	4,70
3		14		–	10,88
4		6			–
Gesamtlängen (m)					43,30
Masse je m (kg/m)				0,222	1,21
Masse je ∅ (kg)					52,39
Gesamtmasse (kg)				59,64	

Name	Klasse	Blatt-Nr.		Geprüft	Note

Lernfeld 4	Herstellen eines Stahlbetonbauteiles	Stahlbetonsturz (Schalung)

Die große Fensteröffnung des Kioskgebäudes soll mit einem Stahlbetonsturz überdeckt werden.

Auftrag (Handlungsziel): Herstellen der Sturzschalung als Brettschalung

Planung (Handlungsvoraussetzungen, Hilfsmittel):

- **fachtheoretisch:** Informationen über die Besonderheiten der Sturz- oder Balkenschalung, wirksame Kräfte, Schalungsteile und ihre Aufg., Befestigungsmittel (Fachbuch, Arb.-Buch...)
- **zeichnerisch:** Schalungsplan M 1:20
- **rechnerisch:** Materialbedarf (Holzliste)
- **fachpraktisch:** Planung der Arbeitsschritte, Holzauswahl, Auswahl der Werkzeuge, UVV

Ausführung – Ergebniskontrolle – Bewertung: Maßgenauigkeit, waagr. Einrichtung des Sturzes, Stabilität der Schalung und der Unterstützung.

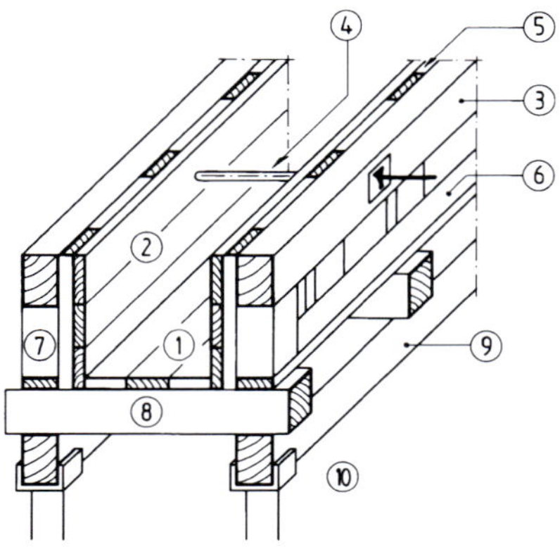

Teile der Balkenschalung und ihr Zweck: Eintrag von (1) bis (10)

(1) ______________________

(2) ______________________

(3) ______________________

(4) ______________________

(5) ______________________

(6) ______________________

(7) ______________________

(8) ______________________

(9) ______________________

(10) ______________________

Aufgabe: Zeichnen Sie die Boden- und die Seitenplatte für die Sturzschalung im M 1:20, einschießlich Bemaßung (Fensteröffnung 2,26 m, Sturzhöhe 32 cm, Mauerdicke 36,5 cm, Sturzauflager beiderseits 25 cm)

Seitentafel:

Bodentafel:

Name	Klasse	Blatt-Nr.		Geprüft	Note

Aufgabe: Ergänzen Sie die Schalungszeichnung für den Stahlbetonsturz über der großen Fensteröffnung des Kioskes (Wärmedämmung in die Schalung eingelegt!). M 1:10

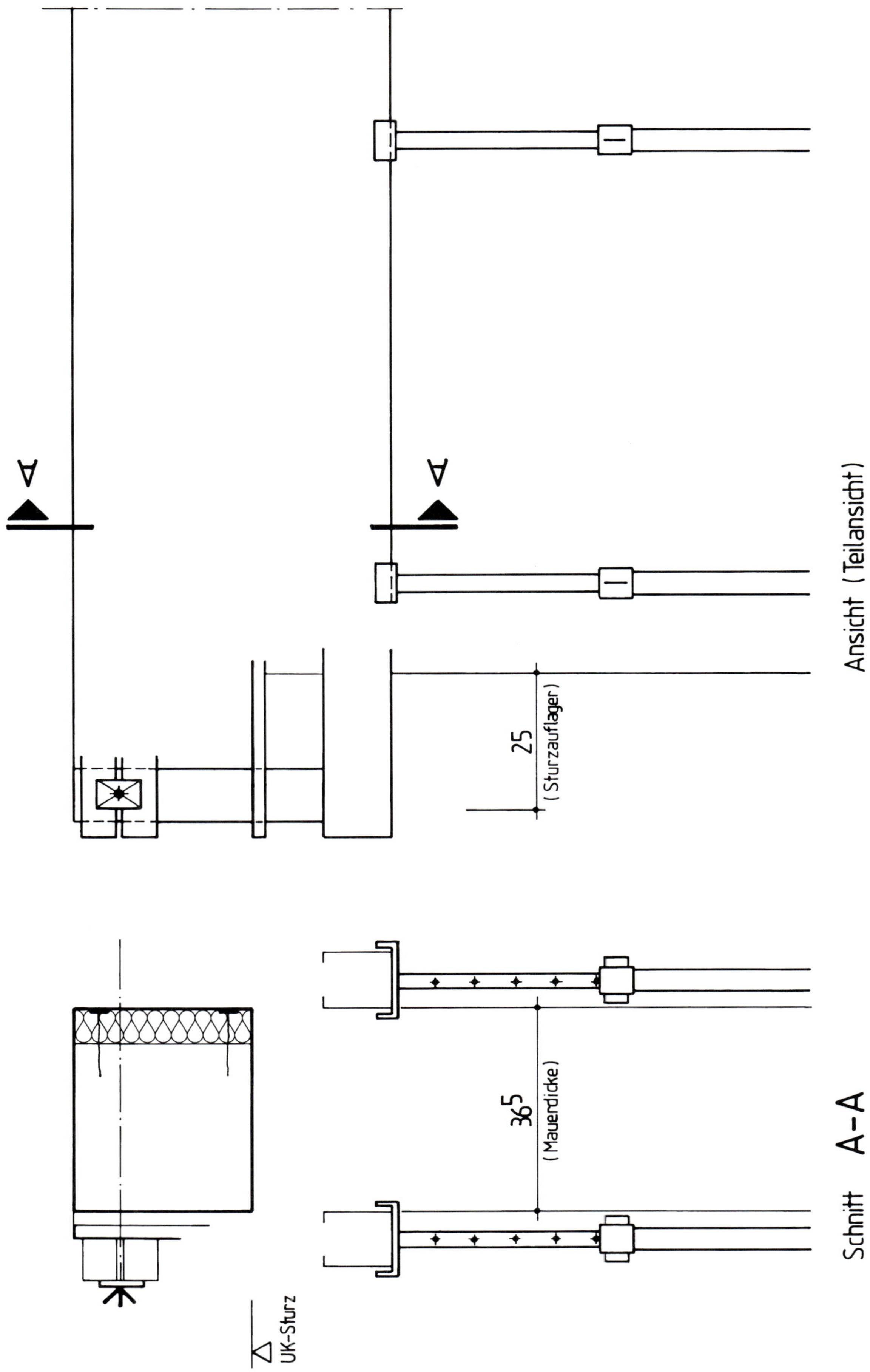

Name	Klasse	Blatt-Nr.		Geprüft	Note

Lernfeld 4	Herstellen eines Stahlbetonbauteiles	Stahlbetonsturz (Bewehrung)

Auftrag (Handlungsziel): Herstellen der Bewehrung (Bewehrungskorb) und Einbau in Schalung

Planung (Handlungsvoraussetzungen, Hilfsmittel):

- **fachtheoretisch:** Informationen über wirksame Kräfte u. Spannungen an Sturz und Balken, Zusammenwirken von Stahl und Beton, Teile der Bewehrung und ihre Funktion, Betonstahl, Betondeckung. (Fachbuch, Arb.-Buch,...)
- **zeichnerisch:** Bewehrungszeichnungen nach DIN 1356/Teil 10 (Regeln), Betonstahlliste
- **rechnerisch:** Betonstahlliste, Betonbedarf
- **fachpraktisch:** Vorbereiten der Bewehrung, Planen der Arbeitsschritte, Auswahl der Werkzeuge. Einrichten des Arbeitsplatzes (Montageböcke), UVV.

Ausführung – Ergebniskontrolle – Bewertung: Einhaltung der Bewehrungszeichnung, Kontrolle der Drahtbindungen und der Abstandhalter.

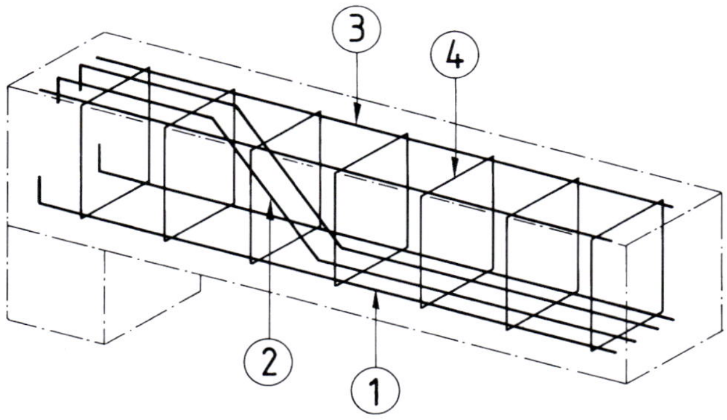

Teile einer Sturz- oder Balkenbewehrung:
Benennen Sie die Bewehrungsstäbe und geben Sie ihre Funktion an.

① ____________________

____

____

____

② ____________________

③ ____________________

④ ____________________

Darstellung der Bewehrung nach DIN 1356/Teil 10 (Teilauszug)

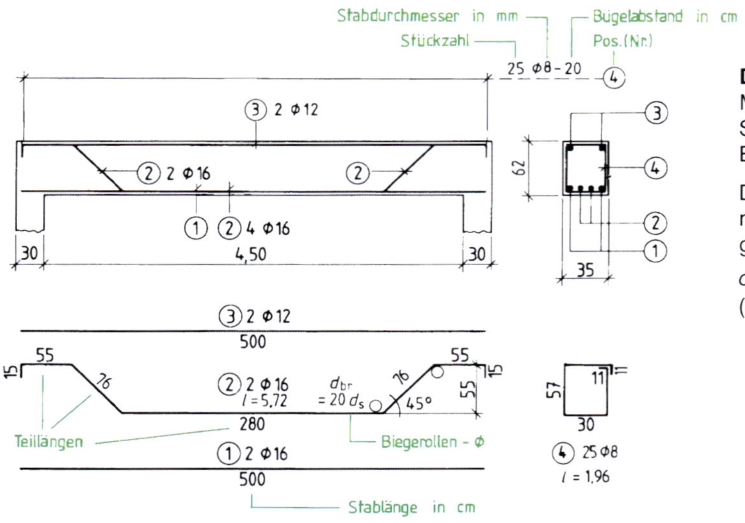

Darstellungsart 1
Maßstäbliche Darstellung der Bewehrung in Schnitten und maßstäblicher Stahlauszug mit Bemaßung.

Die Bewehrung wird nach der Bewehrungszeichnung oder nach einer gesonderten Biegeliste gebogen.

d_{br} = Biegerollen-Ø
(Wenn keine Angabe, gilt stets der Mindestwert!)

Aufgabe: (Siehe Seite 121)

Name	Klasse	Blatt-Nr.		Geprüft	Note

Stahlbetonsturz für die große Fensteröffnung des Kioskgebäudes

Aufgabe: a) Übertragen Sie die Bewehrung in den Stahlbetonsturz.
Diese Aufgabe soll das Verständnis für die Anordnung der Bewehrung fördern; zeichnen Sie deshalb – in Abweichung von DIN 1356/Teil 10 – auch alle Bügel ein.
b) Ergänzen Sie die Positionsangaben und fehlenden Stabkennzeichnungen im Längs- und Querschnitt.
c) Überprüfen und ergänzen Sie die Stahlliste.

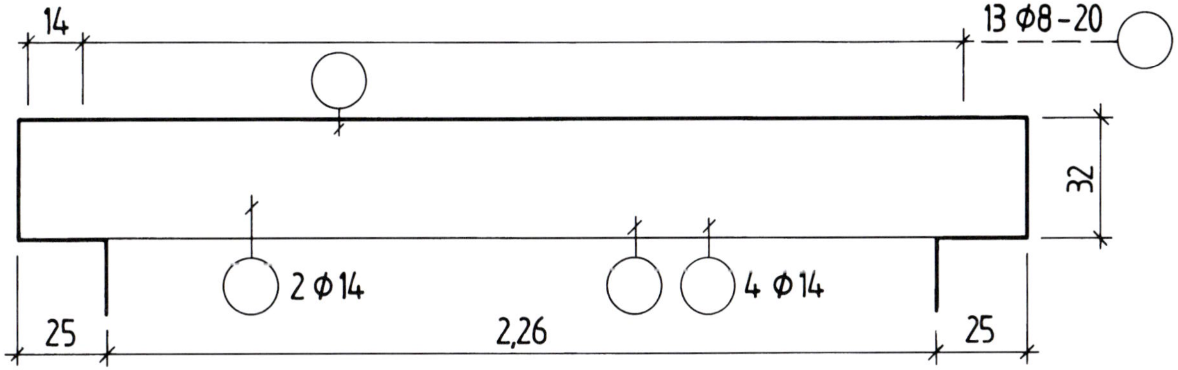

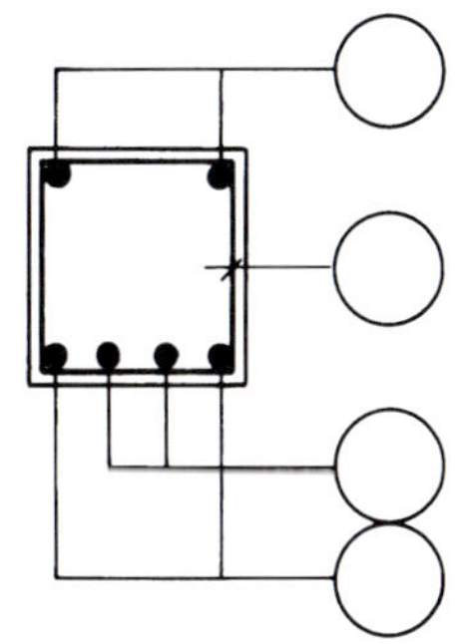

Betondeckung 2,5 cm

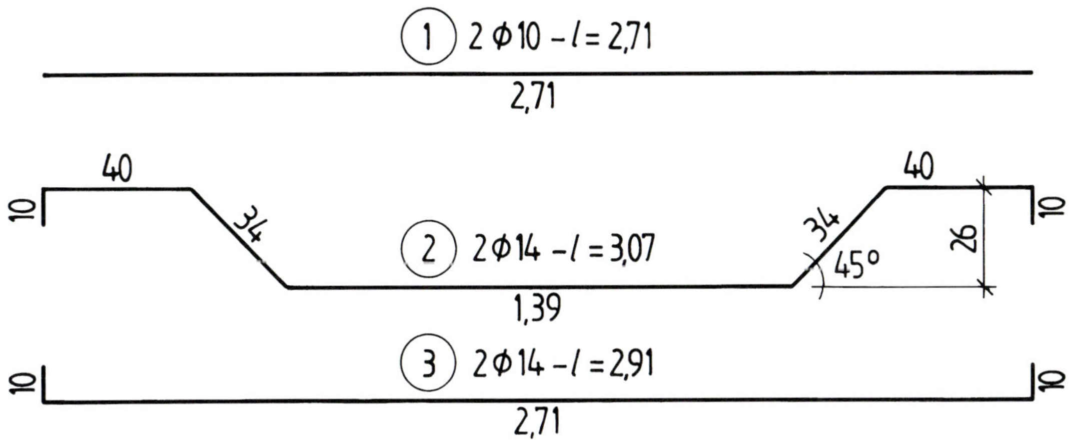

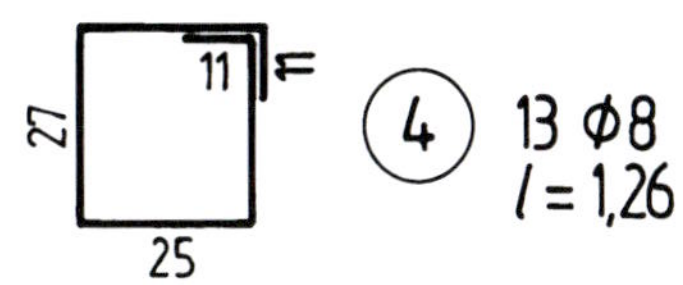

Pos.	Stück	∅	Einzel-länge	Gesamtlänge m BSt. IV S		
		mm	m	∅ 8	∅ 10	∅ 14
1			2,71	–	5,42	–
2	2	14		–	–	
3	2	14		–	–	
4		8			–	–
Gesamtlängen (m)					5,42	
Masse je m (kg/m)				0,395	0,617	1,21
Masse je ∅ (kg)				6,47	3,34	
Gesamtmasse (kg)						

Name | Klasse | Blatt-Nr. | Geprüft | Note

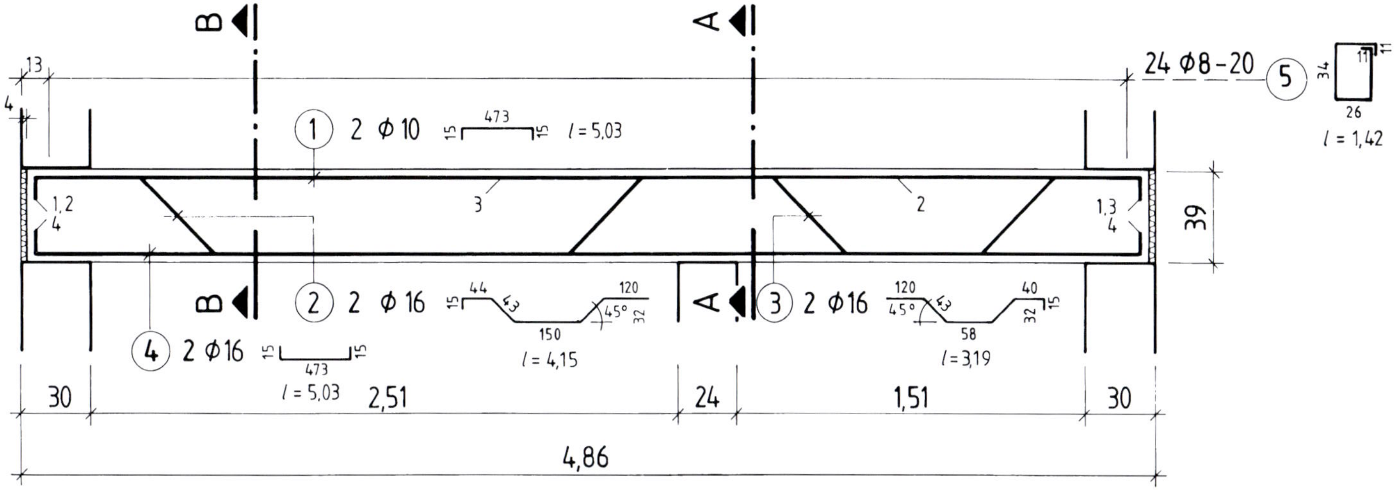

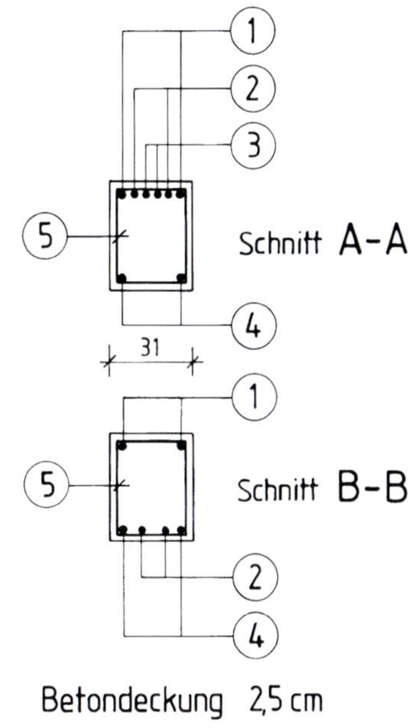

(Zeichnung im Druck verkleinert!)

Pos.	Stück	∅	Einzel-länge	Gesamtlänge m BSt IV S		
		mm	m	∅ 8	∅ 10	∅ 16
1				–		–
2	2	16	4,15	–	–	8,30
3	2	16		–	–	
4				–	–	10.06
5	24	8	1,42	34,08	–	–
Gesamtlängen				34,08		24,74
Masse je m (kg/m)				0,395	0,617	1,58
Masse je ∅ (kg)					6,21	39,09
Gesamtmasse (kg)				58,76		

Aufgabe:

a) Ordnen Sie die Positionen des Bewehrungsplanes und der Stahlliste durch farbiges Anlegen oder farbiges Umranden der Positionsnummern einander zu (gleiche Positionen in gleicher Farbe).
b) Überprüfen und ergänzen Sie die Stahlliste.
c) Entnehmen Sie dem Bewehrungsplan folgende Angaben:

1. Welche Stäbe (Anzahl und Durchmesser) liegen an der Schnittstelle A-A oben? ____________
   unten? ____________
2. Welche Stäbe (Anzahl und Durchmesser) liegen an der Schnittstelle B-B oben? ____________
   unten? ____________
3. Angaben über Bügel: Anzahl? __________, Höhe? __________ cm, Breite? __________ cm,
   Abstand? __________ cm, Durchmesser? __________ mm.
4. Welche Stäbe (Positionen) reichen über die gesamte Länge der Balkenbewehrung? ____________
5. Wie viele unterschiedliche Biegeformen bzw. Biegeformabmessungen liegen vor? ____________
6. Welche Positionen haben die gleiche Biegeform und Länge? ____________
   Warum haben diese Stäbe dennoch unterschiedliche Positionsnummern?
   ____
7. Welche Gesamtlänge haben die Stäbe der Position 2? __________ m
8. Welche Betondeckung ist unbedingt einzuhalten? __________ cm
9. Unter welchem Winkel sind die Schrägaufbiegungen herzustellen? __________

Name | Klasse | Blatt-Nr. | Geprüft | Note

Die Umfassung der überdeckten Abstellfläche am Kioskgebäude soll als Holzkonstruktion hergestellt werden.

Auftrag (Handlungsziel): Herstellen der Umfassung als Holzfachwerk

Planung (Handlungsvoraussetzungen, Hilfsmittel):

- **fachtheoretisch:** konstruktiver Aufbau eines Holzfachwerks, Teile und ihre Funktion, Holzauswahl, Holzverbindungen, Verbindungsmittel, Holzschutz, Umgang mit Holzschutzmitteln, Umweltschutz.
- **zeichnerisch:** Anfertigen der erforderlichen Ausführungszeichnungen
- **rechnerisch:** Ermitteln des Materialbedarfes (Holzliste)
- **fachpraktisch:** Holzauswahl, Planen der Arbeitsschritte beim Anreißen und Ausarbeiten der Holzverbindungen, Überlegungen zum Umgang mit Holzschutzmitteln, Planen der Arbeitsschritte beim Zusammenbau des Fachwerks, UVV.

Ausführung – Ergebniskontrolle – Bewertung: Handhabung der Werkzeuge, Einzelkontrolle der Holzverbindungen auf fachgerechte Ausarbeitung und Maßgenauigkeit, Kontrolle der Gesamtkonstruktion, Maßgenauigkeit. Passgenauigkeit der Verbindungen, Stabilität

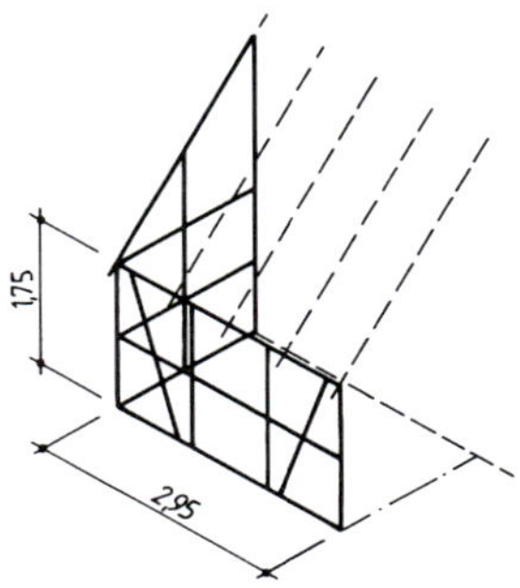

Aufgabe: a) Zeichnen und bemaßen Sie die Längs-Fachwerkwand (Ansichten). M 1:20. Orientieren Sie sich an der Systemskizze.
Holzquerschnitte: Rähm 12/18 cm; alle übrigen Hölzer 12/12 cm.

b) Erstellen Sie die Holzliste für die Längswand.
Zapfenlänge = 5 cm.

Pos.	Bezeichnung	Stck.	Querschnitt cm	Länge m	Summe Längen m	Rauminhalt m³
1	Schwelle					
2	Pfosten					
3	Riegel					
4	Streben					
5	Rähm					

Name	Klasse	Blatt-Nr.		Geprüft	Note

Ⓐ

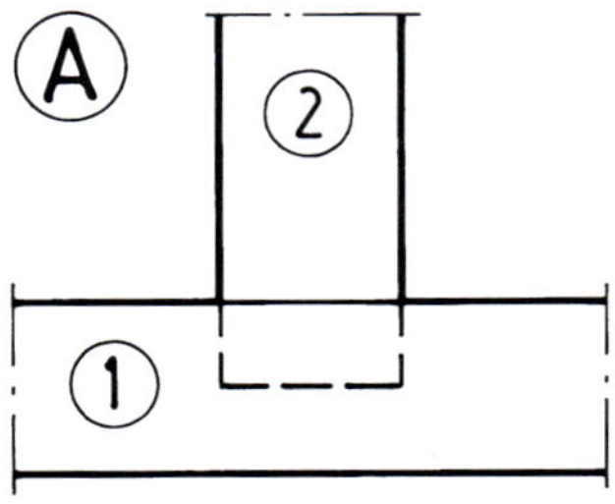

② VA

② SA

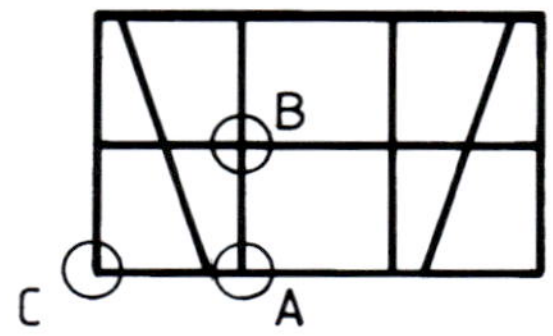

① VA

① SA

① DS

Aufgabe:

1. Knotenpunkt A
   Zeichnen Sie im M 1:10 – cm
   – Teil 1 in VA, SA und DS
   – Teil 2 in VA und SA.

Zu beachten: Bei Zapfenverbindungen wird das Zapfenloch ½ cm tiefer gestemmt, als der Zapfen lang ist. (Begründen Sie diese Regel).

Ⓑ

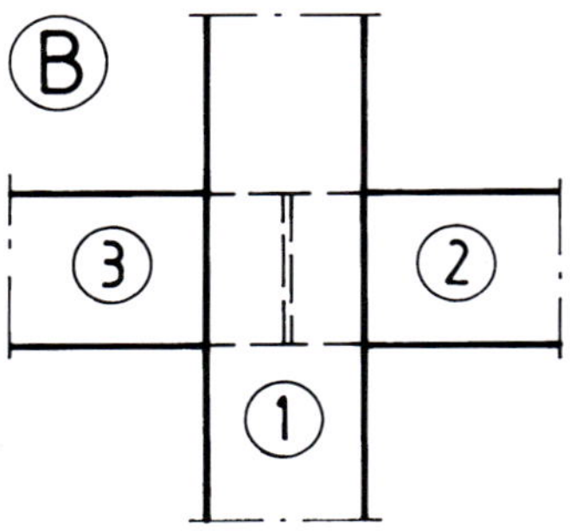

②

③

①

2. Knotenpunkt B
   Zeichnen Sie im M 1:10 – cm
   – Teil 1, 2, 3 getrennt in isometrischer Darstellung.

3. Knotenpunkt C
   Zeichnen Sie im M 1:10 – cm
   – Teil 1 in VA und SA
   – Teil 2 in VA und DS
   – Teil 3 in VA und DS

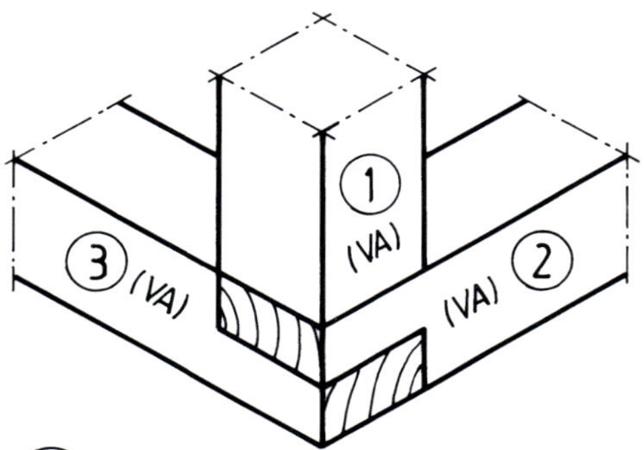

③ VA

Ⓒ

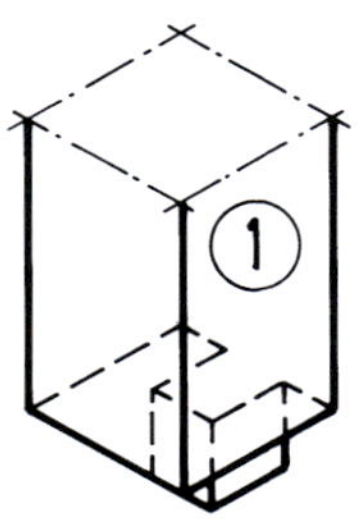

① VA

① SA

VA ②

DS ②

Name	Klasse	Blatt-Nr.		Geprüft	Note

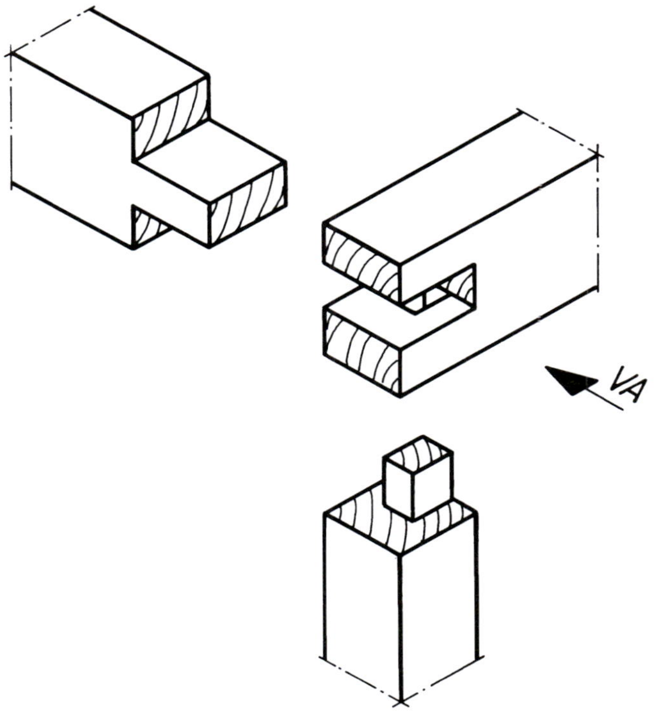

Aufgabe:
Die in Isometrie vorgegebenen 3 Teile sind zusammengesetzt in VA, SA_l und DS in Parallelprojektion im M 1:10 – cm zu zeichnen.

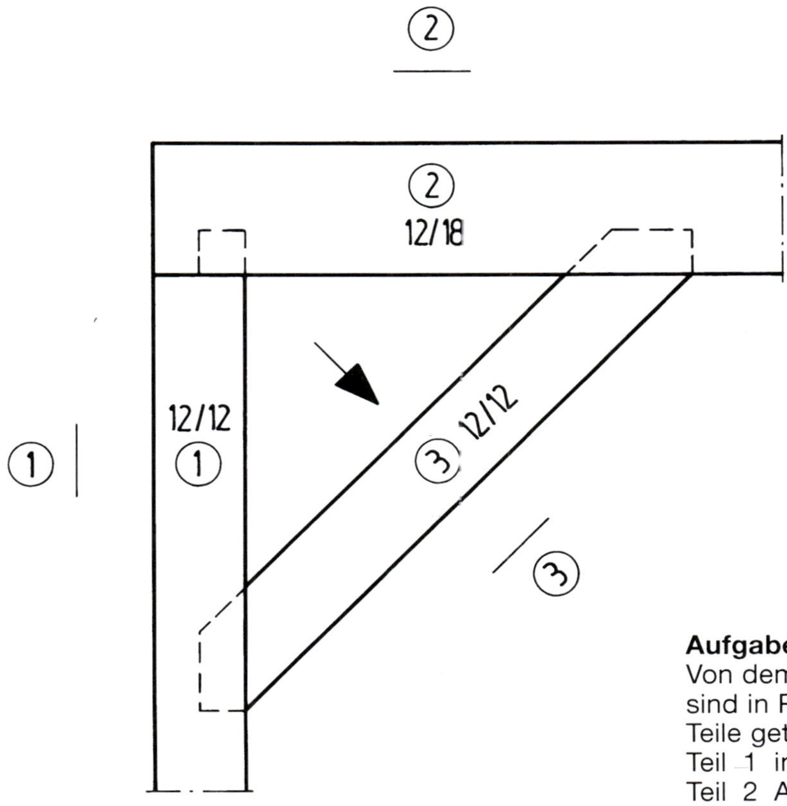

Aufgabe:
Von dem vorgegebenen Knotenpunkt sind in Parallelprojektion folgende Teile getrennt zu zeichnen:
Teil 1 in SA_r
Teil 2 Ansicht von unten
Teil 3 DS in Pfeilrichtung

Name	Klasse	Blatt-Nr.		Geprüft	Note

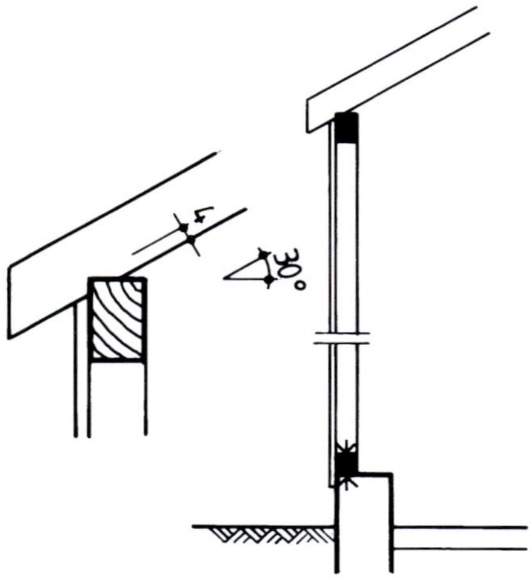

Aufgabe:
Zeichnen und bemaßen Sie den Schnitt A-A durch die Fachwerkwand im M 1:10 – cm.
Sparren, Fundament und Fußboden sind mitzuzeichnen (siehe Systemskizze).

Weitere Angaben:
Sparren 10/14 cm, Satteltiefe = 4 cm
Dachneigung 30°
Dachüberstand 15 cm
Rähm 12/18 cm, Schwelle 12/12 cm
Fundament: Beton B 25, Breite 30 cm
Gesamthöhe = 1,20 m
Betonhöhe über Erdreich = 30 cm
Sperrschicht zwischen Schwelle und Beton
Bitumenpappe 500er, unbesandet
Befestigung Schwelle mit Beton: Schraube M16 x 300
mit Beilagscheibe und Steinkralle
Schalung 2,5 cm dick, Nut und Feder, einseitig gehobelt
Überstand der Schalung = 3 cm
Fußboden: Stahlbetonplatte d = 12,5 cm
auf Kiesfilter.

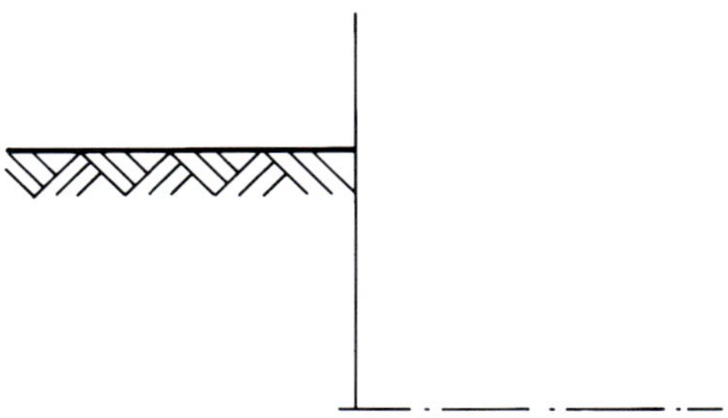

Name	Klasse	Blatt-Nr.		Geprüft	Note

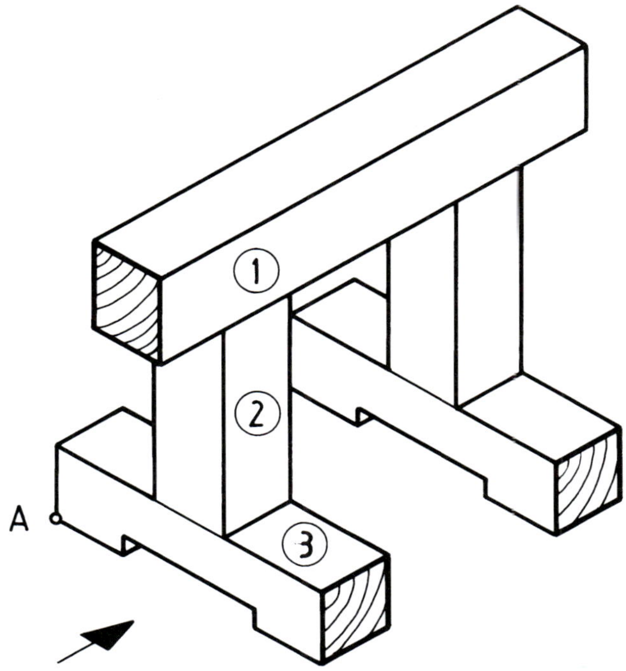

Aufgabe:

1. Zeichnen Sie anhand der isometrischen Darstellung die Ansicht in Pfeilrichtung im M 1 : 10 – cm einschließlich Bemaßung.

2. Zeichnen Sie die nummerierten Holzteile in den angegebenen Ansichten:
   Teil 1 – Ansicht von unten,
   Teil 2 – Vorderansicht und Seitenansicht,
   Teil 3 – a) Draufsicht,
   b) um 90° nach unten gekantet,
   c) Ansicht von unten.

3. Die Teile 2 und 3 sind in isometrischer Darstellung zu zeichnen. Dabei sollen die Holzteile voneinander getrennt und übereinander dargestellt werden.

(2)

(1)

VA SA

Isometrie

Ansicht

(2)

(3)

a)

(3)

b)

c)

Name	Klasse	Blatt-Nr.		Geprüft	Note

Auftrag (Handlungsziel): Herstellen eines Fliesenbelages

Planung (Handlungsvoraussetzungen, Hilfsmittel):

- **fachtheoretisch:** Informationen über Keramikplatten, Eigenschaften, Verwendung, Formate und Kennzeichnung
- **zeichnerisch:** Fliesenverlegeplan, Regeln für die Platteneinteilung
- **rechnerisch:** Ermitteln der Platteneinteilung, Teilplattenbreite, des Plattenbedarfes und Kleber – oder Mörtelbedarfes
- **fachpraktisch:** Prüfen und Vorbereiten des Untergrundes, Planen der Arbeitsschritte beim Anlegen des Belages, der Fliesenbearbeitung beim Verlegen und Verfugen. Festlegen der dauerelastischen Fugen.

Ausführung – Ergebniskontrolle – Bewertung: Fugenbild, Ebenheit der Fliesenfläche, Fliesenbearbeitung, Fliesenhaftung, Verfugung, evtl. Gefälle.

Aufgabe: Der vorgegebene Raum soll mit Bodenfliesen belegt werden. Fliesenformat 20/20 cm, Fuge 3 mm, Wandputz 2 cm. Die Fliesen sind so einzuteilen, dass
a) evtl. notwendige Teilfliesen **breiter** sind als die **halbe Fliesenbreite** und
b) ein symmetrisches Fugenbild entsteht.

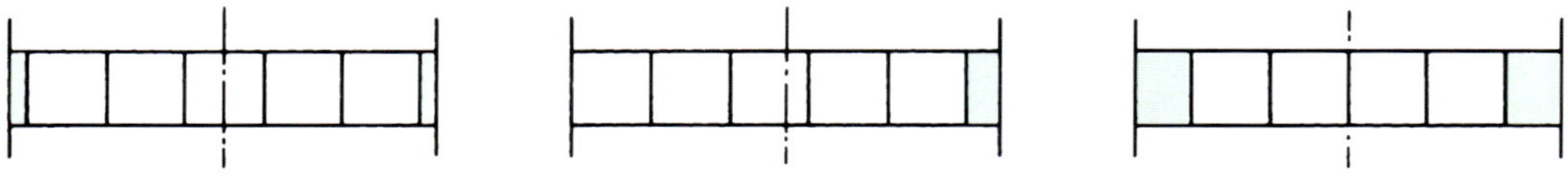

Zeichnen Sie in den Grundriss die Bodenfliesen ein. M 1:20 – m, cm

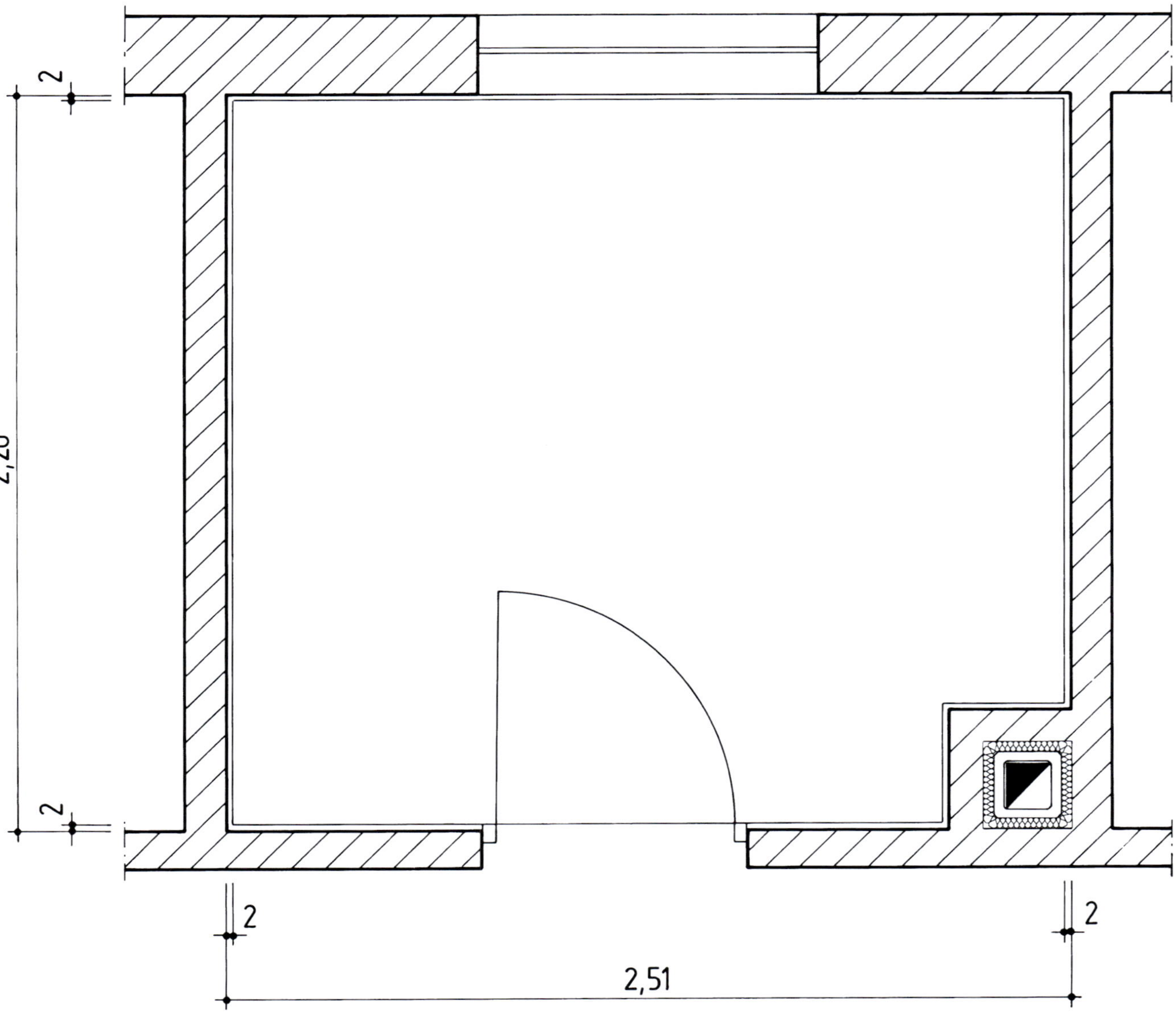

Name	Klasse	Blatt-Nr.		Geprüft	Note

Projekt: Kioskgebäude

Aufgabe: Zeichnen Sie die Flieseneinteilung für die WC-Wand im M 1:10. Fliesenformat 15/20 cm, Fuge 2 mm, Sockelfliesen 24/7,3 cm. Die Fugen sind nur als einfache Linie darzustellen. Die Wand soll auf ca. 1,50 m Höhe verfliest werden.

Beachten Sie: Die Fliesen sollen so eingeteilt werden, dass evtl. notwendige Teilfliesen möglichst **breiter** sind als die **halbe** Fliesenbreite und ein möglichst symmetrisches (spiegelgleiches) Fugenbild entsteht.

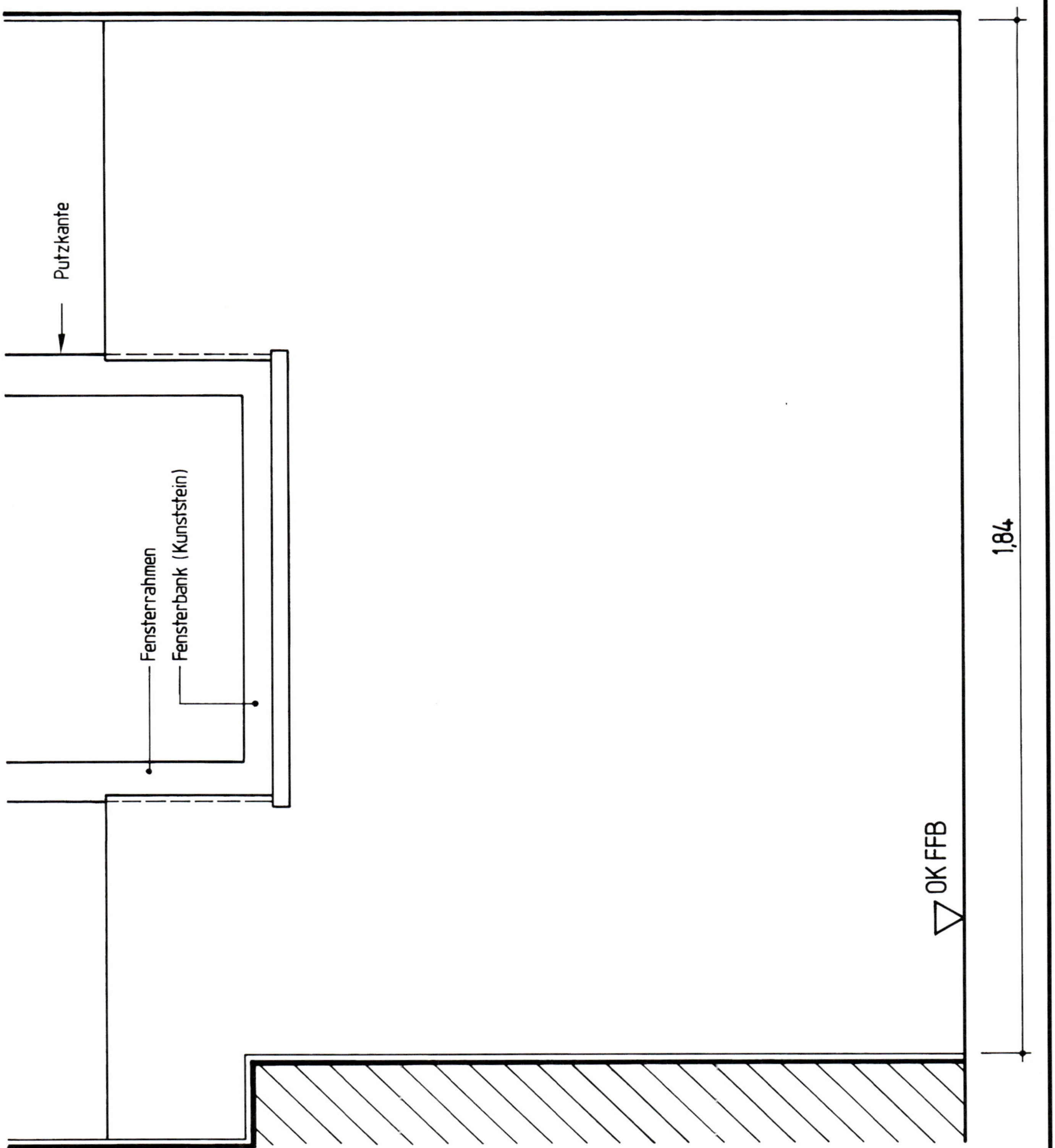

Name	Klasse	Blatt-Nr.		Geprüft	Note

Projekt: Kioskgebäude

Aufgabe: Zeichnen Sie die Bodenfliesen ein. Fliesenformat 20/20 cm, Fuge 3 mm. Die Fugen sind nur als einfache Linie darzustellen. M 1:10 (Zeichnung im Querformat).

Beachten Sie: Die Fliesen sollen so eingeteilt werden, dass evtl. notwendige Teilfliesen breiter sind als die halbe Fliesenbreite und ein symmetrisches (spiegelgleiches) Fugenbild entsteht.

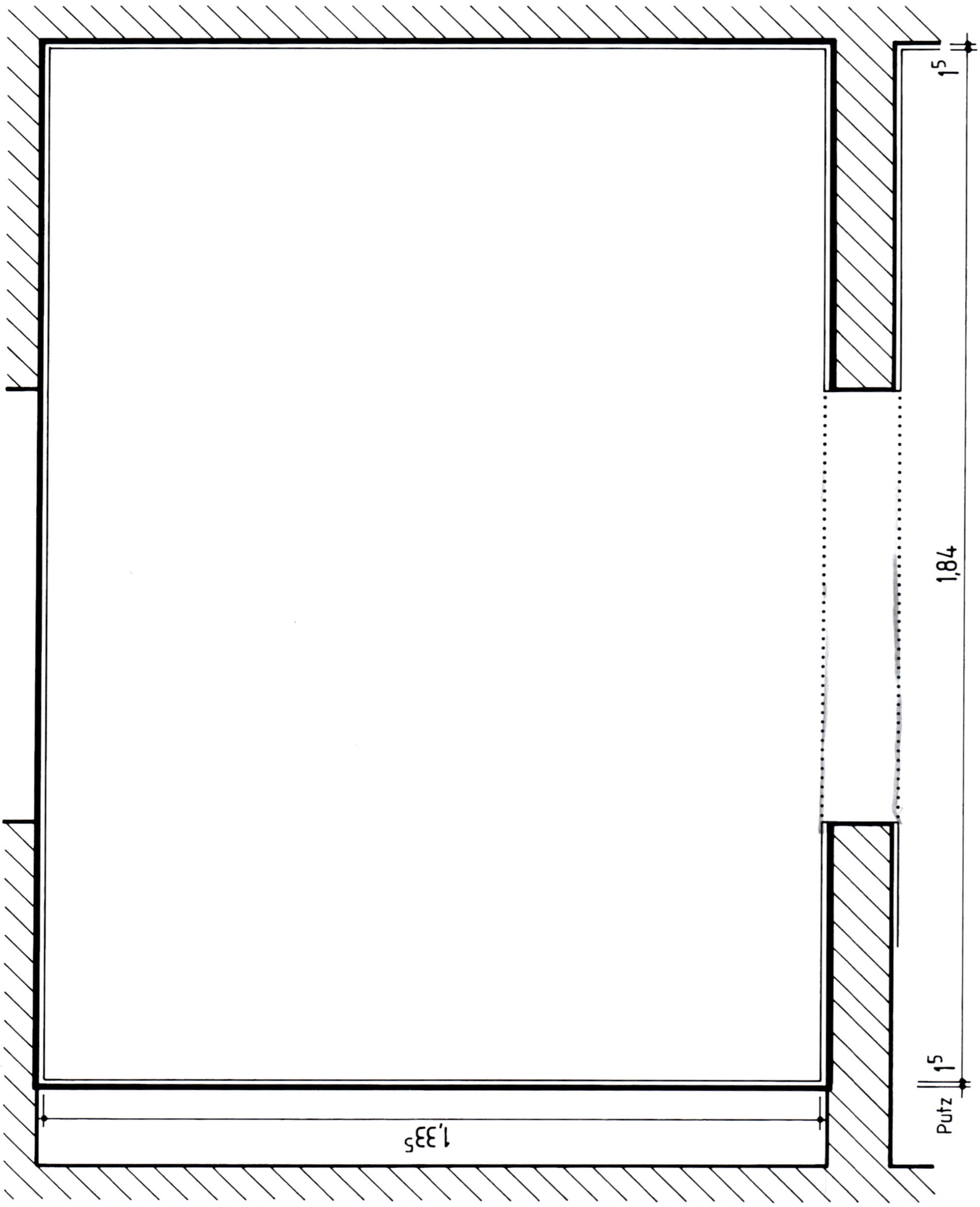

Name	Klasse	Blatt-Nr.		Geprüft	Note

Aufgabe: Zeichnen Sie die Fliesenteilung für die gezeichnete Fensterwand und ergänzen Sie den waagrechten Schnitt im M 1:20 – m, cm.

Fliesengröße 15/15 cm, Fuge 2 mm, Sockelfliesen 20/10 cm.

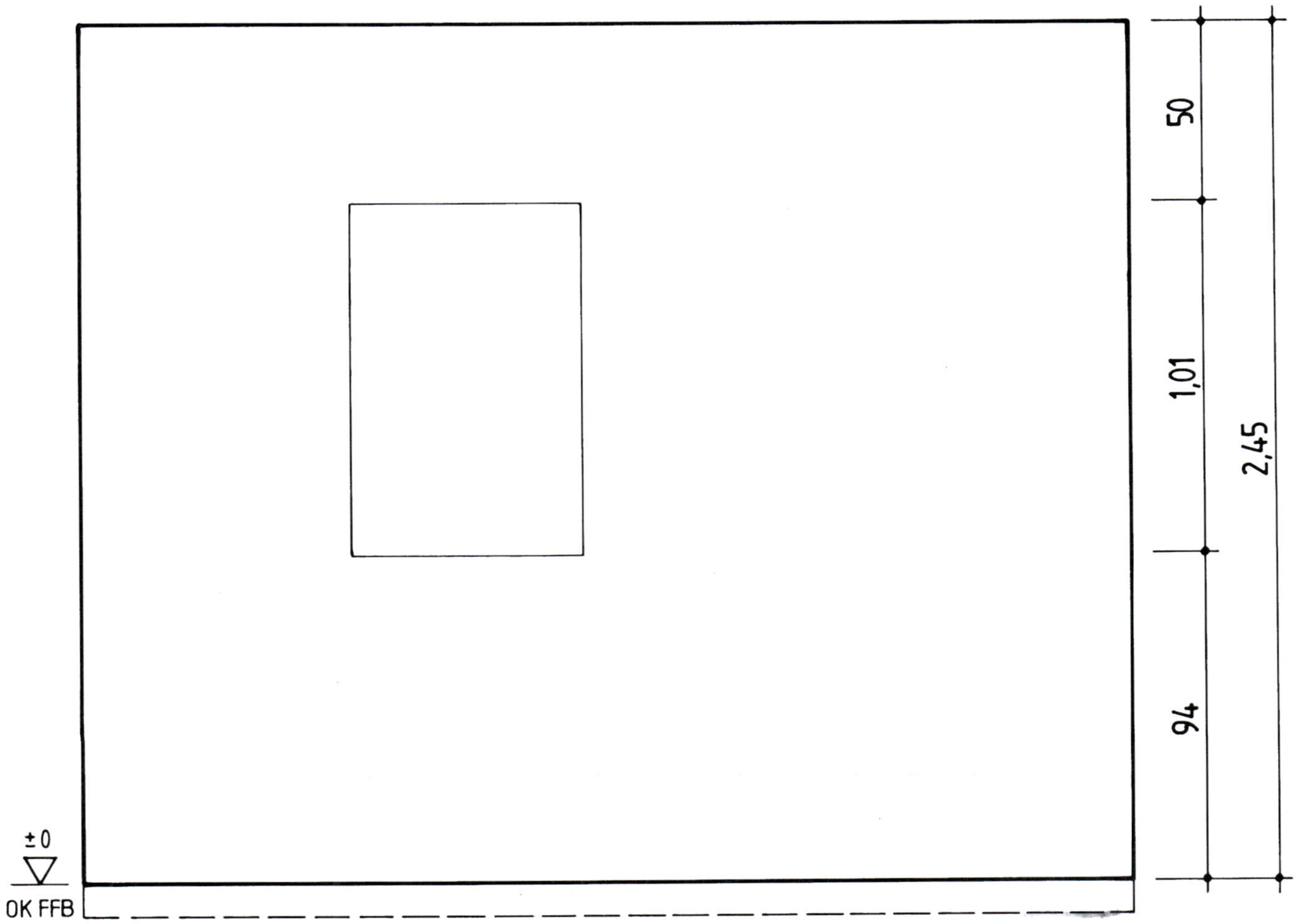

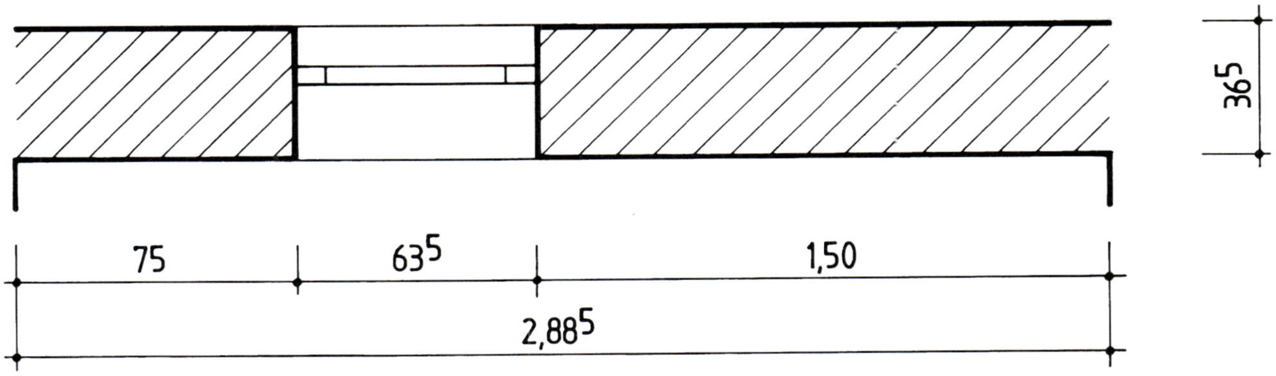

Name	Klasse	Blatt-Nr.		Geprüft	Note

Aufgabe: Die gezeichneten Bodenflächen sollen mit Klinker-Flachschichtpflaster belegt werden. Die Längs- und Querfugen sollen jeweils unterbrochen sein, also nicht über die ganze Raumlänge oder Raumbreite hindurchgehen. Im unteren Raum sind die Steine diagonal zu verlegen.

Zeichnen (oder skizzieren) Sie die Beläge nach frei gewählten Mustern ein. Die Fugen sind nur als einfache Linie zu zeichnen.

Maßstab: 1 cm ≙ 1 Achtelmeter

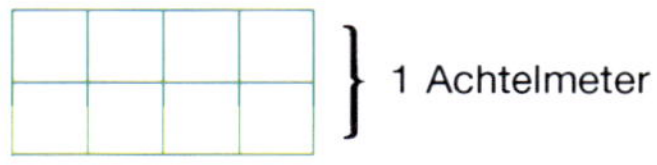

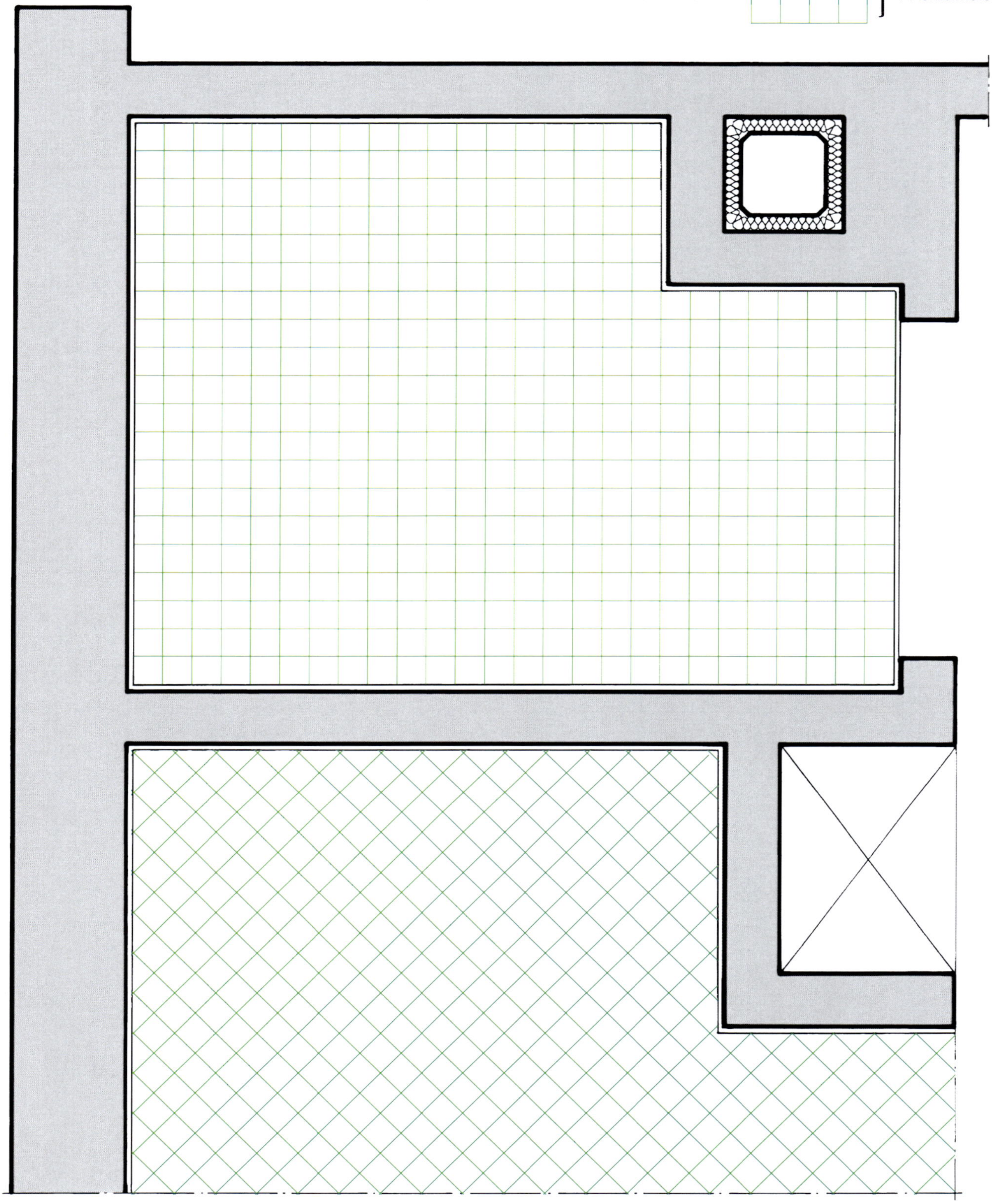

Name	Klasse	Blatt-Nr.		Geprüft	Note

Aufgabe: Der dargestellte Raum soll mit den angegebenen Kunststeinplatten belegt werden. Der Belag ist im Römischen Verband (keine Kreuzfugen, unterbrochene Längs- und Querfugen) herzustellen.

Zeichnen (oder skizzieren) Sie den Bodenbelag ein. Die Fugen sind nur als einfache Linie zu zeichnen. Maßstab 1:20.

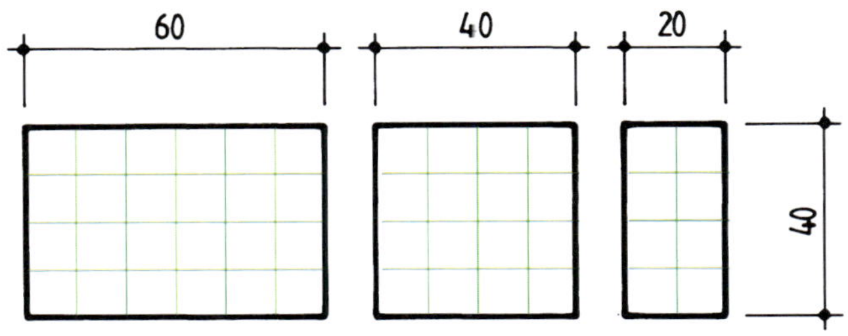

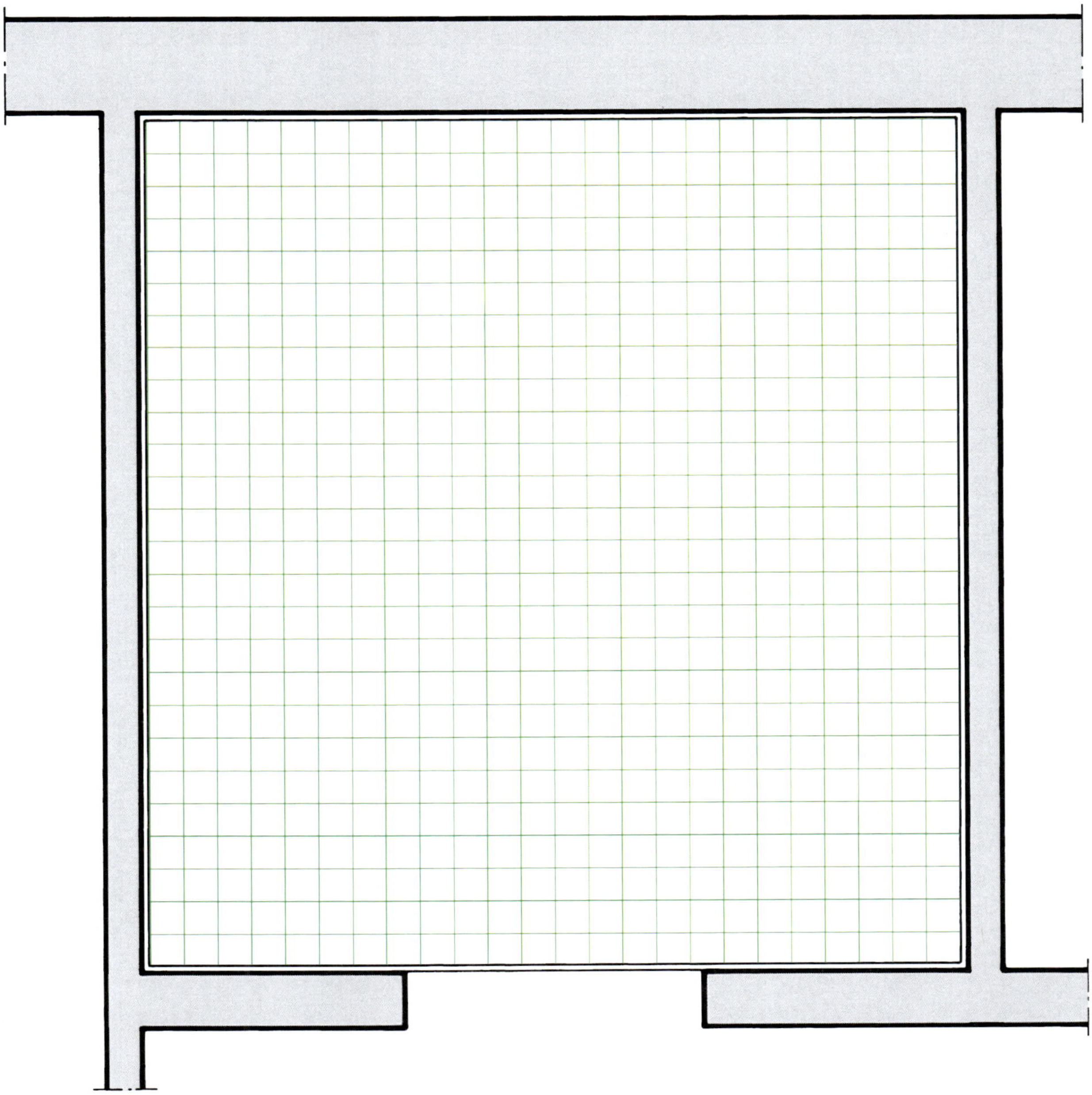

Name	Klasse	Blatt-Nr.		Geprüft	Note

Auftrag (Handlungsziel): Einbau von Wärmedämm- und Schallschutzschichten

Planung (Handlungsvoraussetzungen, Hilfsmittel):

- **fachtheoretisch:** Physikalische Grundlagen der Wärme- und Schallausbreitung, Wärme- und Schallbrücken, Dämmstoffe, Wärmedehnung, Auswirkungen des Energieverbrauches auf die Umwelt.
- **zeichnerisch:** Zeichnerische Darstellung der Dämmschichten (Sinnbilder)
- **rechnerisch:** Wärmedehnung, Materialbedarf für Dämmschichten
- **fachpraktisch:** Auswahl des Materials (Dämmstoffe, Kleber, Anker), Planen der Arbeitsschritte für Zuschnitt und Einbau, Überlegungen zum Personen- und Umweltschutz.

Ausführung – Ergebniskontrolle – Bewertung: bauphysikalisch richtiger Einbau, Stoßfugendichte, sparsamer Zuschnitt.

Aufgabe: Ergänzen Sie die erforderlichen Dämmschichten:

(1) Traufpunkt (Wärmedämmung)

(2) Haustrennwände (Schalldämmung der Wände und des Fußbodens)

(3) Wandaussparung für Installation waagr. Schnitt (Wärmedämmung)

(4) Stahlbetonstütze

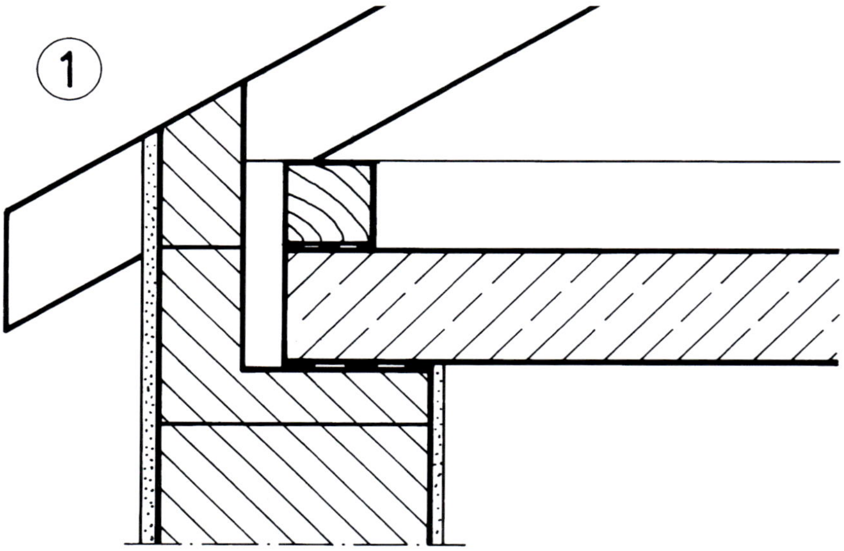

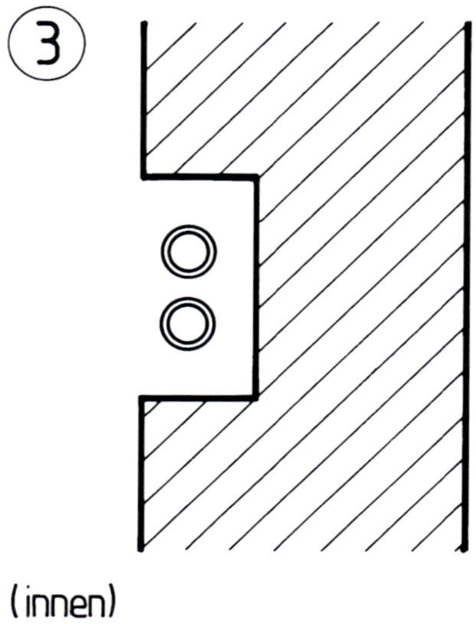

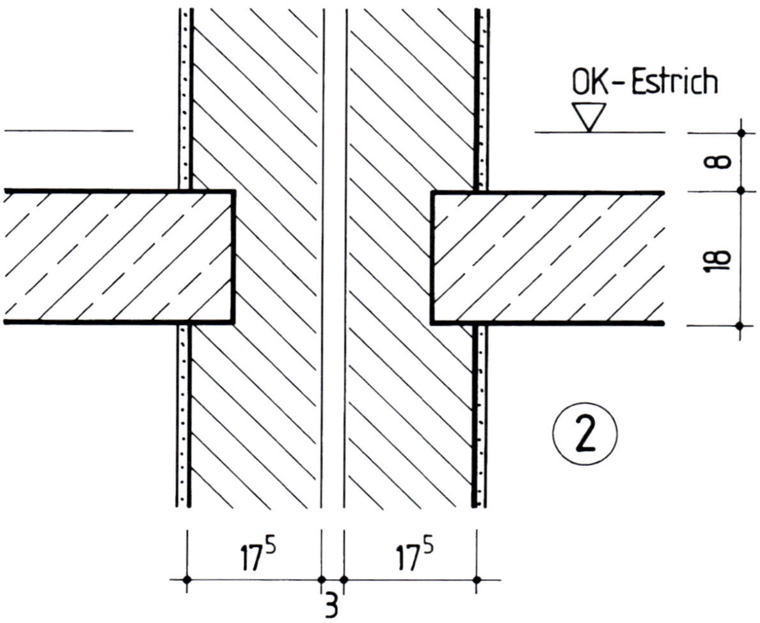

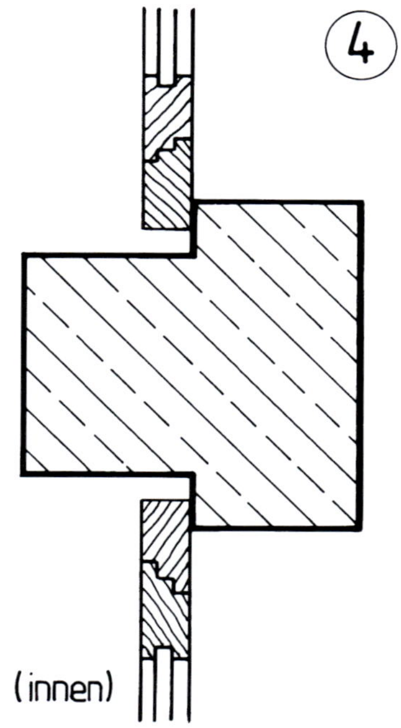

Name	Klasse	Blatt-Nr.		Geprüft	Note

(Nicht unterkellertes Gebäude)

Auftrag (Handlungsziel): Abdichten eines Gebäudes gegen nicht drückende Feuchtigkeit

Planung (Handlungsvoraussetzungen, Hilfsmittel):

- **fachtheoretisch:** Physikalische Grundlagen, Adhäsion, Kapillarität, Abdichtungsstoffe, bauphysikalisch richtige Lage der Abdichtungs- und Filterschichten.
- **zeichnerisch:** Darstellung von Abdichtungen (Sinnbilder), Lage der Abdichtungsschichten
- **rechnerisch:** Abdichtungsflächen, Materialbedarf
- **fachpraktisch:** Auswahl geeigneter Abdichtungsstoffe, Planen der Arbeitsschritte, Überlegungen zum Personen- und Umweltschutz.

Ausführung – Ergebniskontrolle – Bewertung: sorgfältige Ausführung, Einhaltung der einschlägigen Vorschriften.

Aufgabe: Ergänzen Sie den Schnitt (ohne Bemaßung). Tragen Sie die erforderlichen Abdichtungs-, Trenn- und Dämmschichten ein und benennen Sie die Schichten und Bauteile.

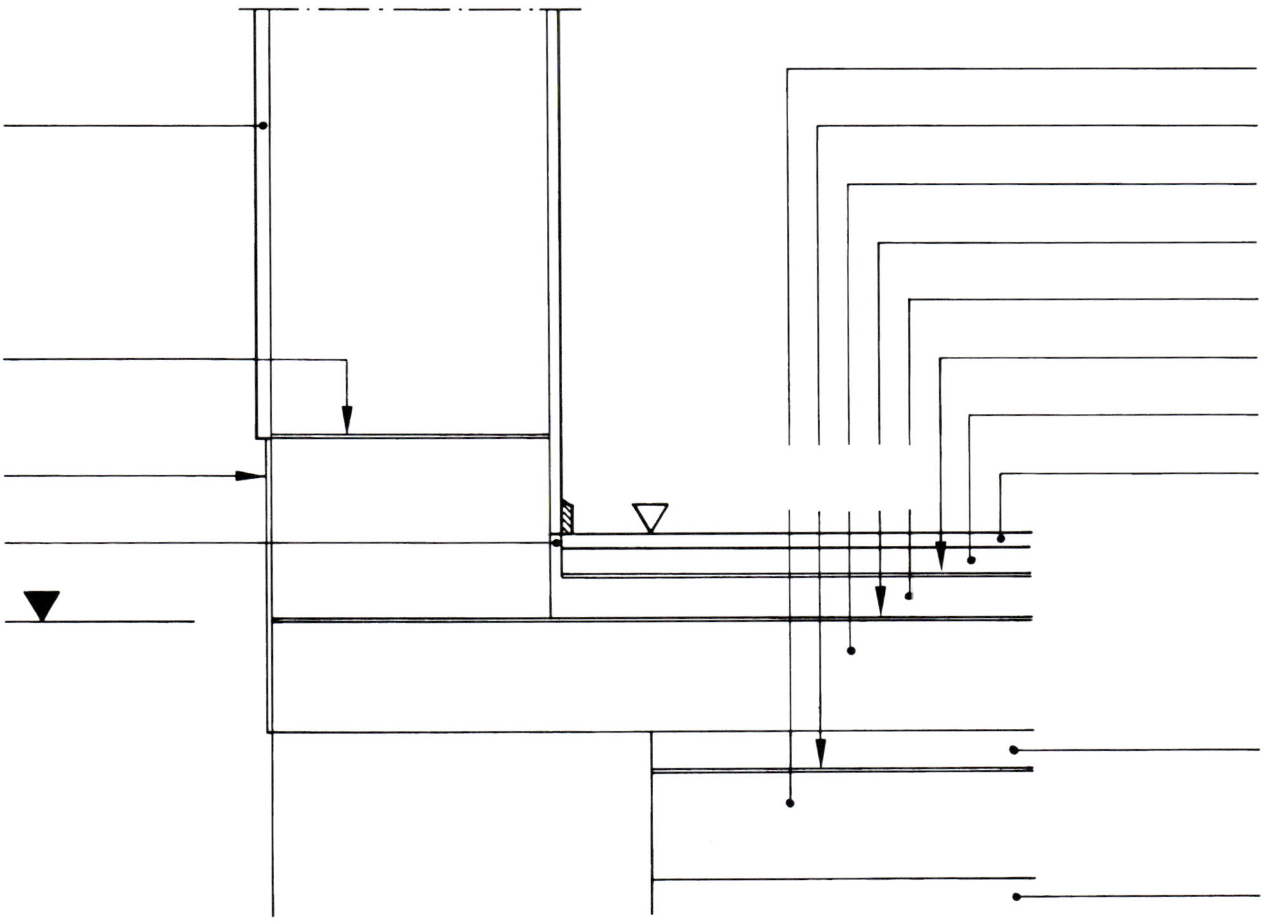

Name	Klasse	Blatt-Nr.		Geprüft	Note

(Unterkellertes Gebäude)

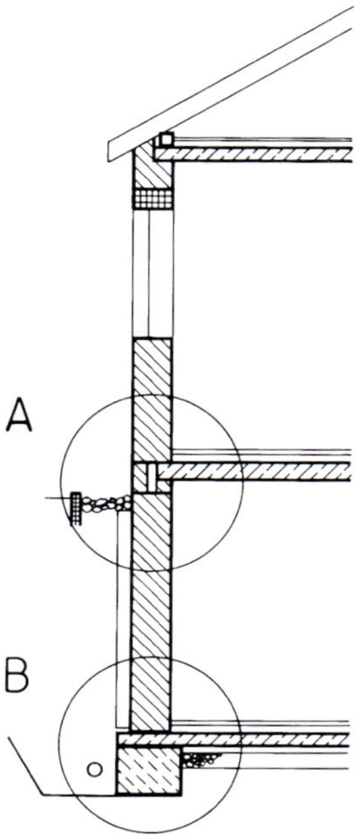

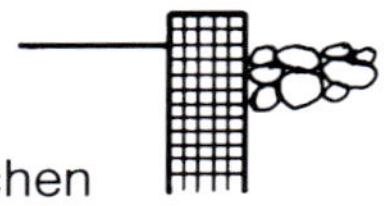

Aufgabe:

Ergänzen Sie den Schnitt in den Bereichen A und B im M 1:10 mit den erforderlichen Abdichtungs-, Dämm- und Trennschichten.

A Erdgeschoss: Wanddicke 36,5 cm, Fußboden: Teppichboden auf schwimm. Estrich, Dämmschicht 6 cm, Decke über Keller: Stahlbeton 16 cm mit 11,5 cm Vormauerung und Randdämmung

B Kellergeschoss: Bodenplatte 12 cm Stahlbeton, Sauberkeitsschicht 5 cm, kapillarbrechende Schicht 15 cm, Streifenfundament aus unbewehrtem Beton, Kellerfußboden: schwimm. Estrich, Dämmschicht 5 cm.
Kellerwand (außen): Senkrechte Abdichtungsschicht (nach DIN 18195), Dränplatte 6 cm mit Filtervliesauflage.
Dränleitung: PVC-DN 100 in Filterkiespackung B 32 und Filtervliesumhüllung.

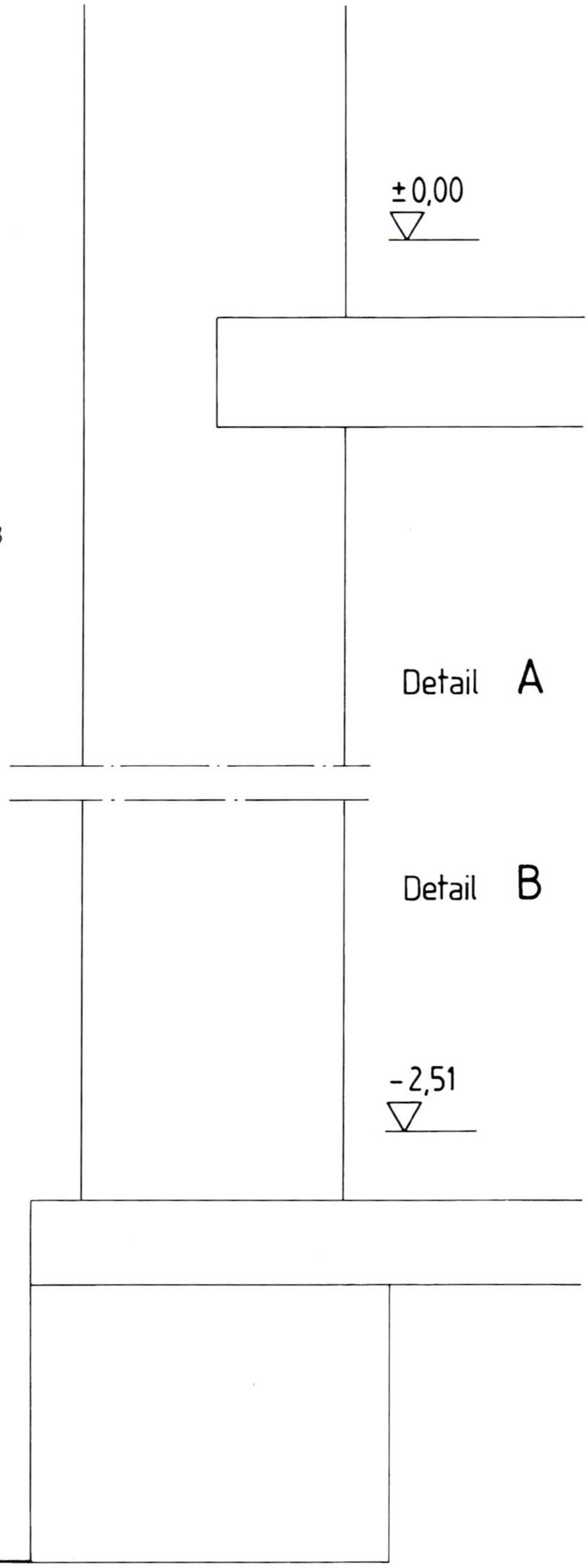

Name	Klasse	Blatt-Nr.		Geprüft	Note